北大社·“十四五”普通高等教育本科规划教材
高等院校材料专业“互联网+”创新规划教材

实验设计与数据处理

胡 荣 李 璐 郭朝中 主编

内容简介

实验设计与数据处理是理工科学生必须掌握的技能。编著者从数据库与文献检索、实验设计方法、数据处理基础、软件在数据处理中的应用等角度出发编写了此书。

本书内容涉及利用单因素实验设计、正交实验设计、均匀实验设计、科技文献检索、数据处理基础、方差分析、回归分析、Origin 软件、Excel 软件、SPSS 软件、MATLAB 软件处理数据。本书特点是在介绍实验设计与数据处理的原理和方法的同时，注重其实际应用。本书每章后面均配有思考题，可供读者练习。

本书内容丰富、实用性强，可作为理、工、农、林、医等专业本科生和研究生的教材及教学参考资料，还可作为相关科技人员或工程管理人员的参考书。

图书在版编目(CIP)数据

实验设计与数据处理 / 胡荣，李璐，郭朝中主编. 北京：北京大学出版社，2025. 1. —(高等院校材料专业“互联网+”创新规划教材). — ISBN 978-7-301-35848-1

Ⅰ. O212.6

中国国家版本馆 CIP 数据核字第 2025T4T299 号

书　　名	实验设计与数据处理 SHIYAN SHEJI YU SHUJU CHULI
著作责任者	胡　荣　李　璐　郭朝中　主编
策划编辑	童君鑫
责任编辑	孙　丹
数字编辑	蒙俞材
标准书号	ISBN 978-7-301-35848-1
出版发行	北京大学出版社
地　　址	北京市海淀区成府路 205 号　100871
网　　址	http://www.pup.cn　新浪微博：@北京大学出版社
电子邮箱	编辑部 pup6@pup.cn　总编室 zpup@pup.cn
电　　话	邮购部 010-62752015　发行部 010-62750672　编辑部 010-62750667
印 刷 者	河北文福旺印刷有限公司
发 行 者	北京大学出版社
经 销 者	新华书店
	787 毫米×1092 毫米　16 开本　17 印张　414 千字
	2025 年 1 月第 1 版　2025 年 1 月第 1 次印刷
定　　价	59.00 元

前　　言

党的二十大报告指出："中国共产党的中心任务就是团结带领全国各族人民全面建成社会主义现代化强国、实现第二个百年奋斗目标，以中国式现代化全面推进中华民族伟大复兴。"这一宏伟蓝图不仅激励着我们每个人，还为教育工作者提出了更高要求。

"实验设计与数据处理"作为一门以数理统计、概率论知识为基础，理论与实践结合的综合性、应用型课程，不仅可以培养科研工作者和工程技术人员的基本技能，还是培养新时代高素质人才的重要载体。本书旨在为学生提供系统、科学、实用的实验设计与数据处理方法。教师在教学过程中，不仅要注重课程知识的传授和技能的培养，还要融入思想政治教育内容，引导学生树立正确的世界观、人生观和价值观。

本书共7章，第1章介绍了计算机的发展及在自然科学与工程领域的应用；第2章介绍了实验设计基础、数据的测量、数据处理基础知识；第3章介绍了Origin软件简介、主界面与功能、菜单功能、表格基本操作、数值计算功能、绘图功能、数据分析功能、统计分析功能；第4章介绍了Excel软件简介、相关功能、表格绘制功能、绘图功能、数据统计与分析、在计算与数据分析领域的应用；第5章介绍了SPSS软件简介、主界面与功能、常用菜单、数据编辑、变量编辑、描述统计、方差分析、相关分析与回归分析；第6章介绍了MATLAB软件简介、主界面与功能、运行方式、数值计算、矩阵运算、符号运算、图形处理、数理统计分析、其他数据分析模型及命令；第7章介绍了材料数据库、文献及文献检索概述、科技文献的检索方法。本书在介绍实验设计与数据处理的原理与方法的同时，注重其在实际问题中的应用，既介绍了多种软件在数据处理中的使用方法，又力求使学生较快掌握软件的使用方法并解决实际问题。

本书由胡荣、李璐、郭朝中任主编，具体编写分工如下：第1章、第7章由胡荣和郭朝中编写，第2章由胡荣和李璐编写，第3章、第4章、第5章、第6章由胡荣编写，全书由胡荣统筹完成。编者在编写本书的过程中，得到了重庆市光电材料与技术现代产业学院、重庆瑜欣平瑞电子股份有限公司胡云平等工程技术人员的帮助与支持，还参考和引用了一些文献内容，在此表示衷心的感谢。

本书积极顺应人工智能发展趋势，在附录部分提供了AI伴学内容及提示词，引导学生利用生成式人工智能工具，如DeepSeek、Kimi、豆包、通义千问、文心一言、ChatGPT等辅助学习。

由于编者水平有限，书中难免有疏漏之处，恳请广大读者批评指正。

主　编

2024年10月于重庆

【资源索引】

目　录

第1章 绪论

知识要点	掌握程度	相关知识
计算机的发展	了解计算机的诞生与发展历程； 了解计算机的硬件、软件与网络技术	二进制、电子管、晶体管、大规模集成电路；计算机语言、人工智能、计算机的组成、软件技术、计算机网络技术
计算机在自然科学与工程领域的应用	了解计算机在自然科学与工程领域的应用； 了解常见的计算机模拟软件、数据分析软件、图像处理软件和数据库	材料科学与工程；计算模拟方法、有限元分析、相图计算技术；数据与图像分析、数据库、专家系统

课程导入

计算机作为20世纪的伟大发明，推动了人类科学技术的发展和社会文明的进步。计算机的诞生极大地提高了人类"大脑"的运算能力，以及人类认识世界、改造世界的能力。经过多年发展，计算机帮助人类在自然、工程、经济、生活等领域解决了诸多问题。在科学研究与技术研发过程中，计算机技术极大地提高了人类处理数据与分析问题的能力，促进了人类文明进步。

1.1 计算机的发展

自有文字记录以来，人类就有利用和制备工具计数、计算的智慧，如结绳计数、书契、算盘、纳皮尔筹、计算钟、帕斯卡加法器、莱布尼茨乘法器等，这一阶段实现了手工计算到机械计算，提升了人类大脑的运算能力和运算速度，但与现代电子计算机相比有很大差距。1834 年，英国数学家查尔斯·巴贝奇设计了一种基于程序控制的计算机——解析机，其由蒸汽机驱动，使用打孔纸带输入，采用十进制计数，能进行较复杂的数学运算。此外，他创新地提出先进的计算机应该包含输入、储存、运算、控制与输出五部分，这几乎是现代通用电子计算机的标准配置。

进入 20 世纪，人类在物理学领域取得了长足进步，尤其在电磁学、电子学、电工学、半导体、电视等领域发展迅速，为电子计算机的诞生提供了理论基础与技术保障。另外，数学领域（如积分、微分、数值解法的研究等）的发展为计算机的运算算法提供了支持。1937—1942 年，美国科学家阿塔纳索夫和贝瑞成功研发了阿塔纳索夫－贝瑞电子计算机(Atanasoff-Berry computer，ABC)，其具有重复使用的内存和逻辑电路，采用二进制运算，以电容为存储器。它是世界上第一台电子计算机，但不能实现编程，只能求解线性方程组。1946 年，冯·诺依曼和莫尔学院的工程师研制成功第一台电子数字积分计算机(electronic numerical integrator and calculator，ENIAC)，如图 1－1 所示。与 ABC 相比，ENIAC 能够实现重新编程，可解决各类计算问题。

图 1－1　ENIAC

1.1.1　第一代电子计算机

第一代电子计算机又称电子管计算机（1946—1957），ENIAC 是第一代电子计算机发展的开端。其特点是以电子管为逻辑元件，硬件结构主要由输入器、运算器、控制器、输出器、储存器五部分组成，这些硬件又由大量电子元件组成。第一代电子计算机的软件主要由机器语言或汇编语言运行，内部存储器采用延迟线或磁芯，外部存储器采用纸带、卡片或磁带。但第一代电子计算机的运算速度很低，只有几千次/秒至几万次/秒。第一代电子计算机主要用于科学研究、军事技术、核物理等尖端领域。1958 年，中国科学院计算技术研究所研制出我国第一台小型第一代通用计算机——“八一”型通用电子管计算机（又称 103 机），标志着我国第一台电子计算机诞生，为我国计算机的研发打下基础。

1.1.2　第二代电子计算机

第一代电子计算机占地面积大、耗能大、运算速度低、性能可靠性差、造价高。后来，研究人员用晶体管代替电子管，研制出第二代电子计算机，又称晶体管计算机（1958—1964），并增加浮点运算，提升了其运算能力。第二代电子计算机的特点是应用晶体管，贝尔实验室、麻省理工学院、IBM公司在第二代电子计算机的研制过程中做了大量工作。第二代电子计算机在电子元件和运算方面有所改进，比第一代电子计算机的运算速度高，且体积更小、能耗更小、准确性和可靠性更高。除用晶体管代替电子管外，磁芯或磁鼓被用作储存器，机器的整体性能提高；同时，高级程序语言（如FORTRAN、COBOL）的开发与应用，使得第二代电子计算机应用于数据处理、过程控制方面。1963年，中国科学院计算技术研究所研制出我国第一台大型第二代电子计算机——109机。在计算机程序语言方面，南京大学徐家福和北京大学杨芙清等人撰写的图书《程序设计》成为培养高端计算机人才的通用教材。可见，当时我国计算机行业紧跟时代发展的潮流。

1.1.3　第三代电子计算机

尽管第二代电子计算机与第一代电子计算机相比有很大进步，但其体积仍然较大、运算速度不高、成本较高，不能满足人们日常生活的需求。1958年，杰克·基尔比（"芯片之父"、诺贝尔物理学奖获得者）将多个电子元件集成到一个半导体基片上，发明了集成电路，从而为第三代电子计算机的研制提供技术基础。电子元件在半导体基片上的集成可使计算机体积更小、耗能更小、运算速度更高、更便于移动与携带，方便走进人类生活。因而，第三代电子计算机又称集成电路计算机（1964—1971）。第三代电子计算机的基本结构体现在将几个至十几个电子元件（逻辑门）集成小规模集成电路，再将小规模集成电路集成中规模集成电路，使得构成计算机部件的体积越来越小、功能越来越强，机器的运算速度可达几十万次/秒至几百万次/秒。第三代电子计算机还大量采用磁芯做内存储器，采用磁盘、磁带等做外存储器，优化了计算机的运算环境。这一阶段除计算机硬件有进步外，软件技术也得到发展，显著特点是操作系统软件的成功运用。多处理机、虚拟存储器系统、应用软件的发展，极大地丰富了计算机软件资源，使得第三代电子计算机应用于文字处理、图形图像、企业管理、自动控制、情报检索等领域。在这一阶段，计算机语言发展到第三代——高级语言。高级语言的优点是利于学习和理解、通用性强、便于编程、利于推广与交流、语言结构逻辑符合人类的思维习惯、便于用英文设计程序。一些固定的、流行的语言模式被人们固化于计算机系统，形成独特的编程语言以解决实际问题。当时常见的高级语言有BASIC、FORTRAN、C、Ada、Pascal、COBOL等。在20世纪70—80年代，我国在第三代电子计算机的研制方面取得了显著进步。例如，1973年北京大学与北京有线电厂等单位联合科研攻关，成功研制出运算速度为1×10^6次/秒的大型通用电子计算机。1983年，中国科学院计算技术研究所研制出我国第一台大型向量计算机——757机，其运算速度达到1×10^7次/秒。

1.1.4　第四代电子计算机

大规模集成电路技术的高效发展为开发第四代电子计算机（大规模和超大规模集成电

路电子计算机，1972 年至今）奠定了技术基础。尽管第四代电子计算机是从第三代电子计算机发展而来的，但其在硬件、软件方面有了质的改变。图 1－2 所示为第四代电子计算机的基本配置结构。

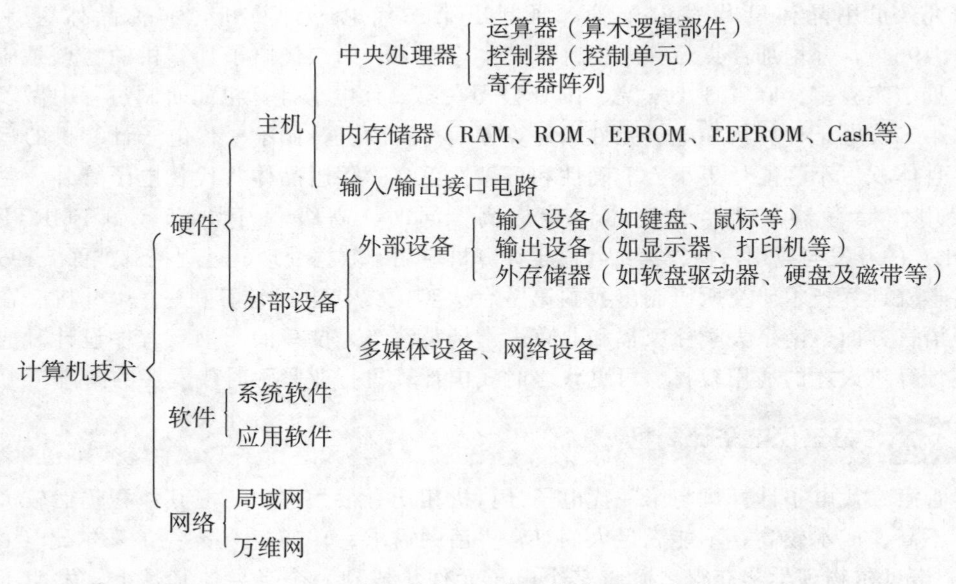

图 1－2　第四代电子计算机的基本配置结构

我国科研部门在第四代电子计算机的研制过程中投入了大量人力与物力，并取得了一定的成果。在巨型计算机方面，1983 年，国防科学技术大学研制出“银河”巨型计算机——银河-Ⅰ，其运算速度达到 1×10^{8} 次/秒，此后“银河”系列巨型计算机的运算速度不断提高。另外，2013 年国防科学技术大学发布的“天河二号”超级计算机成为全球运算速度最高的计算机，其峰值运算速度达到 5.49×10^{16} 次/秒。国家并行计算机工程技术研究中心研制的“神威·太湖之光”超级计算机在 2016 年荣膺全球超级计算机 500 强第一名。中国科学技术大学潘建伟团队与中国科学院上海微系统与信息技术研究所、国家并行计算机工程技术研究中心合作研制的“九章”量子计算机开辟了超级计算机发展的新道路。在个人微型计算机方面，我国涌现出一批具有自主知识产权的生产商，如联想、长城、方正、同创、神州等。总之，第四代电子计算机为人类社会的发展带来了巨大社会效益和经济效益，它在科学研究、国防军工、工农业建设、金融、管理、政府、通信、交通、生命与健康、文化传播等领域发挥了重要作用。

1.1.5　第五代电子计算机（人工智能）

由于人们设计计算机的目的是提高人类大脑的运算与分析能力，因此第一代电子计算机到第四代电子计算机的发展都是围绕运算能力展开的，属于“冰冷”的机器行为，不具备人类的思维能力、联想能力、学习能力和推理能力等。目前计算机均是基于特殊的程序语言和人类指令处理问题的，高效、完美的人机互动还未实现。为了进一步发展计算机技术和更好地服务人类社会，研究人员研制出第五代电子计算机技术，即将信息采集、存储、处理、通信技术与人工智能技术结合的智能系统。在强大的数据处理能力下，智能系统对知识进行全面处理，具备推理、联想、学习、情感和解析的能力，并帮助人类对某些复杂问题进行判断、决策，拓展未知领域，发展新知识。按照人们对第五代电子计算机发展蓝图的构想，第五代电子计算机由问题求解与推理系统、知识库管理系统和智能化人机接口三个基本子系统组成。其中，问题求解与推理系统为计算机的中央处理器，以逻辑型语言或函数型语言为核心语言，这是构成第五代电子计算机系统结构和各种运行软件的基础。知识库管理系统由主存储器、虚拟存储器和文本系统构成，在此系统中运行高级查询语言，可实现知识的表达、存储、获取和更新等。知识库管理系统具备人类的语言、语法、词法、常识、科技、文化、技术规范、意识表达等功能。智能化人机接口是使人类与计算机直接对话的子系统，其通过语言、文字、图形图像、动作等形式实现人机互动。

1.1.6 电子计算机硬件技术的发展

现代电子计算机硬件系统主要由运算器、控制器、存储器、输入设备和输出设备五部分组成。其中，运算器和控制器是处理器，磁盘驱动器是存储器，键盘和鼠标是输入设备，显示器是输出设备。处理器是计算机的“大脑”，又称中央处理器（central processing unit，CPU），它是基于大规模集成电路发展起来的产物。CPU 发展史主要是英特尔（Intel）公司、超威半导体公司（AMD）的研发史，1971 年，Intel 公司研制成功世界上第一款微处理器芯片——Intel 4004，拉开了 CPU 发展的序幕。经过 50 余年的发展，CPU 技术经历了六个阶段。第一阶段为 Intel 公司开发的 4 位低档微处理器和 8 位低档微处理器，代表产品是 Intel 4004；随后的 Intel 8086 处理器奠定了 x86 指令集架构，并广泛用于个人计算机终端或高性能服务器。第二阶段为 8 位中高档微处理器，代表产品是 Intel 8080。第三阶段为 16 位微处理器，代表产品是 Intel 8086。第四阶段为 32 位微处理器，代表产品是 Intel 80386。第五阶段为 Intel 公司研发的奔腾系列微处理器、AMD 公司研发的 Athlon 处理器。到目前为止，CPU 技术发展到第六阶段，处理器研发朝着多核心、高并行度的方向发展，代表产品有 Intel 公司的酷睿系列处理器和 AMD 公司的锐龙系列处理器。

电子计算机的存储器分为内部存储器和外部存储器。内部存储器简称“内存”，它是计算机的重要部件，其功能是暂时存储 CPU 中的运算数据，并作为“桥梁”将 CPU 运行结果与外部存储器进行交换与保存，内存的性能同样影响着计算机的整体性能。内存的发展经历了如下几个阶段：①最早的内存芯片焊接在主板上，为计算机的运算提供直接支持，其容量很小（如 256KB、4MB），且不可拆卸、扩容困难；②内存条诞生，随着 Intel 80286 主板的推出，内存条采用 SIMM 接口对接于主板，成为内存领域的“开山鼻祖”，EDO DRAM 是 20 世纪 90 年代的代表产品；③同步动态随机存储器（synchronous dynamic random access memory，SDRAM）诞生，代表产品有 PC66、PC100、PC133、PC150、PC166；④双倍数据速率（double data rate，DDR）SDRAM 诞生，DDR SDRAM 是 SDRAM 内存的升级产品，经历了 DDR1～DDR4 的发展过程，其容量、工作速率、耗能等指标极大提高。电子计算机的外部存储器主要包括硬盘存储器、光盘存储器、软盘存储器、移动式硬盘，保存在外部存储器的数据一般在断电或脱离计算后仍能长期存在。到目前为止，软盘存储器基本退出历史舞台；光盘存储器主要应用于一些特殊的领域；硬盘存储器和移动式硬盘是计算机信息储存的主流，其特点是容量越来越大、传输速度越来越高、传输越来越稳定。

此外，计算机的其他硬件［如输入设备（如鼠标、键盘）与输出设备（如显示器）等］随着时代和技术的发展越来越科技化、小型化、人性化、智能化。例如，触控技术的发展使输入设备集成于触控屏，虚拟现实技术扩展了显示技术的应用。总之，计算机硬件技术在近几十年得到了很好的发展，为人类的工作与生活提供了便利。

1.1.7 软件技术的发展

计算机软件一般是指在计算机系统中运行的程序、指令或文档，它是人类与计算机交流的平台。计算机软件由系统软件和应用软件构成。系统软件主要负责管理计算机系统的运行和支持应用软件的运行，控制与协调计算机硬件及附属设备的运行。操作系统（如Windows、Linux、UNIX 等）、系统补丁、硬件驱动程序等都是系统软件。系统软件与计算机硬件的交互性很强。应用软件是面向大众用户的需求（如文字、图像、声音、视频、运算、模拟、设计、游戏娱乐等）具有实际应用方向的程序，即用于解决某类问题而设计的程序集合，供大众用户使用。常见的应用软件有 Office 办公软件、AutoCAD 机械结构设计软件、Photoshop 图形编辑软件、WinRAR 文件压缩软件等。

由于计算机不能识别人类的语言，若人类要对计算机发出指令，则需要编辑计算机能够识别的“语言”。最早的计算机语言是打孔纸带的二进制（值为 1 和 0，分别表示“开”和“关”）语言模式，其控制计算机运行，即将人工拨动开关的操作序列转变成按照某种规则纸带上呈现一系列孔的序列。尽管当时利用打孔纸带编程操作计算机运行看似机械，但具备输入设备与输出设备等的功能，这种第一代计算机语言称为机器语言。其形式简单、专用性强，缺乏通用性。在第一代计算机语言的基础上进行适当拓展的第二代计算机语言称为汇编语言。在汇编语言中使用一些符号代替 0 和 1 的序列，并在编程过程中定义“宏”来产生类似于“子程序”的逻辑概念，运算速度提高，但仍然依赖机器，与后来的高级语言不同。

1954 年，计算机科学家约翰·巴科斯组建的计算机语言小组成功开发出世界上第一个真正意义上的、脱离计算机硬件的高级语言——Formula Translation（FORTRAN）。约翰·巴科斯被称为“FORTRAN 语言之父”。FORTRAN 语言是至今仍应用广泛的高级语言。经典的文件管理系统（file management system，FMS）就是基于 FORTRAN 语言开发的。随着社会的发展，人们对软件的需求越来越多、越来越复杂，软件的维护难度越来越大，开发成本越来越高，甚至出现了“软件危机”。为了解决这一问题，计算机软件领域的专家提出了“软件工程”概念，使人们明确用系统化、规范、数量化等工程原则研发和维护软件的方法。此后，高级语言（如 C、Pascal、C＋＋、Java、JavaScript、PHP、C＃等）相继得到发展。

1.1.8 计算机网络技术的发展

计算机网络技术用于将不同位置的计算机及其外部设备通过线路（有线和无线）和通信协议连通，从而实现资源共享和信息传递。计算机网络按网络的作用范围分为局域网、城域网和广域网。

计算机网络技术出现后发展极快，大致历经了四个阶段。第一阶段是远程始末端互联阶段。在此阶段，计算机网络技术是以单个计算机为中心的面向终端为特征的，需要一个主机作为网络的中心和控制者，终端（如键盘和显示器等）分布在各处并与主机相连，使用者通过本地终端操纵远程的主机。此阶段的网络存在一个缺点——子网之间无法通信，通信只存在于终端与主机之间。第二阶段是计算机网络阶段（局域网）。为了解决第一代子网的通信限制问题，人们发展了局域网。在局域网中，多个主机之间不仅可以实现互联互通，子网的使用者还可以不必经过主机通信，同时终端使用者可以访问本地主机和子网上所有主机的软、硬件资源与信息。实现局域网的方法有电路交换和分组交换。起初，研究人员借鉴了电信部门的电路交换思想，以提高网络的可靠性和可用性。但电路交换存在如下问题：一是电路交换存在通信线路资源浪费大的情况；二是由于不同的计算机和终端传输数据的速率不同，因此电路交换很难相互通信。基于此，研究人员采用分组交换，其由若干节点交换机和连接这些交换机的链路组成，每个节点都是一个小型计算机。分组交换解决了计算机互联的问题，使得局域网及其技术得到发展。第三阶段是计算机网络互联阶段（广域网）。由于生产厂家不同，因此计算机之间的通信受到限制。国际标准化组织制定了开放体系互联基本参考模型——OSI/RM，保证不同厂家生产的计算机互联。此外，TCP/IP 协议的诞生统一了网络体系结构，为实现计算机间的互联互通提供技术支持。第四阶段是信息高速公路（高速、多业务、大数据量）阶段。自 20 世纪 90 年代以来，信息高速公路、ATM 技术、综合业务数字网、千兆以太网等网络技术发展迅速，人们可以快速、方便地接入互联网，并利用这些网络技术实现远程教育、远程医疗、电视会议、可视电话、网上购物、网络图书馆等。

1.2　计算机在自然科学与工程领域的应用

1.2.1　计算机在材料设计领域的应用

如果将某种材料应用于生活、工业、国防军工等领域，就需要从多个层次［微观层次（原子、电子、分子级）、介观层次（一般指几十纳米到毫米级的材料组织结构）和宏观层次（人眼可辨别尺度，包括宏观结构、形状、组成等，属于工程应用层次的设计）］进行设计，如图 1—3 所示。不同的结构层次有不同的理论和方法，不同层次常常相互交叉，不同层次的目的、任务及应用也不尽相同。为了做好各个层次的材料及其结构设计，人们开发出不同的计算模拟方法，如基于量子力学的第一性原理计算（first principle calculation，FPC）、分子动力学（molecular dynamics，MD）、蒙特卡罗（monte carlo，MC）方法、相图计算技术（calculation of phase diagram，CALPHAD）、相场方法（phase field method，PFM）、有限元分析（finite element analysis，FEA）、概率断裂力学（probabilistic fracture，PFM）等。

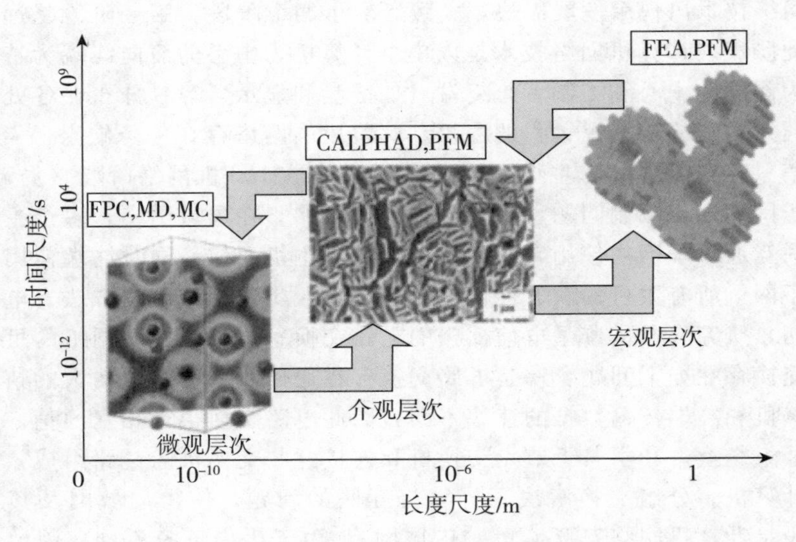

图 1-3　不同层次下的材料设计

FPC 是基于薛定谔方程，通过电子质量、电子电量、普朗克常数、光速、玻尔兹曼常数预测微观体系的状态和性质，并预测材料的组分、结构、性能之间的关系，进而设计出具有特定性能的材料。在材料科学领域，FPC 利用原子核与电子间的基本运动规律，通过一系列近似处理后直接求解薛定谔方程得到材料的电子结构，从而研究对象的物理性质和微观状态。因而，FPC 在材料晶体结构参数和构型计算、合金相稳定性、电子密度分布、材料力学性能、材料表界面、能带结构等方面有重要应用。在实际操作过程中，MATERIALS STUDIO、VASP、Gaussian 等软件都能很好地利用 FPC 完成材料的预测、设计和相关计算。

MD 就是利用计算机模拟研究分子体系在时间和空间上的运动状态及变化规律的技术，进而获得分子体系的物理性质与化学性质。MD 在化学工程（如分子的表界面、扩散、萃取、吸附、催化等）、材料科学（如纳米材料、金属材料、薄膜材料、单晶等）、生物大分子（如蛋白质分子等）、药物分子设计等领域有重要应用，比较流行的 MD 软件有 AMBER、CHARMM、NAMD、GROMACS 等。

蒙特卡罗方法又称随机抽样法或统计试验法，它以概率统计理论为基础，是 20 世纪 40 年代为研究原子能事业的发展研发的。蒙特卡罗方法能够比较真实地模拟实际物理过程，所得结果较符合实际状况。它可将问题与一定的概率模型联系，并用计算机实现统计模拟或抽样以获得近似解。

CALPHAD 是运用热力学理论计算系统的相平衡关系并绘制相图的技术。CALPHAD 的关键是选择合适的热力学模型，模拟各相的热力学性质随温度、压力、成分等的变化。测定相图实验通常是在高温、高压、有腐蚀性气体参与反应的条件下进行的，需要大量的人力与物力，且存在成分控制、容器选择困难和高温测量等难点。其实验结果是有限的、片面的，无法体现体系的相图和热力学性质。而采用 CALPHAD 时，只要对体系中相图的关键区域和关键相的热力学参数进行测量就可以优化出吉布斯自由能模型参数，从而推算体系的整个相图，使相图研究的工作量减小。Thermo-Calc、FactSage、

Pandat 等是相图计算的常用软件。

FEA 的原理是利用数学近似的方法模拟真实物理系统。FEA 利用简单且相互作用的元素，可以用有限数量的未知量逼近无限未知量的真实系统，即用简单的、可求解的问题解决或代替现实复杂的问题。求解域可看成由许多有限元的、小的、有互联关系的子域构成，对每个单元假定一个合适的近似解，然后推导求解这个域总的满足条件，从而得到问题的解。由于采用 FEA 求解问题的思路是无限逼近，因此这个解是近似解。由于有限元分析所得结果精度较高，适合形状复杂结构的分析，因此成为工程与结构领域的重要分析方法。常见的有限元分析软件有 ANSYS、SAP、NASTRAN、ADINA、I-DEAS、AGOBJ 等。

1.2.2　计算机在优化工艺及生产过程中的应用

在材料加工过程中，利用计算机技术不仅能减轻劳动强度，还能提高产品的质量和产量。可以说，计算机优化工艺已经渗透到材料的生产与加工环节（如机械、化工、铸造、锻造、焊接等），将人们从复杂的工艺探索中解放出来。例如，中国第一汽车集团有限公司的陈位铭等人利用计算机数值模拟技术分析汽车差速器铸件产生缩孔/缩松缺陷的原因，并对原铸造工艺进行改进，消除了铸造件缺陷，降低了废品率，通过优化制备工艺提高了铸件的切削加工性能。于庆波等人运用 VB 和 AutoCAD 软件开发了大型锻件的计算机优化设计软件，以对大型锻件锻造工艺进行优化设计。计算机软件优化锻造工艺的程序运行框图如图 1—4 所示。计算机工艺优化提高了成材率、准确率、工作效率。黄菊花等人基于参数化有限元分析、人工神经网络、遗传算法等，提出采用人工神经网络技术构建冲压件成形多参数映射关系模型，并采用遗传算法进行多参数组合优化，得到计算机模拟冲压件成形工艺参数优化及优化条件与试验条件一致的结果。王龙山等人结合二维搜索算法、最优化理论与计算机技术，研究出计算机辅助优化下料工艺设计原理，并提出零件配套和优化下料图生成的计算机处理方法，实现了矩形板类零件下料工艺设计优化。在化工生产领域，汪岚等人为了优化染色过程中的工艺问题，以正交试验设计和多元回归分析方法为

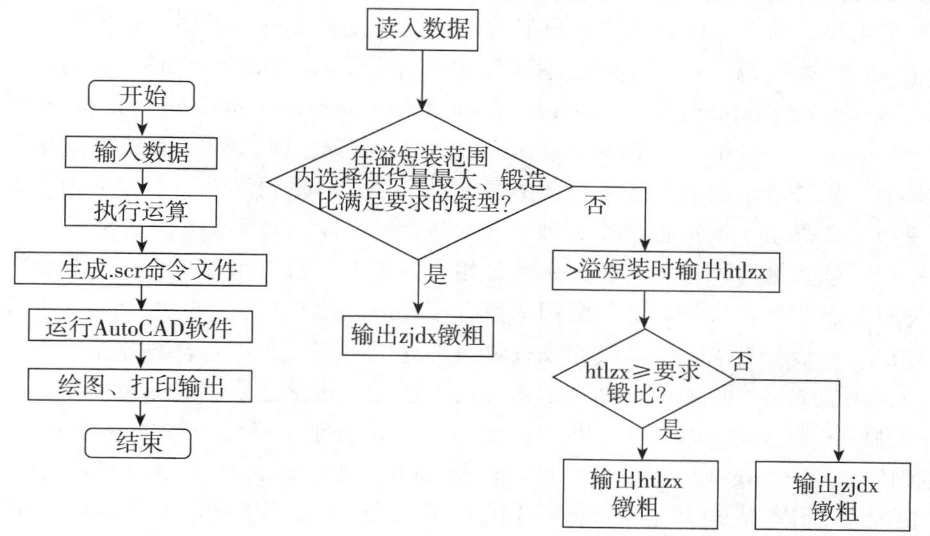

图 1—4　计算机软件优化锻造工艺的程序运行框图

基础，通过影响因素构建成本最小化目标，建立染色过程数学模型，采用混合编程技术（结合 MATLAB 与 VC 软件技术）开发了一套染色工艺优化的计算机辅助系统。该辅助系统具有良好的计算精度、开发效率、运算速度和友好的界面开发能力，可实现原料数据的显示、变化、保存以及工艺性能优化、成本和质量预估等功能，为工艺在线优化和智能控制提供条件，降低了生产成本、保证了产品质量。

1.2.3 计算机在数据分析和图形（像）处理中的应用

在材料科学与工程领域的研究过程中可以获得大量实验数据，借助计算机的存储设备保存这些数据，并对这些数据进行处理计算、绘图、拟合分析和快速查询等。

很多计算机数据处理软件都可以用来处理材料领域的数据分析或图像处理，常见的有 Excel、Origin、MATLAB、SPSS、Python、STATA、SAS、ChemDraw、CrystalMaker、AutoCAD、UG、SpectrumSee、ProSEM、MIPAR 等，这些软件各具优势与特定的应用领域，可以帮助研究人员分析数据，找出数据背后的本质，对研究对象进行有效的控制和预测。

下面以 MIPAR、SpectrumSee 等软件为例，介绍其在图像处理方面的应用。MIPAR 软件可以对扫描电子显微镜（scanning electron microscope，SEM）图像进行分析和处理，得到除表观图像外的数据信息，如相的相对比例、分布特征、区分相结构特征、定量计算组织结构等。SpectrumSee 软件可以对图像中的细节（如直线测量、角度测量、弧度测量、比例校正、颜色区分、字体区分、任意区域的几何参数测量等）进行自动标定，减小人为误差；还可以实现大区域内的图片拼接，从而达到较好的视觉效果和图像分析效果。

1.2.4 计算机在数据库和专家系统领域中的应用

科技文献数据库是指可用计算机网络访问和读取的文献信息集合库。在科技文献数据库中，文献信息将文字转化为二进制编码的方式表示，通过一定的数据结构有序地存储在计算机服务器中。科技文献数据库是科研人员、工程技术人员、教师、学生等人获得科技文献信息的重要来源。国外科技文献数据库有 ScienceDirect OnSite、Wiley Online Library、Springer Nature、Royal Society of Chemistry、American Chemical Society、MPDI、Hindawi、Frontiers、Francis Academic Press 等。国内科技文献数据库有中国知网（CNKI）、维普中文期刊服务平台、中国人民大学复印报刊资料、万方数据知识服务平台、超星数字图书馆、国家哲学社会科学学术期刊数据库、百度学术等。

除科技文献数据库外，材料数据库也是相关科研人员的常用资源。材料数据库不仅可以存储材料信息和性能数据，提供常用的数据库查询、检索功能；还可以与人工智能技术结合，构成材料设计专家系统，其在现代材料工程中有重要作用。材料数据库通常搜集与存储有关材料的数据（如相图、晶体结构、物理性能、化学性质、机械性能参数、力学性能、结构性能、电、光、磁、热、声、腐蚀性质、氧化性质等）。国外材料数据库有剑桥结构数据库（cambridge structural database，CSD），其收录了 115 万种小分子有机物和金属有机化合物晶体结构数据，包含晶胞参数、原子坐标和引用文献等（https://www.ccdc.cam.ac.uk/）。剑桥大学材料资源库（https://www.doitpoms.ac.uk/index.php）收录了大量材料的信息，如相图、复合物结构、含量、组织结构图、材料加工工艺等。无机晶体结构数据库（inorganic crystal structure database，ICSD）（https：//icsd. products. fiz-karlsruhe. de/）收录了21万多条试验表征的无机晶体结构详细信息，包含化学名称、化学式、矿物名、晶胞参数、空间群、原子坐标、原子占位及文献引用等。Materials Project数据库（https：//materialsproject. org/）收录了75万多种材料，涉及无机化合物、分子、纳米孔隙材料、嵌入型电极材料、转化型电极材料以及包括9万多条能带结构、弹性张量、压电张量等性能的第一性原理计算数据。AFLOWlib数据库（http：//aflowlib. org/）收录了无机化合物、二元合金、多元合金等超过356万种材料结构和7亿条第一性原理计算的材料性能数据。国内材料类数据库有武汉材料保护研究所组建的腐蚀数据库和摩擦数据库（分别收录了大量材料的腐蚀数据参数和摩擦数据性能）、中国机械总院集团北京机电研究所有限公司组建的材料热处理数据库、北京大学新材料学院建立的北大新材料大数据服务平台（www. pkusam. com）。

专家系统是一个智能计算机程序系统，其内部集成大量在某个领域具有专家水平的知识与经验，计算机程序能够利用人类专家的知识和解决问题的方法来处理该领域问题。专家系统的工作原理如图1—5所示。

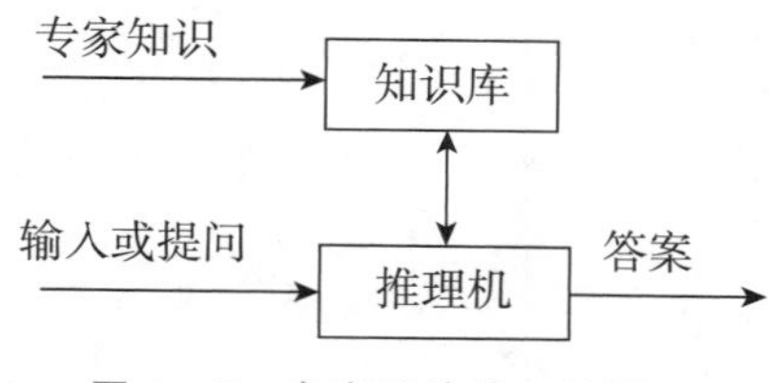

图1—5　专家系统的工作原理

专家系统在材料科学与工程领域有广泛应用，国内外科技人员充分运用专家系统对建筑材料、电子陶瓷材料、聚合物材料、材料成形加工等进行了大量研究工作，并取得了很多实际成果。在材料缺陷诊断与质量控制领域，李桃等人结合数学模型、模糊技术和专家系统开发出材料烧结过程异常状况诊断专家系统。陆文聪等人开发了能检索和预测V-PTC陶瓷半导体材料性能与其配方工艺关系的专家系统，使得此类材料的研发更经济、高效。南京航空航天大学据建文等人开发了汽车板冲压适应性系统（图1—6），其人机交互界面友好、操作简单、便于计算和输出结果，对指导生产与加工有重要的指导意义。

图1—6　汽车板冲压适应性系统

总之，计算机及其技术已经融入人类生产、生活、娱乐、科研、技术、军事、航空航天等领域，并具有重要作用。作为新时代环境下的科技工作者，更应该注重计算机技术在材料领域的应用，以更好地为我国材料及加工事业作贡献。

1. 通过互联网技术搜索我国计算机硬件与软件技术的发展现状。

2. 通过互联网技术搜索计算机在材料领域的应用，并简要说明其优势、功能及相关应用案例。

第2章 实验设计与数据处理基础

知识要点	掌握程度	相关知识
实验设计基础	掌握实验设计的原则； 掌握单因素实验设计的原理与方法； 掌握正交实验设计； 掌握均匀实验设计	单因素实验设计、正交实验设计、均匀实验设计，正交实验设计的步骤、均实实验设计的步骤
数据的测量	理解真值； 掌握平均值的计算； 掌握可疑值的取舍； 理解误差和偏差的表示方法	真值与平均值、可疑值的取舍、误差、数据的精确度、误差和偏差的表示方法、有效数字
数据处理基础知识	了解最小二乘法在数据分析与处理中的作用； 掌握线性拟合和非线性拟合	最小二乘法、线性拟合、非线性拟合

课程导入

在科学与技术研究领域，研究人员在研究某个问题时需要进行有针对性的实验设计，从而进行科学的实验，并得到大量数据。人们往往无法通过肉眼直接观察得出数据与数据的关系，此时需要对实验数据进行科学处理。数据处理就是从大量原始实验数据中提取有价值的、能够反映实验条件与实验结果本质关系的信息，即将实验数据转换成有用信息的过程（包含对数据的搜集、存储、整理、分类、归并、计算、排序、转换、检索、推导与演变等）。数据分析可以找出研究对象的内在规律，帮助研究人员作出有效判断，以对新材料、新工艺、新结构等作出更好的设计与优化。

实验设计在科学研究、工程技术和工艺优化领域有重要应用，合理的实验设计不仅可以提高研究的效率和经济性，还可以保证研究结果的可重复性和可靠性，对人类科学技术的发展有重要的推动作用。科学的数据处理可保证实验数据的有效性和准确性，方便人们找出实验条件与实验结果的内在关系，为决策者提供科学的控制或预测保障。

2.1 实验设计基础

进行科学、有效的实验是研究人员的必备技能，要使实验过程正确、高效，往往需要研究人员作出合理的实验设计。实验设计通常需要遵循四大原则，即在科学性、可行性、简便性的基础上，使实验过程及实验结果遵循对照原则、随机原则、重复原则、单一变量（其他条件不变）原则。由于实验是人为条件下研究事物的一种实践方法，所有实验变量与研究对象的性能（特性）都是依据研究目的（如探索结构与性能关系、工艺优化、环保与节能、降低成本等）展开的，因此，为推动人类社会发展服务，实验必须具备科学性。实验设计时，还需综合考虑实验原理、实验条件、实验安全、实验设备、实验结果等的可行性；同时考虑实验材料（易得）、实验操作（宜简）、实验步骤（宜少）、实验时间（宜短）等因素的影响。

实验设计需遵循对照原则，设置实验组和对照组可辨别实验中各因素的差异，还可排除无关变量对实验结果的干扰，使数据结果具有科学性。对照组是指不做任何处理的因素，如不施肥的土地对某作物产量的影响。实验组是指施加对实验结果有影响的因素及水平，如施加不同含量的钾肥对某作物产量的影响。还有不同因素的实验组对比，如考查反应温度、浓度、时间对生产率的影响，判断主导因素。此外，自身对照的对照组和实验组均针对同一研究对象。例如，研究某植物根的向地性和茎的背地性时，可以把植株横放于培养基上自然生长进行对比研究。实验设计还需要遵循随机原则，随机原则是提高组间均衡性的重要手段，也是统计推断的前提。在实验设计中贯彻随机原则的重点是保证每个受试对象都有相同机会被随机分配到对照组和实验组。实验设计的重复原则是指实验组和对照组要有一定的实验次数，且能够有效重复，这是实验具有科学性的标志。单一变量（其他条件不变）原则是指遵循单因素分析原理，即除实验因素外的其他条件前后一致，便于全面分析可能影响实验结果的因素，去除无关因素或弱因素，找出主要因素。

实验设计的思路如下：①明确实验目的、实验对象、实验范围和研究意义等；②作出假设（或科学问题），预设因素、性能等；③制订实验设计方案（如研究体系、研究路线、研究内容、研究技术、设备、检测仪器等），不同的研究人员可能对同一科学问题有不同的研究思路，但总体要求简便、可行、安全、有效、精确；④搜集、分析数据，得出有效的科学结论。

2.1.1 单因素实验设计

单因素实验即只考察一个因素对实验结果的影响，并将其他因素都固定。首先假定因素间不具有交互作用，如果因素间存在交互作用就会得出不正确的结论。由于采用正交实验可以有效判断因素各水平对结果的影响趋势，因而水平设计非常重要。若水平过多，则浪费人力、物力和财力；若水平过少，则不能完全反映实验结果。水平起始值、水平终止值和间隔值设置也是单因素实验设计内容。单因素实验可为正交实验提供合理的参数范围。

水平设计可引起两方面变化：一是实验结果的量变化，二是实验结果的质变化。因而，在水平变化的实验过程中总是先有量的变化再有质的变化。通常可以依据研究人员的经验、参考文献、研究对象的实际情况设定水平起始值，甚至在实验过程中根据实验结果适当调整水平起始值。可以根据实际情况确定水平终止值。若研究目的是使某项指标性能最佳，则可以从水平起始值开始，以一定的间隔值进行实验，直至得到最佳指标值。单因素实验中的间隔值可以等值变化或非等值变化，视实际情况而定。

例如，某工厂为考察电解液温度对电解率的影响，希望找到一个较佳电解温度，从而得到较高的电解率。研究人员根据经验得出：当温度过低时电解率不高；当温度过高时耗能。因而预先设定了三个实验温度（65℃、74℃、80℃），从而得到三个电解率（94.3%、98.9%、81.5%）。从实验结果看，74℃是三个实验温度中电解率最高的，但不能确定74℃就是最佳电解温度。可以在74℃左右（如71℃、72℃、73℃、75℃、76℃等）增加几次实验，并通过实验结果判断，显然这种方式比较浪费时间和精力。从三个实验结果可以发现其具有抛物线特征（$y=ax^2+bx+c$），可以利用这一特点使用二次函数拟合实验结果，求出 a、b、c 三个参数的值，再用求极大值的方法求得最大水平值（约为70.5℃）。再做一次实验（温度为70.5℃）验证，电解率可以达到99.5%，高于之前74℃的结果，表明单因素实验设计对实验结果的优化。

单因素实验设计为达到某种目的（如高效、低耗、低成本、高生产率等性能指标），需要确定因素的最佳水平，即优选问题。要解决这一问题，需要使用一定的数学方法，合理安排实验次数，快速找到最佳水平，这种数学方法称为优选法。有较明确的实验区间后，可以采用均分法、对分法、黄金分割法、分数法等。

均分法的原理是确定实验参数的范围后，把实验的参数设置在该范围内的等分点上，等分进行 n 次实验。其优点是实验安排较全面、所得数据详尽；缺点是实验次数较多、比较耗时和耗力、不经济。对分法的原理是在实验范围的中点上取值，每次实验都将实验范围分成两部分，即每实施一次实验都可以去掉实验范围的一半。其优点是取点明确、方便，实验次数少，所得数据较好；缺点是一般有一个前提条件，实验者应预先了解实验参数影响考查指标的规律，需要具有一定的判断经验，即从实验结果直接判断实验参数取值的合理性，并通过每次实验结果确定下一次实验的取值方向，这对实验者的素质和知识水平提出了很高要求。黄金分割法也称0.618法，适用于实验指标或目标函数是单峰函数的情况，即在实验范围内只有一个最佳条件，越远离最优点实验结果越差。黄金分割法的实施步骤是每次在实验范围 $[a, b]$ 取两个对称点做实验，这两个点可分别记为 x_1 和 x_2，分别位于实验范围的黄金分割点——0.382点和0.618点处。x_1 与 x_2 计算如下。

$$\begin{aligned} x_1 &= a+0.382(b-a) \\ x_2 &= a+0.618(b-a) \end{aligned} \tag{2.1}$$

对水平参数 x_1 与 x_2 进行实验，可以得到相应的实验结果 y_1 与 y_2，接着比较指标性能，即如果 y_1 比 y_2 优异就可以判断 x_1 是较好的点。此时，可以去掉区间 $[x_2, b]$。考虑将 $[a, x_2]$ 区间作为实验区间，重新使用黄金分割法进行实验，确定新的对称点，如 x_3 与 x_4，计算如下。

$$\begin{aligned} x_3 &= a + 0.382(x_2 - a) \\ x_4 &= a + 0.618(x_2 - a) \end{aligned} \tag{2.2}$$

将式（2.1）中的 x_2 代入式（2.2），有 $x_3 = a + x_2 - x_1$，$x_4 = x_1$。重复使用上述判断方法，直到找到符合要求的实验结果和最佳实验点。

分数法又称斐波那契数列法，其实验思路与黄金分割法一致，不同的是黄金分割法每次都按固定值 0.618 缩小实验区间，而分数法每次按不同的值缩小实验区间。斐波那契数列可由式（2.3）确定。

$$F_0 = F_1 = 1, F_n = F_{n-1} + F_{n-2} (n \geqslant 2) \tag{2.3}$$

在取整数的情况下，斐波那契数列为 1，1，2，3，5，8，13，21，34，55，…对于实验范围 $[a, b]$，分数法的实验点位置可用下列公式求得。

$$第 1 个实验点 = (b - a) \times (F_n / F_{n-1}) + a$$

$$新实验点 = (b - 中数) + a$$

式中，中数为已实验点的数值。

此外，由于新实验点（如 x_2，x_3 等）安排在余下实验范围与已实验点对称的点上，因此，不仅新实验点与余下范围中点的距离等于已实验点与中点的距离，而且新实验点与左端点的距离等于已实验点与右端点的距离，即新实验点－小数（a）＝大数（b）－已实验点。

2.1.2 正交实验设计

在科学研究、技术研发、工艺创新与优化的过程中，常常会遇到多因素、多水平条件对研究指标产生影响的情况。如果采用单因素实验设计考察每个因素对实验结果的影响，工作量就会增大。若因素间存在交互作用，则单因素实验设计可能得不到准确的结果。正交实验设计是基于多因素的一种设计方法，其原理是从全面实验中筛选出部分具有代表性的点进行实验，实验点在全部实验点中具有均匀性和整齐性的特点。

如果要完成正交实验设计，就必须借助正交实验表（简称正交表）。正交表是根据均衡分散的思想设计的，它是运用组合数学中拉丁方和正交拉丁方思想构造的表格。对于正交表中的数字，各列出现的数字数相同，任意两列组合的数字对有若干个，不同组合的数字对数相同，体现出正交性。因而，正交性是正交表的本质属性，可将满足正交性的表格称为正交表。$L_9(3^4)$ 正交表见表 2－1。

表 2－1 L_9（3^4）正交表

实验号	列号			
	A	B	C	D
1	1	1	1	1
2	1	2	2	2

（续表）

实验号	列号			
	A	B	C	D
3	1	3	3	3
4	2	1	2	3
5	2	2	3	1
6	2	3	1	2
7	3	1	3	2
8	3	2	1	3
9	3	3	2	1

表 2－1 是典型的正交表，它有 4 列（A 列、B 列、C 列、D 列），每列下的数字都代表因素的水平符号；它有 9 行，每行的水平组合都代表一个实验条件。在 $L_9(3^4)$ 中，L 表示正交表，下角标 9 表示实验次数，3^4 表示应用该表最多可安排 3 水平 4 因素的实验。表 2－1 完整地体现了正交表的如下性质。

（1）在任一列中，各水平出现的次数相同，即水平 1、2、3 出现的次数相同。

（2）任一列的任一水平与其他列的水平 1、2、3 在同一行相遇的次数相同。或者说，任两列同一行上水平组合的有序数对 11、12、13、21、22、23、31、32、33 出现的系数相同。

由于正交表具有正交性，因此在实验次数减少的情况下，可以尽可能快地获得有效的实验结果。例如，对于 3 水平 4 因素的实验，所有可能的全面搭配实验要做 81（3^4）次，而使用正交表只需做 9 次实验。从总体看，虽然只做了部分实验，但由第（2）条性质可知，对于任两个因素来说是全面搭配实验，仍可以进行比较。一般来说，正交表都具有上述两个性质。在一张正交表里，行与行或列与列之间交换不会改变正交表的上述两个性质。

根据 $L_9(3^4)$ 可以归纳出正交表的一般表达形式及含义，如图 2－1 所示。

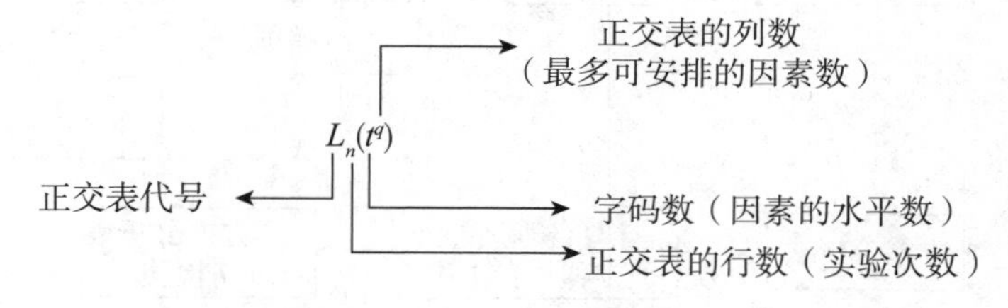

图 2－1 正交表的一般表达形式及含义

常用正交表有 $L_4(2^3)$、$L_8(2^7)$、$L_{16}(2^{15})$、$L_9(3^4)$、$L_{27}(3^{13})$、$L_{16}(4^5)$、$L_{18}(2\times 3^7)$ 等。前 6 个正交表属于水平数相同的正交表；$L_{18}(2\times 3^7)$ 属于水平数不相同的正交表，也称混合型正交表，表示可以安排 2 水平 1 因素和 3 水平 7 因素的实验。如果考虑的问题有 n 个因素，每个因素都取 2 水平，就称此问题为 2^n 因素实验问题；如果考虑的问题有 n

个因素，每个因素都取 3 水平，就称此问题为 3^n 因素实验问题；如果考虑的问题有（$n+m$）个因素，n 个因素取 2 水平，m 个因素取 3 水平，就称此问题为 $2^n \times 3^m$ 因素实验问题。其他因素、水平的条件依此类推。

2.1.3 正交实验设计的步骤

为了方便进行正交实验，人们制定了图 2—2 所示的正交实验设计的步骤。第一，任何实验都有实验目的与实验要求，如提高合成产物的生产率、提高材料的耐磨性、提高光电器件的光电转换效率、提高涂层的防护性能等。因此，进行正交实验前，所有实验者都必须明确实验目的，以满足相应的实验要求。第二，确定实验指标（如生产率、耐磨性、偏差等），人们常常将实验指标设为 y，以便后续分析。第三，实验者要根据实际情况、专业知识和自身经验确定能够对实验指标产生影响的因素，如成分、厚度、温度等都会对涂层的耐磨性产生影响，确定因素后还要通过经验、相关文献或单因素实验结果等综合确定每个因素条件下的水平。第四，根据因素与水平选择合适的正交表，如 3 水平 4 因素、3 水平 3 因素都可以选择 $L_9(3^4)$ 正交表。第五，确定正交表后，设计表头，表头中包含实验因素和水平，并与正交表中的数字对应。第六，依照正交表进行实验，并记录实验数据。第七，分析实验数据，进而得到最优实验参数搭配。

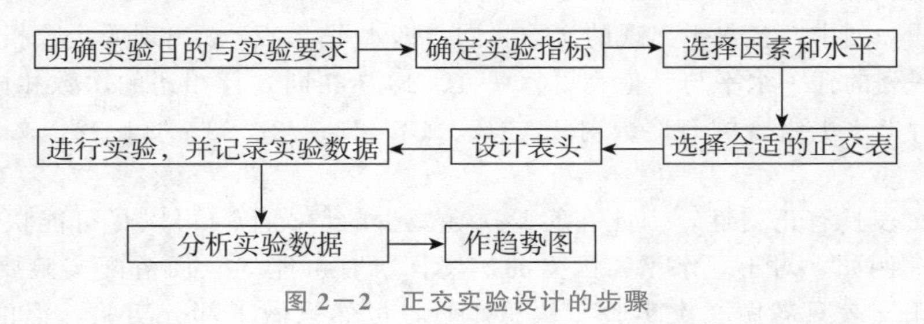

图 2—2 正交实验设计的步骤

一般采用极差分析法和方差分析法分析实验数据，分析步骤如图 2—3 所示。此外，得到最优实验参数搭配后，通常需要对其进行实验验证。

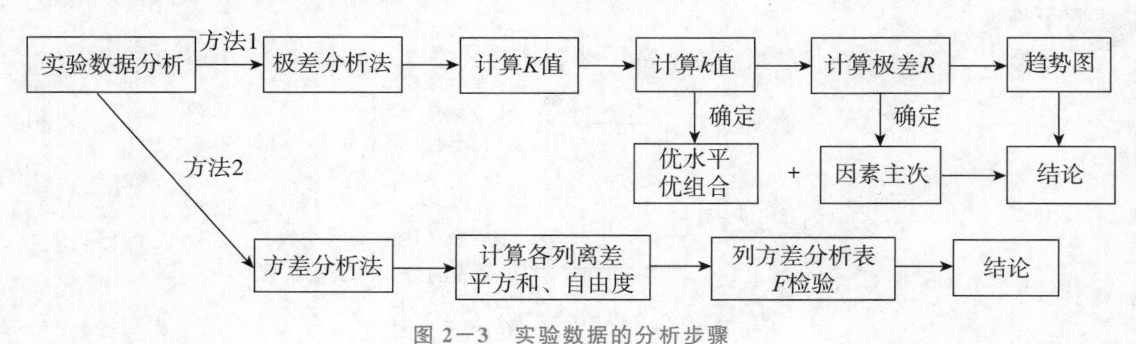

图 2—3 实验数据的分析步骤

〔**例 2—1**〕化学镀镍是镁合金表面防腐耐磨的重要手段，但直接将镁合金放入镀液极易发生腐蚀和溶解，因而在该过程中降低腐蚀速率或改善镀液环境是实现直接化学镀镍的重要思路。研究人员试图通过添加缓蚀剂、改变镀液反应条件、减少腐蚀离子来源等实现直接化学镀镍。

(1) 明确实验目的与实验要求。实验目的是实现镁合金表面化学镀镍；实验要求是镁合金基体在镀液中的腐蚀小，镀层具有防腐耐磨的性能。

(2) 确定实验指标。根据实验目的及实验要求，实验指标有镍离子的沉积速率（与沉积量有关，若没有沉积量则说明没有金属镍直接沉积，沉积速率由镀速计算公式计算）、孔隙率（反应镀层的防腐性能，采用贴滤纸法确定）、镀层表观等级［设立 5 个等级，即等级 1（表面无镀层、基体腐蚀）、等级 2（表面有镀层，但存在起皮、鼓泡、部分腐蚀等缺陷）、等级 3（镀层均匀完整但结合力差）、等级 4（镀层均匀完整，镀层结合力一般）、等级 5（镀层均匀完整，镀层结合力好，结合力可由锉刀实验后观察镀层与基体的接触状况确定）］。

(3) 选择因素和水平。根据研究人员的前期研究和经验，镍离子浓度、缓蚀剂浓度、温度、镀液 pH 是影响镍的镀速、孔隙率、镀层表观等级的重要影响因素，因而选取此 4 项作为因素，对这 4 个因素做单因素实验，大致了解其对各实验指标的影响趋势。

(4) 选择合适的正交表。结合单因素实验结果，选择 $L_9(3^4)$ 正交表进行正交实验。

(5) 设计表头。将镍离子浓度（g/L）、缓蚀剂浓度（mL/L）、镀液 pH、温度（℃）分别记作 A、B、C、D，见表 2－2。

表 2－2 优化镁合金直接化学镀镍的实验表头

水平	试验因素			
	A（g/L）	B（mL/L）	C	D/℃
1	4.5	0.59	4.5	75
2	5.5	1.18	5.5	85
3	6.5	1.8	6	90

(6) 列出实验方案，依据正交表进行实验，并记录实验数据，见表 2－3。

表 2－3 L_9（3^4）正交表及实验数据

实验号	实验因素				评定指标		
	A/(g/L)	B/(mL/L)	C	D/℃	镀速/(μm/h)	孔隙率/(个/厘米^2)	镀层表观等级
1	1	1	1	1	6.74	15	3
2	1	2	2	2	24.31	3	5
3	1	3	3	3	28.70	12	4
4	2	1	2	3	28.82	6	3
5	2	2	3	1	17.56	9	4
6	2	3	1	2	21.47	5	5
7	3	1	1	2	24.56	21	2
8	3	2	3	3	24.47	24	1
9	3	3	2	1	19.12	6	4

（7）分析实验数据。采用极差法分析数据，结果见表2—4。表中 K_i 表示各因素同一水平之和；k_i 表示各因素同一水平之和的平均值；极差 R 表示某因素在取值范围内实验指标变化的幅度，它是由同一水平之和中的最大值和最小值求差得到的；优化结果由 k_i 决定，可以根据 k_i 值判断该水平对实验指标的影响。各因素对实验指标影响的主次顺序取决于极差 R 。

表2—4 采用极差法分析数据的结果

影响因素		实验因素			
		A	B	C	D
镀速/（μm/h）	K_1	59.75	60.12	52.68	43.42
	K_2	67.85	66.34	72.25	70.34
	K_3	68.15	69.29	70.82	81.99
	k_1	19.92	20.04	17.56	14.47
	k_2	22.62	22.11	24.08	23.45
	k_3	22.72	23.10	23.61	27.33
	极差 R	8.4	9.17	19.57	38.57
	优化结果	A_3	B_3	C_2	D_3
孔隙率/（个/厘米^2）	K_1	30	42	44	30
	K_2	20	36	15	29
	K_3	51	23	42	42
	k_1	10	14	14.7	10
	k_2	6.7	12	5	9.7
	k_3	17	7.7	14	14
	极差 R	31	19	29	13
	优化结果	A_2	B_3	C_2	D_2
镀层表观等级	K_1	12	8	9	11
	K_2	12	10	12	12
	K_3	7	13	10	8
	k_1	4	2.7	3	3.7
	k_2	4	3.3	4	4
	k_3	2.3	4.3	3.3	2.7
	极差 R	5	5	3	4
	优化结果	A_1 或 A_2	B_3	C_2	D_2

根据表2—4中的极差判断各因素对镀速、孔隙率和镀层表观等级的影响。对于镀速来说，因为 $R_D > R_C > R_B > R_A$ ，所以因素对实验指标影响的主次顺序是D→C→B→A，

即温度对镀速的影响最大，其次是镀液 pH 和缓蚀剂浓度，镍离子浓度的影响最小。根据每个因素的水平平均值判断最优水平，对于镀速来说，$A_3B_3C_2D_3$ 为优化水平。对于孔隙率来说，因为 $R_A>R_C>R_B>R_D$，所以因素对实验指标影响的主次顺序是 A→C→B→D，即镍离子浓度对孔隙率的影响最大，其次是镀液 pH 和缓蚀剂浓度，温度的影响最小。根据每个因素的水平平均值判断最优水平，得出 $A_2B_3C_2D_2$ 为优化水平。对于镀层表观等级来说，因为 $R_A=R_B>R_D>R_C$，所以因素对实验指标影响的主次顺序是 A→B→D→C，即镍离子浓度和缓蚀剂浓度对镀层表观等级的影响最大，其次是温度，镀液 pH 的影响最小。根据各因素水平的平均值判断优水平分别为 A_1 或 A_2、B_2、C_2、D_2，所以初选的优化水平组合为 A_1（A_2）$B_2C_2D_2$。

根据以上三个实验指标单独分析出的优化条件不完全一致，需要根据因素对实验指标影响的主次顺序综合评价最优水平组合。对于因素 A，其对镀速的影响排在最后一位，是次要因素；对孔隙率的影响排在第一位，此时取 A_2；对镀层表观等级的影响也排在第一位，此时取 A_1 或 A_2，因此 A 取 A_2。对于因素 B，其对镀速的影响排在第三位，此时取 B_3，为次要因素；其对孔隙率的影响排在第三位，此时取 B_3，也为次要因素；其对镀层表观等级的影响排在第一位，此时取 B_3，所以因素 B 无论是作为主要因素还是作为次要因素都取 B_3。对于因素 C，其对镀速的影响排在第二位，此时取 C_2；其对孔隙率的影响排在第二位，此时取 C_2；其对镀层表观等级的影响排在最后一位，为次要因素，此时取 C_2，所以因素 C 取 C_2。对于因素 D，其对镀速的影响排在第一位，为主要因素，此时取 D_3；其对孔隙率的影响排在最后一位，为次要因素，此时取 D_2；其对镀层表观等级的影响排在第二位，此时取 D_2，D 取 D_3 时的镀速比取 D_2 时大，但孔隙率低、镀层表观等级差，所以综合考虑后因素 D 取 D_2，从而得出最优水平组合为 $A_2B_3C_2D_2$。4 个因素在镀液中的最优水平组合条件如下：镍离子浓度为 5.5 g/L，缓蚀剂浓度为 1.8 mL/L，温度为 85 ℃，pH=5.5。

（8）作出趋势图。通过实验结果，作出各指标随因素水平变化的趋势图，以因素水平为横坐标，以相应的实验指标为纵坐标。

例 2−1 采用极差法分析实验数据，过程简单、计算量小，但不能有效给出误差。采用方差分析法可以区分实验结果间的差异与偶然因素引起的差异。

〔**例 2−2**〕为了提高某化合物的生产率，研究人员根据经验知道影响该化合物生产率的主要因素有反应温度（A）、反应时间（B）、配料比（C）、真空度（D），在每个因素条件下都设立两个水平参数，见表 2−5。此外，反应温度与反应时间存在交互作用。试确定该化合物的最佳反应条件。

表 2−5 某化合物生产率提升的正交表表头

水平	实验因素			
	A	B	C	D
1	50 ℃	2 h	1:1	64550
2	70 ℃	3 h	1.2:1	75800

题设明确了实验目的与实验要求，显然生产率越高越好，因素和水平已经确定，同时

研究人员根据经验知道反应温度与反应时间存在交互作用（也作为一个影响因素）。根据因素和水平选择正交表 $L_8(2^7)$ 进行实验，实验结果见表 2－6。

表 2－6　L_8（2^7）正交表及实验结果

实验号	1列	2列	3列	4列	5列	6列	7列	实验结果 x_k/(%)	x_k^2
	A	B	A×B	C			D		
1	1	1	1	1	1	1	1	86.00	7396
2	1	1	1	2	2	2	2	95.00	9025
3	1	2	2	1	1	2	2	91.00	8281
4	1	2	2	2	2	1	1	94.00	8836
5	2	1	2	1	2	1	2	91.00	8281
6	2	1	2	2	1	2	1	96.00	9216
7	2	2	1	1	2	2	1	83.00	6889
8	2	2	1	2	1	1	2	88.00	7744
K_1	366	368	352	351	361	359	359	$T=724$	$Q_T=\sum_{k=1}^{8}x_k^2=65668$
K_2	358	356	372	373	363	365	365		
S	8	18	50	60.5	0.5	4.5	4.5		

采用极差法分析实验数据，可知各因素影响实验指标的主次顺序为配料比（C）＞反应温度与反应时间的交互作用（A×B）＞反应时间（B）＞反应温度（A）＞真空度（D），根据 K 值判断较优水平，即 $C_2B_1A_1D_2$。但是由于反应温度与反应时间存在交互作用，因此还需进一步分析确定反应温度与反应时间的水平。另外，由于在实验过程中难免会存在误差，因此需要采用科学的数据统计分析方法排除误差干扰。下面采用方差分析法处理数据。

(1) 计算总的离差平方和、各因素的离差平方、误差的离差平方和。

$$SS_T=Q_T-P=\sum_{k=1}^{8}x_k^2-\frac{T^2}{8}=65668-\frac{1}{8}(724)^2=146$$

$$SS_A=\frac{1}{8}(K_1-K_2)^2=\frac{1}{8}(366-358)^2=8$$

$$SS_B=\frac{1}{8}(368-356)^2=18$$

$$SS_C=\frac{1}{8}(351-373)^2=60.5$$

$$SS_D=\frac{1}{8}(359-365)^2=4.5$$

$$SS_{A\times B}=\frac{1}{8}(352-372)^2=50$$

由于

$$SS_E=SS_T-(SS_{因}+SS_{交})$$

因此

$$SS_E = 146 - (8 + 18 + 60.5 + 4.5 + 50) = 5$$

（2）计算自由度。

$f_T = 8 - 1 = 7$，$f_A = f_B = f_C = f_D = 2 - 1 = 1$，$f_{A\times B} = f_A \times f_B = 1$，

$f_E = f_T - (f_{因} + f_{交}) = 7 - 5 = 2$

（3）计算均方值，计算 F 比值（$MSS_{因}/MSS_E$）。

由于各因素和交互作用 A×B 的自由度都是 1，因此它们的均方值与各自平方和相等。因误差的均方值 $SS_E/f_E = 5/2 = 2.5$，故各因素与误差的 F 比值分别如下。

$$F_A = \frac{MSS_A}{SS_E} = \frac{8}{2.5} = 3.2,\ F_B = \frac{MSS_B}{SS_E} = \frac{18}{2.5} = 7.2,\ F_{A\times B} = \frac{MSS_{A\times B}}{SS_E} = \frac{50}{2.5} = 20$$

$$F_C = \frac{MSS_C}{SS_E} = \frac{60.5}{2.5} = 24.2,\ F_D = \frac{MSS_D}{SS_E} = \frac{4.5}{2.5} = 1.8$$

（4）通过检索 F 分布临界值表（附录 A），在 $\alpha = 0.05$ 的条件下，$F_{0.05}(1,2) \approx 18.5$，再通过 F 比值与 F 分布临界值对比判断显著性，结果见表 2—7。从表 2—7 中的 F 比值可以判断各因素对实验指标影响的主次顺序为 C→A×B→B→A→D，其中 C 的影响最大（60.5），其次是 A×B（50）的影响，D 的影响最小（4.5）。

表 2—7 方差分析表

方差来源	离差平方和	自由度	平均离差平方和（均方）	F 比值	F 分布临界值	显著性
A	8.0	1.0	8.0	3.2	$F_{0.05}$（1.2）≈18.5	*
B	18.0	1.0	18.0	7.2		
A×B	50.0	1.0	50.0	20.0		
C	60.5	1.0	60.5	24.2		
D	4.5	1.0	4.5	1.8		
误差 E	5.0	2.0	2.5			
总和 T	146.0	7.0				

表中：* 表示“显著”。

（5）由于反应时间与反应温度存在交互作用，因此建立二者的二元交联表（表 2—8）进一步分析。从表 2—8 中得出最优搭配为 A_2B_1，而不是采用极差法得出的 A_1B_1。

表 2—8 反应时间与反应温度的二元交联表

因素	A_1	A_2
B_1	（86＋95）/2＝90.5	（91＋96）/2＝93.5
B_2	（91＋94）/2＝92.5	（83＋88）/2＝85.5

（6）综合分析得出的最佳反应条件为 $A_2B_1C_2D_2$，其正好不在正交表的 9 个实验中，需按此搭配进行实验并验证。

2.1.4 均匀实验设计

均匀实验设计是我国数学家方开泰和王元于 1978 年共同提出的。当时我国对导弹的

设计提出一个要求，希望用最少的实验次数得到较好的实验效果，即每个因素的水平数都要超过 10 且总的实验次数不超过 50，因而正交实验设计不适用。均匀实验设计的思路是考虑实验点在实验范围内均匀分布的方法，通过合适的均匀实验设计表和使用表进行实验，适合因素变化范围大、水平较多的实验。均匀实验设计可以在减少实验次数的同时，得出较好的实验数据。分析实验数据后，可以判定因素对实验指标影响的主次顺序，从而确定最优实验条件，获得最优方案。

虽然均匀实验设计的实验次数减少，但不具有整齐可比性，不宜采用方差分析法分析实验数据，只能采用回归分析法，数据处理更复杂，但采用计算机辅助技术很方便。与正交实验设计相同，均匀实验设计也是通过一套科学设计的表进行实验的，这种表称为均匀实验设计表（常用均匀实验设计表见附录 C）。均匀实验设计表可分为等水平均匀实验设计表和混合水平均匀实验设计表。等水平均匀实验设计表的结构如图 2－4 所示。

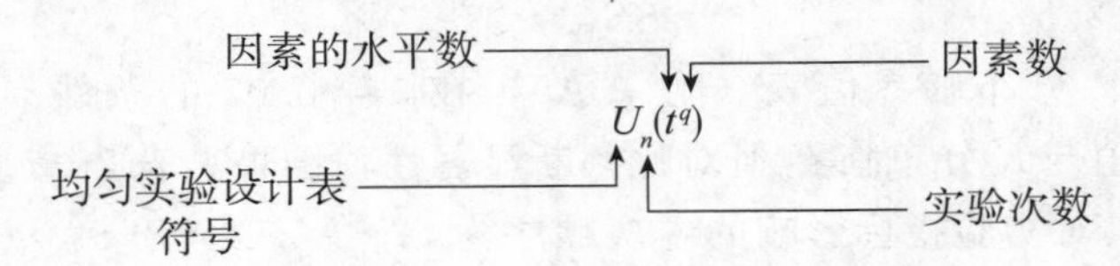

图 2－4　等水平均匀实验设计表的结构

例如等水平均匀实验设计表 $U_5(5^4)$，其中 U 表示均匀实验设计表；下角标 5 表示 5 次实验；4 表示最多可安排 4 个因素；括号里的 5 表示每个因素都有 5 个水平。U_5 （5^4）均匀实验设计表见表 2－9，U_5 （5^4） 使用表见表 2－10。

表 2－9　U_5 （5^4） 均匀实验设计表

实验号	列号			
	1	2	3	4
1	1	2	3	4
2	2	4	1	3
3	3	1	4	2
4	4	3	2	1
5	5	5	5	5

表 2－10　U_5 （5^4） 使用表

因素数	列号
2	1，2
3	1，2，4

等水平均匀实验设计表具有如下特点。

（1） 每个因素的每个水平参数都只涉及一次实验。

（2） 任意两因素的实验点画在平面格子点上，每行每列都恰好有一个实验点，以 $U_6(6^6)$ 均匀实验设计表为例，见表 2－11。比如在只有两个因素的条件下，若选择 1，3

列和 1，6 列则可以清晰地发现每行每列都只有 1 个实验点。

表 2-11　U_6（6^6）均匀实验设计表

实验号	列号					
	1	2	3	4	5	6
1	1	2	3	4	5	6
2	2	4	6	1	3	5
3	3	6	2	5	1	4
4	4	1	5	2	6	3
5	5	3	1	6	4	2
6	6	5	4	3	2	1

（3）等水平均匀实验设计表的任两列之间不一定是平等的。以 $U_6(6^6)$ 均匀实验设计表为例，可以看出选用 1，3 列作为实验点的均衡性明显优于 1，6 列（图 2-5）。因此，为了得到偏差较小的实验结果，往往需要附加使用表，以便设计时选择合适的列进行实验。

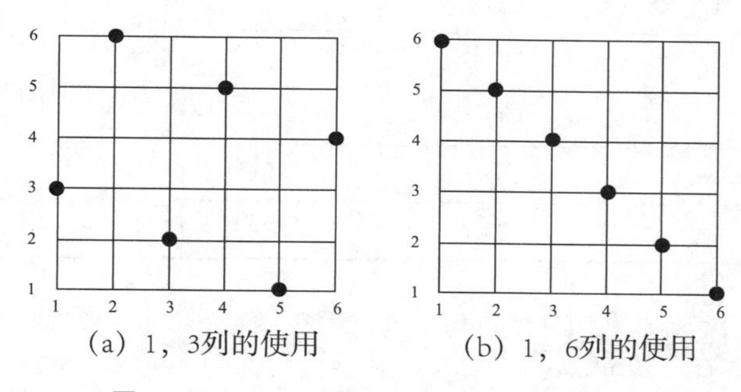

(a) 1，3列的使用　(b) 1，6列的使用

图 2-5　1，3 列的使用和 1，6 列的使用

（4）等水平均匀实验设计表的实验次数与水平数相等。即水平数增大，实验次数也等量正交。若水平数 t 从 5 增大到 6，则实验次数 n 也从 5 增大到 6。可见，等水平均匀实验设计的工作量增大不大，这是它的优点。

（5）水平数为奇数的表（奇数表）与水平数为偶数的表（偶数表）具有确定的关系。去掉奇数表最后一行，可得到水平数比原奇数表少 1 的偶数表，虽然实验次数也少，但使用表不变。例如，将 $U_7(7^6)$ 等水平均匀实验设计表的最后一行去掉，可得到 $U_6(6^6)$ 等水平均匀实验设计表，使用表不变。

（6）等水平均匀实验设计表中各因素的水平不能像正交表那样任意改变顺序，只能按照原来的顺序平滑。即将原来的最后一个水平与第一个水平衔接组成一个封闭圈，然后从任一处开始定为第一水平，按封闭圈的方向或相反方向排出第二个水平、第三个水平等。

混合水平均匀实验设计表用于水平数不相同的均匀实验，它的一般表达形式为 $U_n(t_1^{q1} \times t_2^{q2} \times t_3^{q3})$。其中，$n$ 为实验次数；t_1，t_2，t_3 为水平数；$q1$，$q2$，$q3$ 分别为各水平对应的列数或因素数。混合水平均匀实验设计表可以利用拟水平方法在等水平均匀实验设计表的基础上获得。例如，某实验有3个因素A、B、C，其中要求因素A与因素B取3个水平，而因素C因实验条件只能取2个水平，此时不能用等水平均匀实验设计表，只能用改造后的等水平均匀实验设计表，具体改造过程如下。

（1）如果选择$U_6(6^6)$等水平均匀实验设计表作为改造对象，因为有3个因素，按照偏差最小的原则，所以选该表的1列、2列、3列作为实验对象。

（2）采用拟水平法对$U_6(6^6)$的1列、2列、3列进行改造，首先1列、2列代表的因素分别是A、B，且因素A和因素B都有3个水平，故对1列、2列的水平进行如下改造：将1、2→1，3、4→2，5、6→3。同理，第3列代表的因素是C，它有2个水平，故对第3列的水平进行如下改造：将1、2、3→1，4、5、6→2。将改造结果填入原$U_6(6^6)$等水平均匀实验设计表的1列、2列、3列，得到一个经$U_6(6^6)$改造后的$U_6(3^2\times2^1)$混合水平均匀实验设计表，见表2－12。然后按此表进行实验（括号中的数字代表水平）。

表2－12　经U_6（6^6）改造后的U_6（$3^2\times2^1$）混合水平均匀实验设计表

实验号	列号		
	1	2	3
1	1　(1)	1　(2)	1　(3)
2	1　(2)	2　(4)	2　(6)
3	2　(3)	3　(6)	1　(2)
4	2　(4)	1　(1)	2　(5)
5	3　(5)	2　(3)	1　(1)
6	3　(6)	3　(5)	2　(4)

2.1.5　均匀实验设计的步骤

均匀实验设计的步骤与正交实验设计的步骤相同，主要包括实验方案设计、实验、数据分析和验证。在实验方案设计阶段，需首先明确实验目的与实验要求，确定实验指标，从而确定影响因素和水平，均匀实验设计的水平范围可以大一些，水平参数可以多一些。然后根据实验因素数、实验次数、因素水平数选择均匀实验设计表和使用表。由于需要对实验数据进行回归分析处理，因此选择均匀实验设计表时还应注意回归方程的形式。如果各因素（x_1，x_2，…，x_k）与指标值y呈线性相关，则可用多元线性回归方程进行以下回归分析处理。

$$\hat{y}=b_0+b_1x_1+b_2x_2+\cdots+b_mx_m \tag{2.4}$$

如果要求出m个回归系数$b_i(i=1,2,\cdots,m)$，就要列出m个方程(b_0可由m个回归系数求出)。为了对求得的方程进行验证，还要增加一次实验，即共需$m+1$次实验。因此，应选择实验次数$n\geqslant m+1$的均匀实验设计表。

当各因素与指标值的关系呈非线性或因素间有交互作用时，可采用多元回归分析方法。若各因素与指标值呈二次关系，则回归方程表达式如下。

$$\hat{y}=b_0+\sum_{i=1}^{m}b_ix_i+\sum_{i=1,\ j=1}^{m}b_{ij}x_ix_j+\sum_{i=1}^{m}b_{ii}x_i^2 \tag{2.5}$$

式中，$x_i x_j$ 为因素间的交互作用；x_i^2 为因素的二次项影响。

因而，总的回归方程的系数（且含常数 b_0）

$$Q = 1 + m + m + \frac{m(m-1)}{2} \tag{2.6}$$

式中，m 为因素数；$m(m-1)/2$ 为交互作用项数。

故选择均匀实验设计表时需满足 $n \geqslant Q$ 。

例如，实验有 3 个因素（$m=3$），若各因素与因变量均呈线性关系，则 $n=1+m=4$，即 $n \geqslant Q=4$，可选用实验次数为 5 的 $U_5(5^4)$ 表安排实验。若各因素的二次项也对因变量有影响，则 $n=1+m+m=7$，实验次数 $n \geqslant Q=7$，至少选用 $U_7(7^6)$ 表安排实验。当因素间有交互作用时，$Q=1+3+3+[3\times(3-1)/2]=10$，即实验次数 $n \geqslant Q=10$，可选用 $U_{10}(10^{10})$ 表安排实验。

如果选择的是等水平均匀实验设计表，就根据因素数在使用表上查出可以安排因素的列号，再把各因素按重要程度依次排在表上，通常先排重要的或希望先了解的因素；如果选择的是混合水平均匀实验设计表，就按水平把各因素分别安排在具有相应水平的列中，确定各因素所在列后，将安排的因素各列水平代码转换成相应因素的具体水平值，从而得到实验设计方案。

均匀实验设计的数据分析方法有两种：直观分析法和回归分析法。直观分析法比较简单，从已完成的实验点中选出一个指标值最优的实验点，将该实验点对应的因素及水平组合为最优工艺条件。由于各实验点能够充分均匀分布，因此实验点中的最优工艺条件与整体实验所得最优工艺条件相差不大。虽然直观分析法看起来简单、严谨性不强，但实践证明它是一种十分高效的方法，在很多场合得到的结果很有效。回归分析法需通过回归分析得到因素与指标值的回归方程，并根据标准回归系数的绝对值得出各因素对实验指标影响的主次顺序，最后由回归方程的极值点求得最优工艺条件。

〔**例 2—3**〕拟利用均匀实验设计优化发酵生产肌苷，其影响因素有酵母、葡萄糖、玉米浆、硫酸铵、尿素等。生产肌苷实验的因素与水平见表 2—13。

表 2—13　生产肌苷实验的因素与水平

水平	因素				
	葡萄糖 x_1/（%）	尿素 x_2/（%）	酵母 x_3/（%）	硫酸铵 x_4/（%）	玉米浆 x_5/（%）
1	8.5	0.25	1.5	1.00	0.55
2	9.0	0.30	1.6	1.05	0.60
3	9.5	0.35	1.7	1.10	0.65
4	10.0	0.40	1.8	1.15	0.70
5	10.5	0.45	1.9	1.20	0.75
6	11.0	0.50	2.0	1.25	0.80
7	11.5	0.55	2.1	1.30	0.85
8	12.0	0.60	2.2	1.35	0.90

（续表）

水平	因素				
	葡萄糖 x_1/（%）	尿素 x_2/（%）	酵母 x_3/（%）	硫酸铵 x_4/（%）	玉米浆 x_5/（%）
9	12.5	0.65	2.3	1.40	0.95
10	13.0	0.70	2.4	1.45	1.00

根据均匀实验设计的步骤，可以明确此例中肌苷量（y）越高越好，题设条件给出了实验因素（5 个）及其水平数（各 10 个），可以考虑采用 $U_{10}(10^{10})$ 均匀实验设计表进行实验。由于实验因素有 5 个，因而采用 $U_{10}(10^{10})$ 使用表，根据偏差最小的原则，将表 2－13 中的水平相应地安排至 1 列、2 列、3 列、5 列、7 列，并按实验方案进行实验，结果见表 2－14。

表 2－14　均匀实验设计方案及实验数据

实验号	列号与因素					肌苷量 y/（mg/mL）
	1（x_1）	2（x_2）	3（x_3）	5（x_4）	7（x_5）	
1	1　(8.5)	2　(0.30)	3　(1.7)	5　(1.20)	7　(0.85)	20.87
2	2　(9.0)	4　(0.40)	6　(2.0)	10　(1.45)	3　(0.65)	17.15
3	3　(9.5)	6　(0.50)	9　(2.3)	4　(1.15)	10　(1.00)	21.09
4	4　(10.0)	8　(0.60)	1　(1.5)	9　(1.40)	6　(0.80)	23.60
5	5　(10.5)	10　(0.70)	4　(1.8)	3　(1.10)	2　(0.60)	23.48
6	6　(11.0)	1　(0.25)	7　(2.1)	8　(1.35)	9　(0.95)	23.40
7	7　(11.5)	3　(0.35)	10　(2.4)	2　(1.05)	5　(0.75)	17.87
8	8　(12.0)	5　(0.45)	2　(1.6)	7　(1.30)	1　(0.55)	26.17
9	9　(12.5)	7　(0.55)	5　(1.9)	1　(1.00)	8　(0.90)	26.79
10	10　(13.0)	9　(0.65)	8　(2.2)	6　(1.25)	4　(0.70)	14.80

从表 2－14 可以直观地发现第 9 号实验得到的肌苷量最高（26.79 mg/mL），即其为最优工艺条件。但毕竟均匀实验只是均匀分布在整体实验上的少数实验点的，不能有效判断第 9 号实验得到的是否为最优工艺条件，需要采用回归分析法进一步分析。首先考虑使用多元线性回归方程［式（2.4）］分析实验数据。为了方便分析，可以利用 Excel、Origin 等软件处理表 2－14 中 x_1、x_2、x_3、x_4、x_5 与 y 的关系。采用 Excel 软件的回归分析工具得到表 2－15 中的分析结果。

表 2－15　肌苷量的数据回归分析结果

回归分析参数	系数	标准误差	t 检验	P 值
截距	42.96882	21.39553	2.008308	0.115021
x_1	0.779091	0.863137	0.902627	0.417765

（续表）

回归分析参数	系数	标准误差	t 检验	P 值
x_2	−4.85455	8.631373	−0.56243	0.603848
x_3	−12.0545	4.315686	−2.79319	0.049152
x_4	−9.14545	8.631373	−1.05956	0.349086
x_5	9.281818	8.631373	1.075358	0.342754

因而，得到以下多元线性回归方程。

$$\hat{y}=42.968+0.779x_1-4.854x_2-12.054x_3-9.145x_4+9.281x_5$$

为了判断实验结果的显著性，对结果进行方差分析，结果见表2—16。

表2—16　回归方程的显著性分析结果

方差来源	自由度	离差平方和	均方值	F 比值	F 分布临界值
回归	5	94.2101	18.84202	1.672139	$F_{0.01}(5, 4)=15.52$ $F_{0.05}(5, 4)=6.26$
误差	4	45.07286	11.26822		
总和	9	139.283			

从表2—16可知，在$\alpha=0.05$和0.01的条件下，F比值都小于F分布临界值，说明回归方程不显著，不符合回归要求。

下面重新构造回归方程。尝试采用二次项的回归方程，其表达形式见式（2.5）。二次项的回归方程的计算过程与前述多元线性回归方程相似，先建立生产肌苷实验数据（表2—17），重新得到肌苷量的回归分析结果（表2—18）。

表2—17　生产肌苷实验数据的组成表

实验号	因素								肌苷量 y /（mg/mL）
	x_1	x_2	x_4	x_5	x_{11}	x_{33}	x_{44}	x_{55}	
1	8.5	0.30	1.20	0.85	72.25	2.89	1.4400	0.7225	20.87
2	9.0	0.40	1.45	0.65	81.00	4.00	2.1025	0.4225	17.15
3	9.5	0.50	1.15	1.00	90.25	5.29	1.3225	1.0000	21.09
4	10.0	0.60	1.40	0.80	100.00	2.25	1.9660	0.6400	23.60
5	10.5	0.70	1.10	0.60	110.25	3.24	1.2100	0.3600	23.48
6	11.0	0.25	1.35	0.95	121.00	4.41	1.8225	0.9025	20.40
7	11.5	0.35	1.05	0.75	132.25	5.76	1.1025	0.5625	17.87
8	12.0	0.45	1.23	0.55	144.00	2.56	1.6900	0.3025	26.17
9	12.5	0.55	1.00	0.90	156.25	3.61	1.0000	0.8100	26.79
10	13.0	0.65	1.25	0.70	169.00	4.84	1.5625	0.4900	14.80

表 2—18　肌苷量的回归分析结果

回归分析参数	系数	标准误差	t 检验	P 值
截距	75.02204	3.420704	21.93176	0.029007
x_1	12.88234	0.293543	43.88568	0.014504
x_2	−4.85179	0.180012	−26.9526	0.023609
x_4	−106.321	3.339214	−31.8402	0.019988
x_5	−120.996	2.216025	−54.6004	0.011658
x_{11}	−0.56295	0.013619	−41.3348	0.015399
x_{33}	−3.0895	0.023038	−134.105	0.004747
x_{44}	39.66476	1.361494	29.13325	0.021843
x_{55}	84.04828	1.424031	59.02137	0.010785

因而，得到以下二次项的回归方程。

$$\hat{y}=75.022+12.882x_1-4.852x_2-106.321x_4-120.996x_5-0.563{x_1}^2$$
$$-3.09{x_3}^2+39.665{x_4}^2+84.048{x_5}^2$$

为了判断实验结果的显著性，对回归结果进行方差分析，结果见表 2—19。

表 2—19　回归方程的显著性分析结果

方差来源	自由度	离差平方和	均方值	F 比值	F 分布临界值
回归	8	139.2781	17.40976	3554.347	$F_{0.01}(8,1)=5981$ $F_{0.05}(8,1)=239$
误差	1	0.004902	0.004902		
总和	9	139.283			

从表 2—19 可知，在 $\alpha=0.05$ 的条件下，F 比值都大于 F 分布 临界值，说明回归方程显著，符合回归要求。此外，通过对比 t 检验，$t_{33}=134.105$，$t_{0.01}(1)=63.657$，$t_{33}>t_{0.01}(1)$，说明其高度显著；而且 t_1、t_2、t_4、t_5、t_{11}、t_{44}、t_{55} 的值均大于 $t_{0.05}(1)=12.706$，说明它们也显著。因此，建立的回归方程是最优回归方程。同时，可以根据 t 检验的值判断因素对实验指标影响的主次顺序为玉米浆浓度＞葡萄糖浓度＞硫酸铵浓度＞尿素浓度。

2.2　数据的测量

2.2.1　真值与平均值

任何被测对象（如质量、长度、时间、物质的量、电流、发光强度、热力学温度等）都具有客观量，人们将这个客观量称为真值。人们非常想获得被测对象的真值，但受科学技术水平、仪器灵敏度、仪器分辨能力、人为因素、环境因素等的影响，难以获得精确的真值。由于真值是客观存在的确定值，因此它也称定义值或理论值。

尽管无法获得精确的真值，但人们仍希望结果尽量接近真值。根据概率统计原理，在对同一被测对象的无限次测量过程中，正、负误差出现的概率几乎相等，如果能有效地使正、负误差抵消，结果就接近真值。但实际上进行无限次测量是不可能的。因而，人们希望在有限次测量的情况下，通过求平均值使结果接近真值。

（1）算术平均值。设 x_1，x_2，…，x_n 为测量值，其算术平均值为 $\overline{x}$，其计算方法见式（2.7）。算术平均值的优点在于简明易懂、计算方便、受抽样变动的影响较小；缺点是不能反映数据的分散程度和数据间的区别、易受极端数据的影响。

$$\overline{x}=\frac{x_1+x_2+\cdots+x_n}{n}=\frac{\sum_{i=1}^{n}x_i}{n} \tag{2.7}$$

（2）均方根平均值。对一组测量值 x_1，x_2，…，x_n 求平方和、平均值，再开平方，得到的 $\overline{x}_{均}$ 为均方根平均值，见式（2.8）。在物理学中，常用均方根平均值分析噪声，反映物理量的有效值。

$$\overline{x}_{均}=\sqrt{\frac{x_1^2+x_2^2+\cdots+x_n^2}{n}}=\sqrt{\frac{\sum_{i=1}^{n}x_i^2}{n}} \tag{2.8}$$

（3）几何平均值。对一组测量值 x_1，x_2，…，x_n 连乘并开 n 次方，得到的 $\overline{x}_{几}$ 为几何平均值，见式（2.9）。

$$\overline{x}_{几}=\sqrt[n]{x_1\times x_2\times\cdots\times x_n} \tag{2.9}$$

（4）对数平均值。用两个量 x_1、x_2 的差值除以二者商的对数形式得到的 $\overline{x}_{对}$ 为对数平均值，见式（2.10）。对数平均值常用于化学反应、热量和物质传递过程中。当 $x_1/x_2\leqslant 2$ 时，可用算术平均值代替对数平均值。

$$\overline{x}_{对}=\frac{x_1-x_2}{\ln x_1-\ln x_2}=\frac{x_1-x_2}{\ln\frac{x_1}{x_2}} \tag{2.10}$$

2.2.2　可疑值的取舍

在实验数据测量过程中，与其他数据相差很大的数据称为可疑值。如果数据是由过失误差造成的就可以舍去。但如果不能明确是由什么原因造成的就不能随意舍去，应该根据科学的统计学方法决定取舍。统计学处理取舍的方法有多种，其中 Q 检验法较常用，其步骤如下。

（1）将所有测量值按从小到大的顺序排列成 x_1，x_2，…，x_n。

（2）计算可疑值的 Q（计）值。先求出可疑值与其邻近测量值之差的绝对值，再除以极差，得到 Q（计）值。

$$Q（计）=\frac{|x_{可疑}-x_{邻}|}{R} \tag{2.11}$$

(3) 根据测量次数 n 和置信度查 Q 值表（表 2－20）。若 Q（计）$\geqslant Q$（表），则舍去可疑值；反之，则保留。

表 2－20　Q 值表

测量次数 n	3	4	5	6	7	8	9	10
$Q_{0.90}$	0.94	0.76	0.64	0.56	0.51	0.47	0.44	0.41
$Q_{0.95}$	0.98	0.85	0.73	0.64	0.59	0.54	0.51	0.48
$Q_{0.99}$	0.99	0.93	0.82	0.74	0.68	0.63	0.60	0.57

〔例 2－4〕测得某矿石中的含铁量为 22.42%、22.51%、22.55%、22.68%、22.54%、22.52%、22.53%、22.52%，试用 Q 检验法判断置信度为 90%时是否舍去可疑值。

解：(1) 按递增顺序排列 22.42%、22.51%、22.52%、22.52%、22.53%、22.54%、22.55%、22.68%。

(2) 由于本题未指定可疑值，因此先检验最大值和最小值是否为可疑值，计算最大值 22.68%的 Q 值。

$$Q = (22.68\% - 22.55\%) / (22.68\% - 22.42\%) = 0.5$$

查表 2－20，当 $n=8$ 时，$Q_{0.90}=0.47$，显然 Q（计）$\geqslant Q$（表），应该舍去 22.68%。

再检验最小值，由于已经舍去 22.68%，因此此时最大值为 22.55%。

$$Q = (22.51\% - 22.42\%) / (22.55\% - 22.42\%) \approx 0.69$$

查表 2－20，当 $n=7$ 时，$Q_{0.90}=0.51$，Q（计）$\geqslant Q$（表），应该舍去 22.42%。

22.68%和 22.42%都作为可疑值被舍去，此时最大值 22.55%和最小值 22.51%是否也是可疑值呢？按上述 Q 检验方法检验，发现二者是可以被保留的。因此，在这组数据中只舍去 22.68%和 22.42%两个数据。

分析实验前，应该检验数据，舍去可疑值后处理相关数据，如计算平均值、误差、标准偏差等。

2.2.3 误差

实验设计（包括单因素实验设计、正交实验设计或均匀实验设计等）后，需对研究目标进行实验操作。在实验过程中会产生数据，一般使用测试仪器或设备测量这些数据，测量结果与真值存在一定差异，称为误差。人为因素、实验方法、设计方案、实验环境等都可能导致测量结果与真值存在差异。通常误差有三类，即系统误差、偶然误差和过失误差。

(1) 系统误差。

系统误差是指在测量过程中实验者因未发现某些因素而引起的误差，通常这些因素使得结果朝一个方向偏移（相对于真值），其偏移值与偏移方向在同一组测定中是完全一致的。也就是说，当实验条件一定时，系统误差就是一个客观的固定值；当实验条件改变时，可发现系统误差的变化规律。造成系统误差的原因很多，如测量仪器的精度低、测试设备老化、测试环境（如温度、压力、湿度等）变化等。系统误差是可在一定程度消除或减小的。消除系统误差的方法如下：一是校正法，如通过校正仪器设备的精度、采用精度更高的仪器设备测量实验数据、用分析出的修正公式修正测量数据等。二是抵消法，在测量过程中交换某些条件，使得产生系统误差的原因与测量结果产生相反影响，从而抵消系统误差，比如交换被测物与砝码的位置称两次后取平均值。三是对称法，通过被测对象本身的对称特征消除系统误差，如在轴向拉伸实验中测试零件的轴向应变时，可在测试零件两侧的对称位置各安装一个引伸仪，然后取其应变的平均值。四是消除法，在一定条件下用已知量替代被测量以达到消除系统误差的目的，如先用一个物体与被测物平衡，取下被测物并加上砝码，再与该物体平衡，砝码的质量即被测物的质量，可以消除由天平结构缺陷引起的系统误差。此外，可以通过对照实验、空白实验、方法校正等措施减小系统误差、判断实验结果的可靠性。

（2）偶然误差。

偶然误差也称随机误差，是指在实验过程中所测数据时大时小或时正时负，没有确定规律的误差。由于产生偶然误差的原因不明，因而无法控制和消除偶然误差。但是，偶然误差是服从统计规律的，误差值或正负的出现由概率决定。因此，随着测量次数的增加，计算算术平均值可有效减小偶然误差对测量值的影响。

（3）过失误差。

过失误差是人为过失造成的误差，它是由实验者的技能水平、粗心大意、疲劳操作等不正确等引起的不正确结果。只要严格遵守实验的规章制度、细心操作、遵守实验的安全流程，就可以避免过失误差。

2.2.4　数据的精确度

实验结果与真值的接近程度称为精确度。精确度与误差对应，即精度越高误差越小。描述被测对象的精度通常包括精密度和准确度两层含义。精密度是描述测量值重现性的程度，它反映偶然误差对测量结果的影响程度，如果被测对象的精密度高，就表示偶然误差对结果的影响很小。准确度是测量值与真值的偏移程度，它反映系统误差对结果的影响程度，如果被测对象的准确度高就表示系统误差对结果的影响小。因而，对精确度的评价代表系统误差和偶然误差的综合影响程度。由于精密度和准确度从两个角度评判误差的影响，因此在一组测量中，精密度高的准确度不一定高，准确度高的精密度也不一定高；但若精确度高，则精密度和准确度都高。表 2－21 所示为精确度、精密度、准确度的关系。

表 2－21　精确度、精密度、准确度的关系

序号	a	b	c	d
数据分布	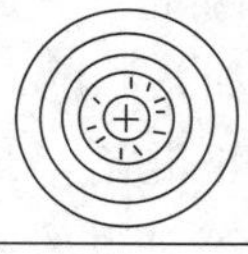	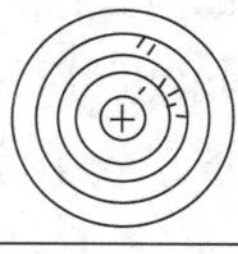	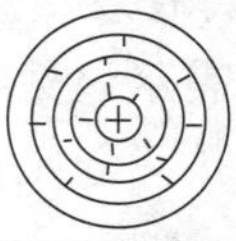	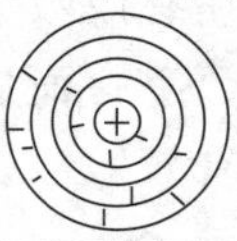
概率分布	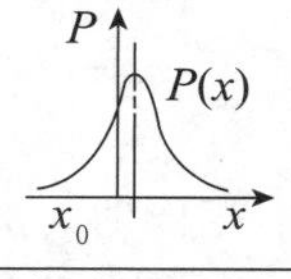 P, $P(x)$, x_0, x	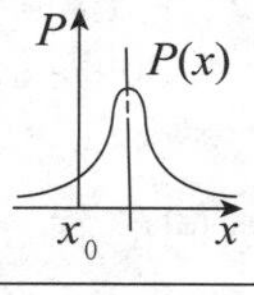 P, $P(x)$, x_0, x	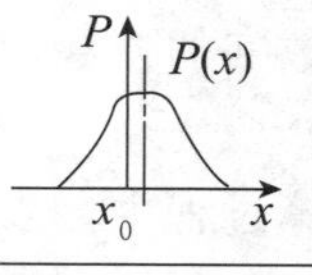 P, $P(x)$, x_0, x	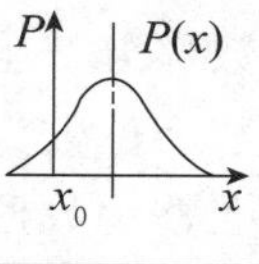 P, $P(x)$, x_0, x
特点	精密度、准确度、精度都高	精密度高，准确度和精度低	准确度高，精密度和精度低	准确度、精密度和精度都低

2.2.5 误差和偏差的表示方法

误差可分为绝对误差和相对误差。绝对误差 E 是测量值 x 与真值 x_T 的差，记为 $E=x-x_T$。相对误差 RE 用于衡量某测量值的准确程度，其值为误差在真值中所占的百分数，记为 $RE=\frac{x-x_T}{x_T}\times 100\%$。

偏差 d_i 是某测量值 x_i 与平均值 $\bar{x}$ 的差值，记为 $d_i=x_i-\bar{x}$。

平均偏差 $\bar{d}$ 是对单次测定值偏差的绝对值之和求平均值的结果，记为 $\bar{d}=\frac{\sum|d_i|}{n}$。

相对平均偏差 $R\bar{d}$ 是平均偏差 $\bar{d}$ 在平均值 $\bar{x}$ 中所占的百分数，记为 $R\bar{d}=\frac{\bar{d}}{\bar{x}}\times 100\%$。

极差 R 是一组平行测定值中最大值 x_{max} 与最小值 x_{min} 的差值，记为 $R=x_{max}-x_{min}$。

为了增强测量过程中偏差的精密性表达，常用标准偏差 σ 和相对标准偏差 CV 描述。标准偏差的表达式为 $\sigma=\sqrt{\frac{\sum(x-u)^2}{n}}$，其中 u 为无限多次的测定结果的平均值，但事实上不可能进行无限多次实验。一般实验次数小于 20 时标准偏差用 S 表示，记为 $S=\sqrt{\frac{\sum(x_i-\bar{x})^2}{n-1}}$。因而，相对标准偏差的表达式为 $CV=\frac{S}{\bar{x}}\times 100\%$。

2.2.6 有效数字

在科学测量与研究中，总是用数字表示测量结果或计算结果，并以一定位数的数据展示。实验中，从测量仪表上读取的数值位数是有限的，主要取决于测量仪表的精度。通常最后一位数字是由测量仪表精度决定的估计数字，数值准确度由有效数字位数决定。例如，用分析天平称量，称量出某物体的质量为 2.1680g，其中 2.168 是准确的，最后一位数字 0 是估计的，可能有正负一个单位的误差，即实际质量是 2.1680±0.0001g 范围内的某个数值。若记录为 2.168 则说明 8 是估计的，该物体的实际质量为 2.168±0.001g 范围内的某个数值。从数学角度看，最后一位 0 写不写都行，但在实验中这样记录显然降低了测量的精确度。有效数字就是实际能测到的数字，它只有最后一位是估计的。

在有效数字中，0 具有双重意义。例如，0.0350 中前面的两个 0 只起定位作用，不是有效数字；而后面的 0 表示该数据准确到小数点后第 3 位。又如，4400 中最后的两个 0 可能是有效数字，也可能是只起定位作用的非有效数字，为了防止混淆，最好用科学记数法表示成 4.4×10^3、4.40×10^3、4.400×10^3 等。pH、pM、lg$K$ 等对数的有效数字位数取决于小数部分（尾数）数字的位数，如 pH=4.30 表示 $c(H^+)=5.0\times10^{-5}$ mol/L，故其有效数字位数为 2。

在整理数据和运算过程中，当实验数据间的有效数字位数不相同时，常要舍去多余数字，这就是数的修约。一般按“四舍六入五留双”的原则舍去数字，即若被修约的数小于或等于 4 则舍去；若大于或等于 6 则进位；若等于 5，则 5 的前一位是奇数时进位、是偶数时舍去。只能一次修约到所需位数，而不能多次修约，否则会产生误差。

有效数字的运算规则如下。

(1) 加减规则。保留有效数字的位数以绝对误差最大或小数点后位数最少的数为准，如 0.0231＋35.74＋2.06372＝0.02＋35.74＋2.06＝37.82。

(2) 乘除运算。保留有效数字的位数以相对误差最大或以有效数字位数最少的数为标准，如 0.0121×25.64×1.0356＝0.0121×25.6×1.04 ≈ 0.322。

(3) 乘方或开方后，有效数字位数不变，如 $3.12^2 \approx 9.73$。

(4) 在计算过程中遇到倍数、分数关系时，因为这些倍数、分数并非测量所得，所以不必考虑其有效数字的位数或将其视为无限多位有效数字。

(5) 对数的有效数字位数应与整数的有效数字位数相等。

(6) 计算误差或偏差时，有效数字取一位即可，最多取两位。

2.3 数据处理基础知识

2.3.1 最小二乘法

在科学实验与工艺优化过程中，受实验条件（如财力、物力、人力、高温高压、核辐射、反应时间等）的影响，人们往往希望通过尽量少的实验获得较好的实验结果。然而，有些实验不能反映或得到实验参数以外的结果，人们就想着能否用合适的数学模型拟合已有实验数据，如果数学模型与实验数据的趋势能够很好地匹配，那么可以应用此数学模型控制或预测实验参数以外的结果。如何判断数学模型与实验数据的匹配程度呢？其数学思想是使数学模型值 $\phi(x_i)$ 与实验数据(y_i) 的偏差(δ) 最小。

最小二乘法可以反映上述数学思想。最小二乘法又称最小平方法，它是一种数学优化技术，可使偏差的平方和最小（$\sum \delta^2$趋于 0）。最小二乘法的数学表达式及数学原理分别如式（2.12）和图 2－6 所示。

$$\sum_{i=1}^{m}\delta_i^2=\sum_{i=1}^{m}[\varphi(x_i)-y_i]^2 \tag{2.12}$$

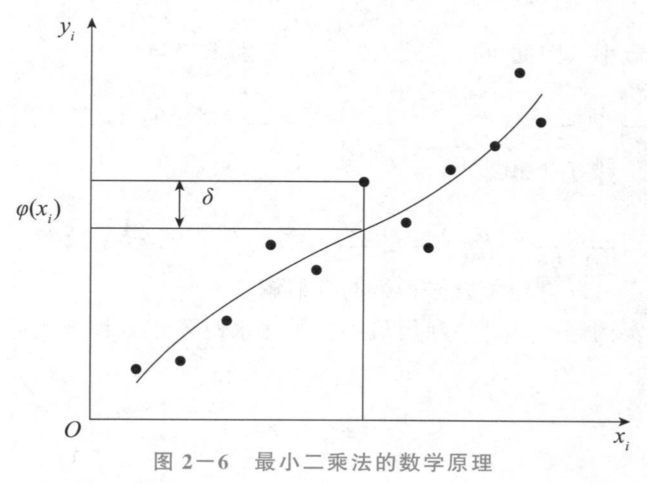

图 2－6 最小二乘法的数学原理

最小二乘法常用于曲线拟合，如一元（多元）线性拟合、多项式拟合、指数拟合等。例如已知某实验数据结果（表 2－22），在坐标轴上体现所有数据（x_i，y_i）时，若数据的变化趋势可用多项式 $f(x)=a_0+a_1x+\cdots+a_mx^m$ 描述，则只要求出该组实验数据背后的数学模型就可求出多项式中的各项系数 a_0，a_1，…，a_m。

表 2－22　某实验数据结果

x_i	$x_1, x_2, x_3, \cdots, x_n$
y_i	$y_1, y_2, y_3, \cdots, y_n$

要求出各项系数 $a_0, a_1, \cdots, a_m$，需要借助实验数据（x_i，y_i）建立方程组，如式（2.13）。建立的方程组很可能是矛盾方程组。要求矛盾方程组，可依据最小二乘法建立方程组 $\left[\sum_{j=1}^{m}(\sum_{i=1}^{n}a_{ij}a_{ik})x_j=\sum_{i=1}^{n}a_{ik}y_i,\ k=1,2,\cdots,m\right]$。

$$\begin{cases} a_0+a_1x_1+\cdots+a_mx_1^m=y_1 \\ a_0+a_1x_2+\cdots+a_mx_2^m=y_2 \\ \vdots \quad\quad \vdots \quad\quad\quad \vdots \quad\quad \vdots \\ a_0+a_1x_n+\cdots+a_mx_n^m=y_n \end{cases} \tag{2.13}$$

解矛盾方程组的步骤如下。

（1）将矛盾方程组中的任意等式表示如下。

$$\sum_{j=1}^{m}a_{ij}x_j=y_i,\ i=1,2,\cdots,n \tag{2.14}$$

（2）分别用偏差的形式表示方程。

$$\delta_i=\sum_{j=1}^{m}a_{ij}x_j-y_i,\ i=1,2,\cdots,n \tag{2.15}$$

（3）采用差平方和的最小二乘形式使数学模型与实验数据的偏差最小，其中差平方和用 Q 表示。

$$Q=\sum_{i=1}^{n}\delta_i^2=\sum_{i=1}^{n}(\sum_{j=1}^{m}a_{ij}x_j-y_i)^2 \tag{2.16}$$

由于要求偏差最小，因此可以对式（2.16）分别求偏导。

$$\frac{\partial Q}{\partial x_k}=\sum_{i=1}^{n}2\left[\sum_{j=1}^{m}(a_{ij}x_j-y_i)\right]a_{ik}=2\sum_{i=1}^{n}\left[\sum_{j=1}^{m}(a_{ij}x_j-y_i)\right]a_{ik}=0 \tag{2.17}$$

（4）得到一组正规方程组。

$$\sum_{j=1}^{m}(\sum_{i=1}^{n}a_{ij}a_{ik})x_j=\sum_{i=1}^{n}a_{ik}y_i,\ k=1,2,\cdots,m \tag{2.18}$$

解正规方程组，可以得到矛盾方程组的近似解。

下面通过一个实例进一步讲解利用最小二乘法求解矛盾方程组的近似解。

$$\begin{cases}2x+4y=11\\3x-5y=3\\x+2y=6\\4x+2y=14\end{cases}$$

可以看出，这是一个二元一次方程组，其特征为 $m<n$（m 为需求解未知数，n 为方程数)，将其中任意两个方程联立可求得满足二者的精确解，但不一定满足另两个方程。因而，只能有一组近似解尽量满足上述四个方程。采用最小二乘法求近似解的步骤如下。

（1）将原方程组转换为偏差形式。

$$\begin{cases}\delta_1=2x+4y-11\\\delta_2=3x-5y-3\\\delta_3=x+2y-6\\\delta_4=4x+2y-14\end{cases}$$

（2）采用差平方和的最小二乘形式求偏差。

$$Q=\sum_{i=1}^{4}\delta_i^2=\sum_{i=1}^{n}(\sum_{j=1}^{m}a_{ij}x_j-y_i)^2=(2x+4y-11)^2$$
$$+(3x-5y-3)^2+(x+2y-6)^2+(4x+2y-14)^2$$

（3）分别对 x 和 y 求偏导。

$$\frac{\partial Q}{\partial x}=2(30x+3y-93)=0$$

$$\frac{\partial Q}{\partial y}=2(49y+3x-69)=0$$

（4）得到正规方程组。

$$\begin{cases}10x+y=31\\3x+49y=69\end{cases}$$

求解得：$x=2.98$，$y=1.23$。

2.3.2 线性拟合

线性拟合是曲线拟合的一种形式，它表示自变量与因变量呈线性相关关系。线性拟合可分为一元线性拟合和多元线性拟合。一元线性拟合研究的对象是一个自变量对因变量的影响，多元线性拟合研究的对象是多个自变量对因变量的影响。它们的数学模型可分别用式（2.19）和式（2.20）表示。线性拟合在自然科学与工程技术领域有广泛应用，如高碳钢的性能预测、聚合物材料的反应速率与浓度、纤维的强度与拉伸倍数等。

$$\hat{y}=a+bx \tag{2.19}$$

$$\hat{y}=b_0+b_1x_1+b_2x_2+\cdots+b_nx_n \tag{2.20}$$

一元线性拟合是最简单的一种拟合模型，如果某实验数据（x_i，y_i）的变化趋势呈线性关系（图 2—7)，就可尝试应用一元线性方程描述这组实验数据的关系。一般应求出一元线性方程中的两个重要参数——斜率 b 和截距 a。同理，可以采用最小二乘法求解 b 和 a。

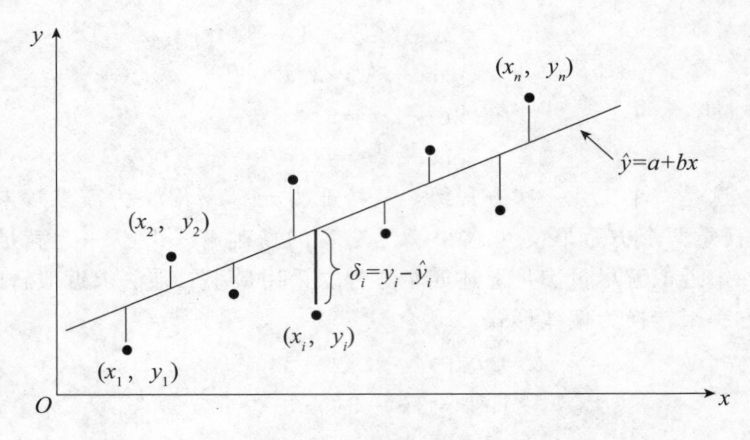

图 2—7　一元线性拟合的关系图

如图 2—7 所示，每个实验点数 y_i 与线性函数值 $\hat{y}_i$（同一 x_i 条件下）都有一定的偏差（$\delta_i = y_i - \hat{y}_i$）。如果使一次线性函数与实验散点的匹配程度良好，就要求所有偏差的离差平方和最小，即采用最小二乘法的求解思路。

$$Q(a, b) = \sum_{i=1}^{n} \delta_i^2 = \sum_{i=1}^{n} [y_i - (a + bx_i)]^2 = \mathrm{Min} \tag{2.21}$$

显然，所得偏差的离差平方和最小的拟合曲线更能反映实验点（x_i，y_i）的关系。从而要求所求拟合曲线中 $\hat{y}_i$ 与任意实验点 y_i 的值接近，以体现 $Q(a, b)$ 具有最小的离差平方和。因此，分别对式（2.21）中的 a 和 b 求偏导，得到式（2.22）。

$$\begin{cases} \dfrac{\partial Q}{\partial a} = -2\sum_{i=1}^{n} [y_i - (a + bx_i)] = 0 \\ \dfrac{\partial Q}{\partial b} = -2\sum_{i=1}^{n} [y_i - (a + bx_i)]x_i = 0 \end{cases} \tag{2.22}$$

得到正规方程组

$$\begin{cases} na + n\bar{x}b = n\bar{y} \\ na\bar{x} + b\sum_{i=1}^{n} x_i^2 = \sum_{i=1}^{n} x_i y_i \end{cases} \tag{2.23}$$

在式（2.23）中，$\bar{x} = \dfrac{\sum_{i=1}^{n} x_i}{n}$，$\bar{y} = \dfrac{\sum_{i=1}^{n} y_i}{n}$。

采用最小二乘法求解式（2.23），即可求得估计值（a，b）。

$$b = \frac{\sum_{i=1}^{n}(x_i - \bar{x})(y_i - \bar{y})}{\sum_{i=1}^{n}(x_i - \bar{x})^2} = \frac{n\sum_{i=1}^{n} x_i y_i - (\sum_{i=1}^{n} x_i)(\sum_{i=1}^{n} y_i)}{n\sum_{i=1}^{n} x_i^2 - (\sum_{i=1}^{n} x_i)^2}$$

$$=\frac{\sum_{i=1}^{n}x_iy_i-n\overline{x}\overline{y}}{\sum_{i=1}^{n}x_i^2-n(\overline{x})^2} \tag{2.24}$$

$$a=\overline{y}-b\overline{x} \tag{2.25}$$

此外，为了方便书写和计算，可以令

$$L_{xx}=\sum_{i=1}^{n}(x_i-\overline{x})^2=n\sum_{i=1}^{n}x_i^2-(\sum_{i=1}^{n}x_i)^2=\sum_{i=1}^{n}x_i^2-n(\overline{x})^2 \tag{2.26}$$

$$L_{yy}=\sum_{i=1}^{n}(y_i-\overline{y})^2=n\sum_{i=1}^{n}y_i^2-(\sum_{i=1}^{n}y_i)^2=\sum_{i=1}^{n}y_i^2-n(\overline{y})^2 \tag{2.27}$$

$$L_{xy}=\sum_{i=1}^{n}(x_i-\overline{x})(y_i-\overline{y})=n\sum_{i=1}^{n}x_iy_i-(\sum_{i=1}^{n}x_i)(\sum_{i=1}^{n}y_i)$$

$$=\sum_{i=1}^{n}x_iy_i-n\overline{x}\overline{y} \tag{2.28}$$

则有

$$b=\frac{L_{xy}}{L_{xx}} \tag{2.29}$$

〔例 2—5〕 在有机光电器件领域研究某电子受体掺杂量 x 与有机光伏器件内量子效率 y 的关系，得到表 2—23 所示的 9 组数据，试找出它们之间的关系。

表 2—23　电子受体掺杂量 x 与有机光伏器件内量子效率 y 的实验数据

实验编号	1	2	3	4	5	6	7	8	9
x/（%）	15.4	17.5	18.9	20.0	21.0	22.8	15.8	17.8	19.1
y/（%）	44.0	39.2	41.8	38.9	37.4	38.1	44.6	40.7	39.8
合计	$\sum_{i=1}^{n}x_iy_i\approx 6775.02$ $\sum_{i=1}^{n}x_i^2\approx 3192.75$								

解：在不使用计算机的情况下，可以在坐标纸上绘制数据。观察这些实验散点的变化趋势，可以发现适合采用线性关系拟合。因此，重要的是采用最小二乘法求出一元线性方程的斜率 b 和截距 a 。

首先计算

$$\overline{x}=\frac{15.4+17.5+18.9+20.0+21.0+22.8+15.8+17.8+19.1}{9}=\frac{168.3}{9}=18.7,$$

$$\overline{y}=\frac{44.0+39.2+41.8+38.9+37.4+38.1+44.6+40.7+39.8}{9}=\frac{364.5}{9}=40.5$$

其次计算

$$L_{xy}=\sum_{i=1}^{n}x_iy_i-n\overline{x}\,\overline{y}=6775.02-9\times 18.7\times 40.5=-41.13$$

$$L_{xx}=\sum_{i=1}^{n}x_i^2-n(\overline{x})^2=3192.75-9\times18.7^2=45.54$$

则有

$$b=\frac{L_{xy}}{L_{xx}}=\frac{-41.13}{45.54}\approx-0.9032,\ a=\overline{y}-b\overline{x}=40.5-(-0.9032)\times18.7\approx57.3898$$

故线性方程为 $y=-0.9032x+57.3898$。

求得一元线性方程的斜率 b 和截距 a 后，还需要分析方程的回归显著性，可采用方差分析法和相关系数检验法。在符合一定的检验标准后，能够说明回归拟合的直线具有意义，从而应用于实际生产中。

下面用相关系数（γ）检验法说明一元线性拟合的精度，γ 的计算公式见式（2.30），可以得到 γ 值，且 $-1\leqslant\gamma\leqslant1$。当 $\gamma=\pm1$ 时，所得结果是完全相关的；当 $\gamma=0$ 时，所得结果是完全不相关的。在大多数情况下，γ 是不为 1 且不为 0 的，那么 $|\gamma|$ 取什么值时具有线性相关性呢？可以检索相关系数临界值表，该表科学地给出数据数 n 和不同显著水平 α 的比对标准。例如在给定的 α（如 0.01、0.05）下，自由度 $f=n-2$，可在相关系数临界值表中找到对应的值 $\gamma_\alpha(n-2)$。若满足 $|\gamma|>\gamma_\alpha(n-2)$，则认为回归显著，拟合的直线具有实际意义；反之，不具有实际意义，需要用其他数学模型拟合。随着科学技术的发展，完全可以利用计算机软件解决此类问题。

$$\gamma=\frac{\sum_{i=1}^{n}(x_i-\overline{x})(y_i-\overline{y})}{\sqrt{\sum_{i=1}^{n}(x_i-\overline{x})^2\sum_{i=1}^{n}(y_i-\overline{y})^2}}=\frac{L_{xy}}{\sqrt{L_{xx}L_{yy}}}\tag{2.30}$$

多元回归分析比一元回归分析复杂，体现为两个以上自变量（x_1，x_2，…，x_m）对因变量 y 的影响，如食量、睡眠时间与身高的关系；人口增长、科技水平、自然资源、管理水平与经济增长的关系。在多元回归分析中，多元线性回归分析较简单。此外，可以将许多非线性回归、多项式回归转换为多元线性回归来分析问题。可见，多元线性回归在回归分析中有非常重要的地位。与求解一元线性方程中的 a、b 参数一样，也可基于最小二乘法计算多元线性回归的参数，但过程更复杂。首先假设有 m 个因素（x_1，x_2，…，x_m）会对指标 y 有显著影响，对每个因素进行 n 个水平实验，每个因素的实验对应有如下关系：（x_{i1}，x_{i2}，…，x_{im}，y_i），$i=1$，2，…，n。

如果指标 y 与各因素的共同作用存在线性回归关系，那么各实验数据应该满足如下关系。

$$y=\hat{y}+\varepsilon\tag{2.31}$$

或

$$y_i=\beta+\beta_1x_{i1}+\beta_2x_{i2}+\cdots+\beta_nx_{im}+\varepsilon_i\tag{2.32}$$

也可以展开式（2.32），得到

$$\begin{cases}y_1=\beta_0+\beta_1x_{11}+\beta_2x_{12}+\cdots+\beta_mx_{1m}+\varepsilon_1\\y_2=\beta_0+\beta_1x_{21}+\beta_2x_{22}+\cdots+\beta_mx_{2m}+\varepsilon_2\\\vdots\\y_n=\beta_0+\beta_1x_{n1}+\beta_2x_{n2}+\cdots+\beta_mx_{nm}+\varepsilon_n\end{cases}\tag{2.33}$$

其中$\beta_0,\beta_1,\beta_2,\ \dots,\beta_m$分别为常量和各自变量$x_i$前的系数，$\varepsilon_i$（$i=1,\ 2,\ 3,\ \dots,n$）为随机误差，其值相互独立且是服从正态分布$N(0,\sigma^2)$的随机变量。也可用矩阵的形式表达式（2.33）。

$$y=\begin{pmatrix} y_1 \\ y_2 \\ \vdots \\ y_n \end{pmatrix},\beta=\begin{pmatrix} \beta_1 \\ \beta_2 \\ \vdots \\ \beta_n \end{pmatrix},x=\begin{pmatrix} 1 & x_{11} & x_{12} & \cdots & x_{1m} \\ 1 & x_{21} & x_{22} & \cdots & x_{2m} \\ \vdots & \vdots & \vdots & \vdots & \vdots \\ 1 & x_{n1} & x_{n2} & \cdots & x_{nm} \end{pmatrix},\varepsilon=\begin{pmatrix} \varepsilon_1 \\ \varepsilon_2 \\ \vdots \\ \varepsilon_n \end{pmatrix}$$

可将式（2.33）简写为

$$y=\beta x+\varepsilon \tag{2.34}$$

从式（2.20）、式（2.31）至式（2.34）可知，求解多元线性回归的关键是求解β值。同理，利用最小二乘法的思路求解如下。

$$Q(\beta_0,\ \beta_1,\ \beta_2,\ \dots,\ \beta_m)=\sum_{i=1}^{n}\delta_i^2=\sum_{i=1}^{n}[y_i-(\beta_0+\beta_1x_{i1}+\beta_2x_{i2}+\dots+\beta_mx_{im})]^2=\text{Min} \tag{2.35}$$

分别对式（2.35）中的$\beta_0,\beta_1,\beta_2,\dots,\beta_m$求偏导，得到

$$\frac{\partial Q}{\partial \beta_0}=-2\sum_{i=1}^{n}[y_i-(\beta_0+\beta_1x_{i1}+\beta_2x_{i2}+\dots+\beta_mx_{im})]=0 \tag{2.36}$$

$$\frac{\partial Q}{\partial \beta_1}=-2\sum_{i=1}^{n}[y_i-(\beta_0+\beta_1x_{i1}+\beta_2x_{i2}+\dots+\beta_mx_{im})]x_{i1}=0 \tag{2.37}$$

$$\frac{\partial Q}{\partial \beta_2}=-2\sum_{i=1}^{n}[y_i-(\beta_0+\beta_1x_{i1}+\beta_2x_{i2}+\dots+\beta_mx_{im})]x_{i2}=0 \tag{2.38}$$

$$\cdots$$

$$\frac{\partial Q}{\partial \beta_m}=-2\sum_{i=1}^{n}[y_i-(\beta_0+\beta_1x_{i1}+\beta_2x_{i2}+\dots+\beta_mx_{im})]x_{im}=0 \tag{2.39}$$

对式（2.36）至式（2.39）化简并整理，得到

$$\begin{cases} n\beta_0+\sum_{i=1}^{n}x_{i1}\beta_1+\sum_{i=1}^{n}x_{i2}\beta_2+\dots+\sum_{i=1}^{n}x_{im}\beta m=\sum_{i=1}^{n}y_i & (2.40\text{a}) \\ \sum_{i=1}^{n}x_{i1}\beta_0+\sum_{i=1}^{n}x_{i1}^2\beta_1+\sum_{i=1}^{n}x_{i1}x_{i2}\beta_2+\dots+\sum_{i=1}^{n}x_{i1}x_{im}\beta m=\sum_{i=1}^{n}x_{i1}y_i & (2.40\text{b}) \\ \vdots \\ \sum_{i=1}^{n}x_{im}\beta_0+\sum_{i=1}^{n}x_{i1}x_{im}\beta_1+\sum_{i=1}^{n}x_{i2}x_{im}\beta_2+\dots+\sum_{i=1}^{n}x_{im}^2\beta m=\sum_{i=1}^{n}x_{im}y_i & (2.40\text{c}) \end{cases}$$

式（2.40）也称正规方程组，可用矩阵表示如下。

$$(x^{\text{T}}x)\beta=x^{\text{T}}y \tag{2.41}$$

当$(x^{\text{T}}x)$存在逆矩阵时，可求出β的最小二乘估计。

$$\hat{\beta}=(x^{\text{T}}x)^{-1}x^{\text{T}}y \tag{2.42}$$

将计算结果代入式（2.20），得到多元线性回归方程。

为了方便计算，可以对式（2.40a）做如下变换（两边同时除以 n），得到 β_0 的如下表达式。

$$\beta_0 = \bar{y} - \beta_1 \bar{x}_1 - \beta_2 \bar{x}_2 - \cdots - \beta_m \bar{x}_m \tag{2.43}$$

将式（2.43）代入式（2.40b）至第 m 项，整理后得

$$\begin{cases} \beta_1 \sum_{i=1}^{n} (x_{i1} - \bar{x}_1) x_{i1} + \beta_2 \sum_{i=1}^{n} (x_{i2} - \bar{x}_2) x_{i1} + \cdots + \beta_m \sum_{i=1}^{n} (x_{im} - \bar{x}_m) x_{i1} = \sum_{i=1}^{n} (y_i - \bar{y}) x_{i1} \\ \beta_1 \sum_{i=1}^{n} (x_{i1} - \bar{x}_1) x_{i2} + \beta_2 \sum_{i=1}^{n} (x_{i2} - \bar{x}_2) x_{i2} + \cdots + \beta_m \sum_{i=1}^{n} (x_{im} - \bar{x}_m) x_{i2} = \sum_{i=1}^{n} (y_i - \bar{y}) x_{i2} \\ \vdots \\ \beta_1 \sum_{i=1}^{n} (x_{i1} - \bar{x}_1) x_{im} + \beta_2 \sum_{i=1}^{n} (x_{i2} - \bar{x}_2) x_{im} + \cdots + \beta_m \sum_{i=1}^{n} (x_{im} - \bar{x}_m) x_{im} = \sum_{i=1}^{n} (y_i - \bar{y}) x_{im} \end{cases} \tag{2.44}$$

对式（2.44）进行简化，令

$$L_{jk} = \sum_{i=1}^{n} (x_{ij} - \bar{x}_j) x_{ik} = \sum_{i=1}^{n} (x_{ij} - \bar{x}_j)(x_{ik} - \bar{x}_k),\ j,\ k = 1,\ 2,\ \cdots,\ m$$

$$L_{jy} = \sum_{i=1}^{n} (y_i - \bar{y}) x_{ij} = \sum_{i=1}^{n} (y_i - \bar{y})(x_{ij} - \bar{x}_j),\ j,\ k = 1,\ 2,\ \cdots,\ m \tag{2.45}$$

故式（2.44）可转换为

$$\begin{pmatrix} L_{11} & L_{12} & \cdots & L_{1m} \\ L_{21} & L_{22} & \cdots & L_{2m} \\ \vdots & \vdots & \vdots & \vdots \\ L_{m1} & L_{m2} & \cdots & L_{mm} \end{pmatrix} \begin{pmatrix} \beta_1 \\ \beta_2 \\ \vdots \\ \beta_m \end{pmatrix} = \begin{pmatrix} L_{1y} \\ L_{2y} \\ \vdots \\ L_{my} \end{pmatrix} \tag{2.46}$$

若 $L\beta = Y$ 则

$$\beta = L^{-1} Y \tag{2.47}$$

求解多元线性回归的参数后，还要检验和分析回归方程的显著性及回归系数的显著性。下面利用复相关系数 R 检验 y 与因素 x_i 线性关系的密切程度，见式（2.48）。

$$R = \sqrt{\frac{U}{L_{yy}}} = \sqrt{1 - \frac{Q}{L_{yy}}} \tag{2.48}$$

式中，$U = \sum_{i=1}^{n} (\hat{y}_i - \bar{y})^2$，$Q = \sum_{i=1}^{n} (y_i - \hat{y}_i)^2$，$L_{yy} = \sum_{i=1}^{n} (y_i - \bar{y})^2$

通常 R 的取值范围为 $[-1,\ 1]$，当 $|R|$ 的值接近 1 时说明线性关系密切，拟合效果显著。此外，在多元回归拟合中，不是所有 x_i 都对 y 有显著影响。因而，在实际操作中，需要去除一些不重要的影响因素，用最简单的回归方程描述 y。去除的原则是 $L_{yy} = U + Q$，去除影响因素中的一个 x_i 后，求得新的回归方程。由于新的回归方程减少一个量，因此它的离差平方和减小。如果减小的量很小（相对于未减少任一 x_i），就说明减少的 x_i 对 y 的影响不大，它是一个不重要的影响因素，可以去除；反之，不能去除。

2.3.3 非线性拟合

很多自然科学与工程技术问题都不是简单的线性问题，如有机聚合物材料光生电荷浓度随时间的变化过程、聚合物结晶度随时间的变化行为等。此时需要采用非线性函数表达。常见的非线性函数见表 2－24。

表 2－24　常见的非线性函数

名称	数学表达式
多项式函数	$y = a_0 + a_1 x + a_2 x^2 + \dots + a_n x^n$
指数函数	$y = aebx$，$y = ae^{b/x}$
幂函数	$y = \alpha x^b$
高斯函数	$y = y_0 + \frac{A}{w\sqrt{\pi/2}} e^{-2\frac{(x-x_e)^2}{w^2}}$
对数函数	$y = \log_a x$（$a > 0$ 且 $a \neq 1$）或 $y = a + b\ln x$
双曲线函数	$y^{-1} = a + bx^{-1}$

在实际操作中，可以直接使用 Origin、Excel、MATLAB 等软件包含的指数函数、对数函数、幂函数等对数据进行拟合。若不使用计算机软件对数据进行拟合，则处理非线性回归问题时，为方便处理，常将非线性回归问题转换为线性回归问题。下面以一元非线性回归为例。

（1）对于指数函数 $y = ae^{bx}$（$a>0$），可以令 $y'=\ln y$，$y_0=\ln a$，则有线性表达式 $y'= y_0+ bx$；对于指数函数 $y = ae^{b/x}$（$a>0$），可以令 $y'=\ln y$，$y_0=\ln a$，$x'=1/x$，则有线性表达式 $y'= y_0+ bx'$。

（2）对于对数函数 $y = a + b\ln x$，可以令 $x'=\ln x$，则有线性表达式 $y = a+ bx'$。

（3）对于幂函数 $y = \alpha x^b$，可以令 $y'=\ln y$，$x'=\ln x$，$y_0=\ln a$，则有线性表达式 $y'=y_0+bx'$。

（4）对于双曲线函数 $y^{-1}= a + bx^{-1}$，可以令 $y'= y^{-1}$，$x'= x^{-1}$，则有线性表达式 $y'=a+bx'$。

基于以上一系列非线性回归至线性回归的转换，可以先用线性关系对数据进行回归拟合，并分析回归方程的显著性。若回归显著，则可在线性结果的基础上还原成原始数学模型。

1. 测定某铜合金中的铜含量，五次平行测定结果分别为 27.22%、27.20%、27.24%、27.25%、27.15%。计算：①平均值、平均偏差、相对平均偏差、标准偏差、相对标准偏差；②已知铜的标准含量为 27.20%，计算以上结果的绝对误差和相对误差。

2. 某农科站进行品种实验，共有 A（品种）、B（氮肥量/kg）、C（氮、磷、钾肥比

例)、D（规格）四个因素。因素A有四个水平，其他三个因素都有两个水平，具体数值见表2—25。实验指标是产量，数值越大越好。使用混合水平均匀实验设计表$L_8(4^1\times2^4)$安排实验，实验结果依次为195kg、205kg、220kg、225kg、210kg、215kg、185kg、190kg。试找出较好的实验方案。

表2—25　四个因素的水平

因素	A	B	C	D
水平	甲，乙，丙，丁	25，30	3∶3∶1，2∶1∶2	6×6，7×7

第3章 Origin软件与数据处理

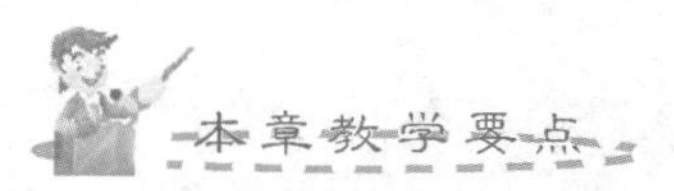

知识要点	掌握程度	相关知识
Origin软件简介	了解Origin软件的发展历程	Origin软件的应用功能
Origin软件的主界面与功能	了解Origin软件的菜单选项及功能	Origin软件的菜单选项及功能
Origin软件的菜单功能	了解Origin中主菜单和子菜单的用途及作用	文件菜单、编辑菜单、视图菜单、图表菜单、列菜单、工作表菜单、分析菜单、统计分析菜单、图像处理菜单、其他菜单
Origin软件的表格基本操作	掌握将数据导入Origin表格的方法； 掌握数据的修改； 掌握列的相关操作	导入数据，修改数据、插入数据、删除数据，增加列、插入列、删除列、移动列
Origin软件的数值计算功能	掌握数值计算	列的计算、函数的运算
Origin软件的绘图功能	掌握绘制二维平面图； 掌握绘制三维图形； 了解绘制其他图形	绘制单Y曲线、绘制双Y曲线、绘制多曲线、绘制统计分析图形，绘制三维图形，绘制其他图形
Origin软件的数据分析功能	掌握数据拟合； 掌握Origin软件的图像处理	数据拟合，Origin软件的图像处理
Origin软件的统计分析功能	掌握Origin软件的统计分析功能	Origin的方差分析操作、Origin的描述性统计操作、Origin的假设检验操作

课程导入

Origin 软件是 OriginLab 公司开发的一款科学绘图、数据分析软件，广泛应用于各学科领域。Origin 软件具有丰富的统计方法和数据可视化功能，以及易使用的界面和高可扩展性。该软件简单易学、操作灵活、兼容性强、功能强大等，受到广大科技人员的喜爱。此外，Origin 软件提供了上百种二维绘图模板和三维绘图模板，并允许用户定制模板。其数据分析功能包括统计、信号处理、曲线拟合、峰值分析等。可以将使用 Origin 软件生成的图像方便地导出为 TIFF、BMP、EPS 等格式。Origin 软件与 Microsoft Office 的兼容性较好，将图像导入 Word 或 PowerPoint 后还可以调取并修改数据。Origin 软件是 SCI 专业论文的标配绘图软件。

3.1 Origin 软件简介

Origin 软件最初是 OriginLab 公司为微型热量计设计的软件工具，以实现数据的拟合及参数计算，最新版本为 Origin Pro 2024。Origin 软件可以帮助科研工作者进行数据分析及科学绘图，进而解决数据问题。与其他同类型软件相比，Origin 软件具有简单易学、操作灵活、兼容性强、功能强大等优点，受到广大科研工作者的喜爱。Origin 软件的主要功能包括数据编辑（包括导入、导出、运算、转置等）、图形绘制（包括二维图形、三维图形、图形编辑）和数据分析（包括排序、计算、统计、平滑、拟合、频谱分析等）。

3.2 Origin 软件的主界面与功能

下面以 Origin 8 为例讲解 Origin 软件的主界面与功能。图 3－1 所示为 Origin 8 的主界面，主要包括标题栏、菜单栏、快捷工具区、工作表格区、图形窗口、快捷功能区、绘图工具区、工程管理窗口等。其中，标题栏能够显示编辑数据或图形保存的位置和名称，Origin 文件的后缀为 .opj。菜单栏包括文件菜单、编辑菜单、视图菜单、图形菜单、数据菜单、分析菜单、工具菜单、格式菜单、窗口菜单、帮助菜单等，每个菜单下都包含若干子菜单。快捷工具区主要包括新建工作窗口、新建矩阵、新建图层、新建函数、新建 Excel 表格、打开文件、保存文件、导入 ASCII 等文件、打印、程序编辑设置、快速添加列等快捷操作。工作表格区主要用来输入数据、变换数据、运算数据、输入图形，通过对数据的操作可实现图形输出。此外，可以导入声音文件，Origin 8 分析声音文件并绘制波形图，因而工作表格区是 Origin 8 的重要模块。图形窗口是 Origin 8 展示数据关系的展示窗口，常见的图形有二维关系图、三维关系图、统计关系图等。快捷功能区可实现图形的放大、缩小、读值、数据选取、文字输入、指示等操作。绘图工具区包括所有图形绘制按钮（包括直线图、描点图、向量图、柱状图、饼图、区域图、极坐标图、三维图表、统计用图表等），即确定数据后，直接单击相应的图形绘制按钮即可输出图形。工程管理窗口存储了最近使用的工程文件，便于随时调用、查看和编辑所需文件。

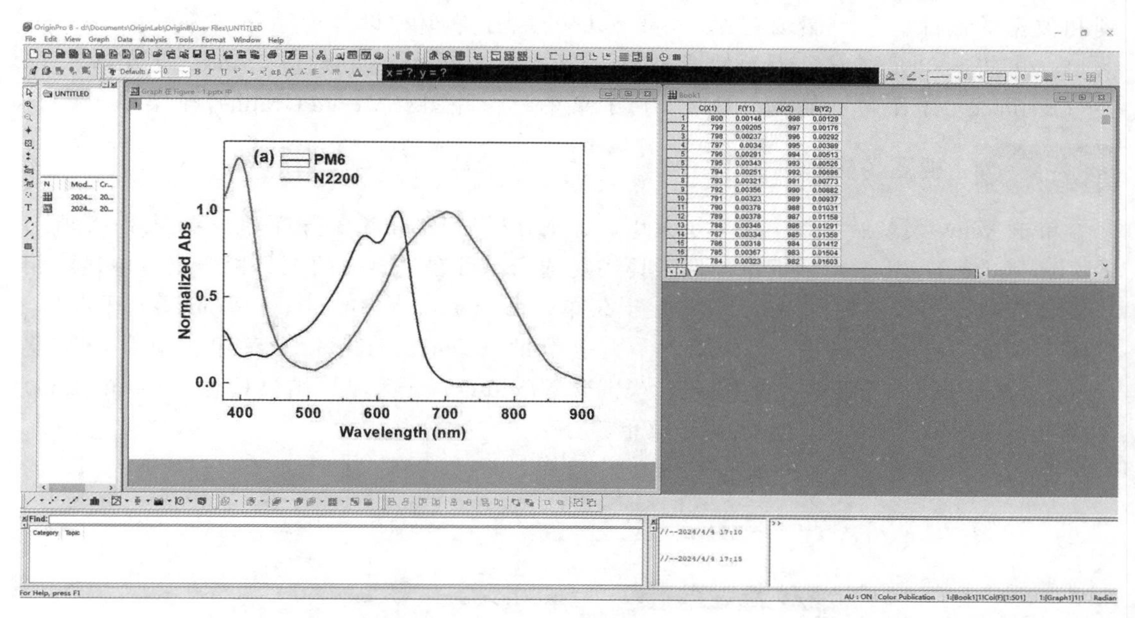

图 3－1 Origin 8 的主界面

3.3 Origin 软件的菜单功能

3.3.1 文件（File）菜单

单击 File 菜单，弹出如下子菜单。①新建（New）子菜单，可创建新工程、新表格、新 Excel 表、新图层、新函数、新矩阵等，新建子菜单的内容在快捷工具区也有体现。②打开（Open）子菜单，可以调取以往保存的 .opj 文件。③文件保存（Save Project）子菜单和另存为（Save Project as）子菜单，可以将 .opj 文件保存于指定的文件中。④窗口另存为（Save Window as）子菜单和模板另存为（Save Template as）子菜单。⑤打印（Print）子菜单、打印预览（Print View）子菜单和页面设置（Page Setup）子菜单。⑥导入（Import）子菜单和导出（Export）子菜单，可以导入（或导出）多种形式的数据，如 ACSII、Excel、dat 等。⑦退出（Exit）子菜单，可退出 Origin 软件。

3.3.2 编辑（Edit）菜单

单击 Edit 菜单，弹出如下子菜单。①剪切（Cut）子菜单和复制（Copy）子菜单，可实现数据的剪切和复制。②粘贴（Paste）子菜单，对上一剪切或复制的数据、行、列等实现粘贴，但粘贴方式特殊，如复制一个矩阵数据后，将粘贴为它的转置形式（Paste Transpose）等。③清除（Clear）子菜单，可清除选中数据。④撤销（Undo）

子菜单，可取消上一步操作效果。⑤插入（Insert）子菜单，可实现单元格、单列、多列的插入。⑥删除（Delete）子菜单，与插入功能相反，可实现单元格、单列、多列和数据的删除。⑦设置为起始（Set as begin）子菜单和设置为结尾（Set as end）子菜单，可将某单元格设置为起始或末尾。⑧其他子菜单，如查找（Find）子菜单、替换（Replace）子菜单、转到（Go To）子菜单、合并图（Merge Graph）子菜单等。

3.3.3 视图（View）菜单

单击 View 菜单后，弹出如下子菜单。①工具栏（Toolbars）子菜单，在图 3－2 所示的 Customize Toolbar 对话框中勾选工具栏复选项，可在主界面的工具栏子菜单中显示相应工具选项。②状态栏（Status Bar）子菜单、命令窗口（Command Window）子菜单、代码生成器（Code Builder）子菜单、快速帮助（Quick Help）子菜单、项目浏览器（Project Explore）子菜单、查看窗口（View Windows）子菜单、结果日志（Result Log）子菜单、视图模式（View Mode）子菜单等。

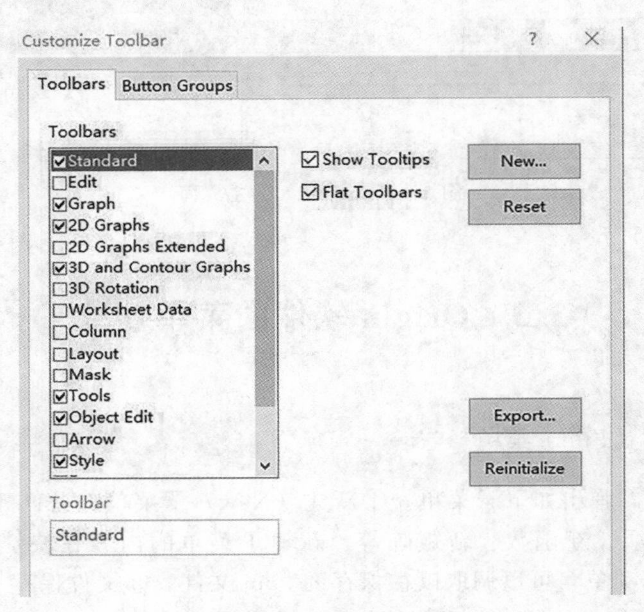

图 3－2　Origin 软件的工具栏选项

3.3.4 图表（Plot）菜单

单击 Plot 菜单，弹出线型（Line）子菜单、符号（Symbol）子菜单、线型＋符号子菜单、柱/条状（Columns/Bars）子菜单、多曲线（Multi-Curve）子菜单、三维图形（3D XYY、3D XYZ 和 3D surface）子菜单、统计图形（Statistics）子菜单、面积图形（Area）子菜单、轮廓图形（Contour）子菜单、一些特殊图形（Specialized）子菜单和模板库（Template library）子菜单等。

3.3.5 列（Column）菜单

单击 Column 菜单，可设置工作表格中各列坐标的属性，如将某列数据设置为 X 轴、Y 轴或 Z 轴，单击菜单点设置为 X 、Y 或 Z（Set as X，Y or Z）即可。还可以将某列设为标签（Set as Label）或不指定列坐标属性（Disregard Column）。在实际科学研究中，数据是存在误差的，因而可以将某些列设定为误差列，如 Set as X error 和 Set as Y error。Origin 软件可以实现数据间的关系运算，运用设置列值（Set Column Values），在空白处编写运算关系即可，如图 3－3 所示。此外，列菜单还包括数据填充［行号填充（Row Numbers）、均匀随机数填充（Uniform Random Numbers）和正态随机数填充（Normal Random Numbers］、添加列菜单（Add New Columns）、移动列（Move Columns）、设置采样间隔（Set Sampling Interval）、交换列（Swap Columns）等子菜单。

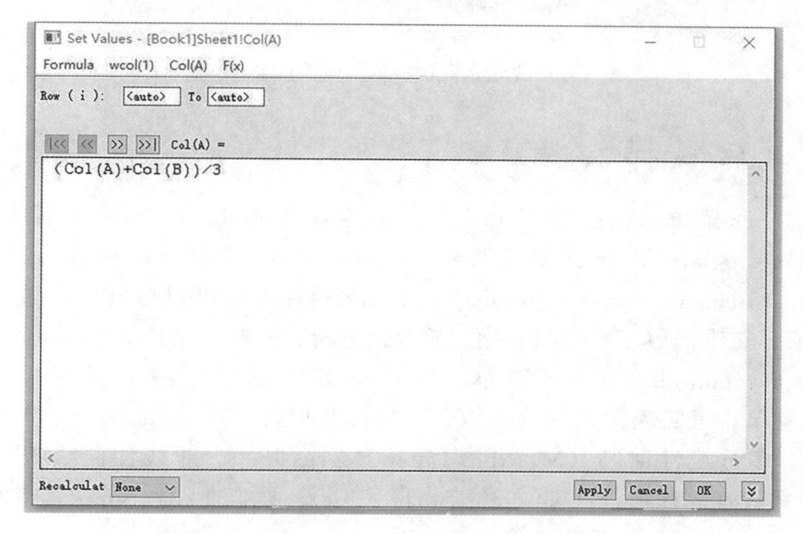

图 3－3 在 Origin 软件中编写运算关系

3.3.6 工作表（Worksheet）菜单

单击 Worksheet 菜单，可以进行以下操作。①排序范围（Sort Range），可对选中的数据进行升序或降序排列。②列排序（Sort Columns），可对选中的列数据进行升序或降序排列。③工作表排序（Sort Worksheet），可对工作表数据进行升序或降序排列。④清除工作表（Clear Worksheet），可清除工作表中的所有数据。⑤工作表脚本（Worksheet Script），可以通过编辑脚本语言编辑工作表。⑥提取工作表数据（Extract worksheet Data），可以提取工作表中满足一定条件的数据并存入新的表格（或用颜色标示），如图 3－4 所示。⑦转置菜单（Transpose），可将列数据转换为行数据或将行数据转换为列数据。⑧矩阵转换（Convert to Matrix），可将工作表状态转换为矩阵工作状态。

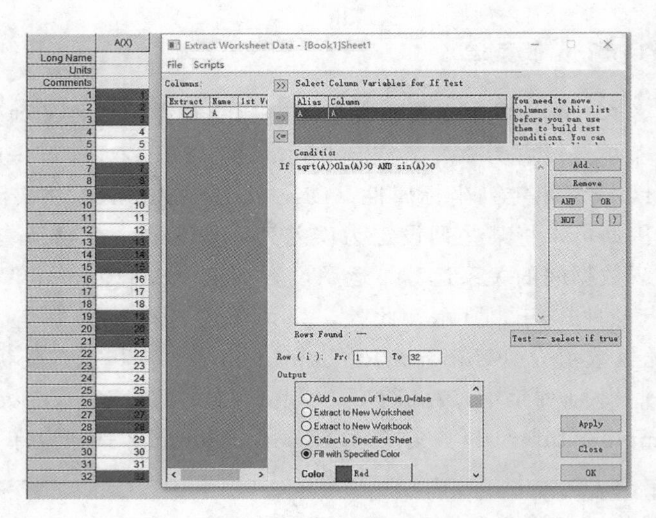

图 3—4 在 Origin 软件中提取工作表数据

3.3.7 分析（Analysis）菜单

单击 Analysis 菜单，弹出如下子菜单。①运算（Mathematics）子菜单，其下包含 Interpolate/Extrapolate Y from X、Trace Interpolation、3D Interpolation、Normalize、Differentiate、Integrate、Average multiple curves 等命令，可以分别实现数据的插值/外推、轨迹插值、三维插值、数据归一化、差异化分析、打断、平均处理多重曲线等。②数据处理（Data manipulation）子菜单，可对参考数据进行减除处理。③数据拟合（Fitting）子菜单，可实现常见的数据拟合，如线性拟合（Fit Linear）、多项式拟合（Fit Polynomial）、多重线性回归（Multiple Liner Regression）、非线性曲线拟合（Nonliner Curve Fit）、非线性表面拟合（Nonliner Surface Fit）、模拟曲线（Simulate Curve）、模拟表面（Simulate Surface）、指数拟合（Fit Exponential）和 S 拟合（Fit Sigmoidal）等。④信号处理（Signal Processing）子菜单，可处理一些信号数据，如平滑信号数据（Smoothing）、快速傅里叶变换滤波器（FFT Filters）和小波分析（Wavelet）。⑤峰与基线分析（Peaks and Baselines）子菜单，可对单峰（多峰）的特征进行拟合和分析（Fit Single/Multiple Peaks、Peak Analyzer），也可对数据的基线进行处理（如去减去基线处理等）。

3.3.8 统计分析（Statistics）菜单

统计分析是指通过图表或数学方法对数据进行整理和分析，它是评估数据的分布特征、数字特征、显著性、随机变量间关系的数据处理方法。单击 Statistics 菜单，可以进行以下操作。

（1）描述性统计分析（Descriptive Statistics）。其子菜单包括相关系数（Correlation Coefficient）子菜单、列统计（Statistics on Columns）子菜单、行统计（Statistics on Rows）子菜单、离散频率（Discrete Frequency）子菜单、频率计数（Frequency counts）子菜单、正态检验（Normality Test）子菜单、二维频率统计分布图（2D Frequency count/Binning）子菜单等。

（2）假设检验（Hypothesis Testing）。假设检验又称统计假设检验，是一种用来判断样本与样本间、样本与总体间的差异是由抽样误差引起的还是由本质特征差别引起的统计判断法。显著性检验是最常用的假设检验，其原理是先对总体的特征做出某种假设，再通过抽样研究的统计推理对拒绝或接受该假设做出推断。常用的假设检验方法有 Z 检验、t 检验、F 检验等。在 Origin 软件中，假设检验包括单样本 t 检验（One-Sample t-test）子菜单、配对样本 t 检验（Pair-Sample t-test）子菜单、双样本 t 检验（Two-Sample t-test）子菜单、单样本方差检验（One-Sample Test for Variance）子菜单、双样本方差检验（Two-Sample Test for Variance）子菜单等。

（3）方差分析（analysis of variance，ANOVA）。受各种因素的影响，实验数据呈波动性，而数据波动的原因可能是不可控的随机因素，也可能是研究因素对结果造成的可控影响。为了确定数据波动是由哪种情况造成的，可以采用 ANOVA 判断数据的显著性差异。ANOVA 包括单因素方差分析（One-way ANOVA）子菜单、双因素方差分析（Two-way ANOVA）子菜单、单因素重复测量方差分析（One-way Repeated Measure ANOVA）子菜单、双因素重复测量方差分析（Two-way Repeated Measure ANOVA）子菜单等。

（4）非参数检验（Nonparametric Tests）。非参数检验是数理统计分析法中的重要组成部分，与参数检验构成了统计推断的基本内容。非参数检验通常是在总体样本方差未知或了解甚少的状况下，利用已有样本数据对总体样本的分布形态等进行推断的方法。因此过程不涉及总体分布的参数，故称为非参数检验。非参数检验包括威尔科克森（Wilcoxon）符号秩检验（Wilcoxon Sign Rank Test）子菜单、克鲁斯卡尔－沃利斯（Kruskal-Wallis）方差分析（Kruskal-Wallis ANOVA）子菜单、弗里德曼（Friedman）方差分析子菜单、配对样本符号检定（Paired Sample Sign Test）子菜单等。

（5）生存分析（Survival Analysis）。生存分析是研究影响因素与生存时间和结局关系的方法。也就是说，要分析影响因素与结局的相关性，还要分析影响因素与结局出现时间的关系。Origin 软件提供的生存分析有卡普兰-迈耶（Kaplan-Meier）估计（Kaplan-Meier Estimator）、Cox 模型估计（Cox Model Estimator）和韦伯（Weibull）拟合（Weibull Fit）。

（6）ROC 曲线。ROC 曲线即接受者操作特性曲线，其上各点反映相同的感受性，它们都是对同一信号刺激的反映，只不过是在不同的判定标准下得到的结果。ROC 曲线就是以虚警概率为横坐标、以击中概率为纵坐标的坐标图，在特定刺激条件下由采用不同判断标准得出的不同结果绘制的曲线。ROC 曲线在医学和工程领域有重要应用，可以判断诊疗效果、工程实施效果的价值。

3.3.9 图像处理（Image）菜单

在工作表中输入图像后，可对图像进行调整（Adjustment），包括图像的亮度（Brightness）调节、对比度（Contrast）调节、伽马（Gamma）调节、色调（Hue）调节、图像翻转（Invert）、图像饱和度（saturation）调整、直方图对比度（Histcontrast）、直方图均衡（Histequalize）、自动色阶（Auto Level）、平衡（Balance）调节、颜色替换

(Color Replace) 等。此外，双击表格中的图像可以弹出图像编辑窗口，此时 Origin 软件的菜单栏会有所变化——多出一个菜单矩阵 (Matrix)。

在 Image 菜单下可以对图像信息进行如下数字化处理：①算术变换 (Arithmetic Transform)，其中包括简单运算 (Simple Math)、数学函数 (Math Function)、像素逻辑 (Pixel Logic) 等；②转换处理 (Conversion)，其中包括转换为数据 (Covert to Data)、颜色灰化 (Color to Gray)、自动二进制 (Auto Binary)、三原色融合/分离 (RGB Merge/Split)、图像调色板 (Image Palette) 等。在 Image 菜单下还有几何变换 (Geometric Transform) 子菜单和空间滤波器 (Spatial Filter) 子菜单，可对图像进行旋转、扭曲、修饰、大小调整、均衡化、锐化、噪化处理等。

3.3.10 其他菜单

Origin 软件还有工具 (Tools) 菜单、格式 (Format) 菜单、窗口 (Windows) 菜单和帮助 (Help) 菜单，使用者可以根据实际情况设置。

3.4 Origin 软件的表格基本操作

3.4.1 将数据导入 Origin 表格的方法

(1) 键盘输入。直接通过键盘将数据输入表格，常用于数据较少的场合。

(2) 导入文件法。在科学实验中常使用仪器采集数据，数据量很大，人工输入不现实。此时可以采用导入文件法将仪器保存的数据直接导入 Origin 表格，单击菜单栏 File→Import 命令，在弹出的对话框中选择对应的文件格式和文件名即可。

(3) 粘贴数据。打开储存数据的文件，选择并复制需要的数据，然后在 Origin 表格中粘贴数据。

(4) Excel 工作表。运用 Origin 软件中的 Excel 工作表处理。

(5) 拖入法。将数据文件 (如 .dat、.txt 文件等) 直接拖入 Origin 表格。

(6) 函数生成法。在 Origin 表格中利用函数生成数据。

3.4.2 数据的修改

(1) 修改数据。修改数据包括替换单元格中的数据 (单击单元格并输入新的值)、修改单元格中的数据 (单击单元格并在拟修改的位置单击)。

(2) 插入数据。插入数据包括插入新单元格 (右击新单元格下方的单元格，在弹出的快捷菜单中选择 Insert 命令，并在新单元格中添加数据)、插入新列 (右击新列右边的列，在弹出的快捷菜单中选择 Insert 命令，并在新单元列中添加数据)。

(3) 删除数据。删除数据包括删除整个工作表的内容 (单击菜单栏 Edit→Clear Worksheet 命令)、删除单元格或单元格区域中的内容且保留单元格 (单击菜单栏 Edit→Clear 命令)、同时删除内容和单元格 (单击菜单栏 Edit→Delete 命令)。

3.4.3 列的相关操作

（1）增加列。单击菜单栏 Column→Add New Columns 命令（或右击单元格，在弹出的快捷菜单中选择 Add New Column 命令），需要多少列就单击多少下。

（2）插入列。单击菜单栏 Edit→Insert 命令（或右击单元格，在弹出的快捷菜单中选择 Insert 命令）。

（3）删除列。单击菜单栏 Edit→Delete 命令（或右击单元格，在弹出的快捷菜单中选择 Delete 命令）。

（4）移动列。单击菜单栏 Column→Move to First Move to Last 命令。

3.5 Origin 软件的数值计算功能

前面提到 Origin 软件在数值计算、图形绘制、数据分析、统计分析、图像处理方面有重要作用，下面通过案例讲解。

〔**例 3－1**〕某科研小组为了判断溶液加工温度对聚合物太阳能电池性能的影响，测试了器件的电流－电压特征曲线，为了消除实验中一些不可控因素的影响，至少需采集五组数据加和求平均值（本例讲解 Origin 软件的数值计算功能，可用方差分析判断显著性）。

（1）将不同溶液加工温度（40℃和 25℃）下的电流－电压数据导入 Origin 软件，并对实验信息做好标注，如图 3－5 所示。

	A(X)	B(Y)	C(Y)	D(Y)	E(Y)	F(Y)	G(Y)	H(Y)	I(Y)	J(Y)	K(Y)	L(Y)	M(Y)	N(Y)
Long Name														
Units	温度	40度							25度					
Comments	实验编号	1	2	3	4	5			1	2	3	4	5	
Sparklines														
1	Potential/V	Current/A	Current/A	Current/A	Current/A	Current/A			Current/A	Current/A	Current/A	Current/A	Current/A	
2	-0.2	0.00177	0.00172	0.00175	0.0017	0.00169			0.00142	0.00141	0.00137	0.00134	0.00136	
3	-0.199	0.00177	0.00172	0.00175	0.0017	0.00169			0.00142	0.00141	0.00137	0.00134	0.00136	
4	-0.198	0.00177	0.00172	0.00175	0.0017	0.00169			0.00142	0.00141	0.00138	0.00134	0.00136	
5	-0.197	0.00177	0.00172	0.00175	0.0017	0.00169			0.00142	0.00141	0.00137	0.00134	0.00136	
6	-0.196	0.00177	0.00172	0.00175	0.0017	0.00169			0.00142	0.00141	0.00137	0.00134	0.00136	
7	-0.195	0.00177	0.00172	0.00175	0.0017	0.00169			0.00142	0.00141	0.00137	0.00134	0.00136	
8	-0.194	0.00177	0.00172	0.00175	0.0017	0.00169			0.00142	0.00141	0.00137	0.00134	0.00136	
9	-0.193	0.00177	0.00172	0.00175	0.0017	0.00169			0.00142	0.00141	0.00138	0.00134	0.00136	
10	-0.192	0.00177	0.00172	0.00175	0.0017	0.00169			0.00142	0.00141	0.00137	0.00134	0.00136	
11	-0.191	0.00177	0.00172	0.00175	0.0017	0.00169			0.00142	0.00141	0.00138	0.00134	0.00136	
12	-0.19	0.00177	0.00172	0.00175	0.0017	0.00169			0.00142	0.00141	0.00138	0.00134	0.00136	
13	-0.189	0.00177	0.00172	0.00175	0.0017	0.00169			0.00142	0.00141	0.00138	0.00134	0.00136	
14	-0.188	0.00177	0.00172	0.00175	0.0017	0.00169			0.00142	0.00141	0.00137	0.00134	0.00136	
15	-0.187	0.00177	0.00172	0.00175	0.0017	0.00169			0.00142	0.00141	0.00137	0.00134	0.00136	
16	-0.186	0.00177	0.00172	0.00175	0.0017	0.00169			0.00142	0.00141	0.00137	0.00134	0.00136	
17	-0.185	0.00177	0.00172	0.00175	0.0017	0.00169			0.00142	0.00141	0.00137	0.00134	0.00136	
18	-0.184	0.00177	0.00172	0.00175	0.0017	0.00169			0.00142	0.00141	0.00137	0.00134	0.00136	
19	-0.183	0.00177	0.00172	0.00175	0.0017	0.00169			0.00142	0.00141	0.00137	0.00134	0.00136	
20	-0.182	0.00177	0.00172	0.00175	0.0017	0.00169			0.00142	0.00141	0.00137	0.00134	0.00136	
21	-0.181	0.00177	0.00172	0.00175	0.0017	0.00169			0.00142	0.00141	0.00137	0.00134	0.00136	
22	-0.18	0.00177	0.00172	0.00175	0.0017	0.00169			0.00142	0.00141	0.00137	0.00134	0.00136	
23	-0.179	0.00177	0.00172	0.00175	0.0017	0.00169			0.00142	0.00141	0.00137	0.00134	0.00136	
24	-0.178	0.00177	0.00172	0.00174	0.0017	0.00169			0.00142	0.00141	0.00137	0.00134	0.00136	
25	-0.177	0.00177	0.00172	0.00174	0.0017	0.00169			0.00142	0.00141	0.00137	0.00134	0.00136	
26	-0.176	0.00177	0.00172	0.00174	0.0017	0.00169			0.00142	0.00141	0.00137	0.00134	0.00136	
27	-0.175	0.00177	0.00172	0.00174	0.0017	0.00169			0.00142	0.00141	0.00137	0.00134	0.00136	
28	-0.174	0.00177	0.00172	0.00174	0.0017	0.00169			0.00142	0.00141	0.00137	0.00134	0.00136	
29	-0.173	0.00177	0.00172	0.00174	0.0017	0.00169			0.00142	0.00141	0.00137	0.00134	0.00136	
30	-0.172	0.00177	0.00172	0.00174	0.0017	0.00169			0.00142	0.00141	0.00137	0.00134	0.00136	
31	-0.171	0.00177	0.00172	0.00174	0.0017	0.00169			0.00142	0.00141	0.00137	0.00134	0.00136	
32	-0.17	0.00177	0.00172	0.00174	0.0017	0.00169			0.00142	0.00141	0.00137	0.00134	0.00136	
33	-0.169	0.00177	0.00172	0.00174	0.0017	0.00169			0.00142	0.00141	0.00137	0.00134	0.00136	
34	-0.168	0.00177	0.00172	0.00174	0.0017	0.00169			0.00142	0.00141	0.00137	0.00134	0.00136	
35	-0.167	0.00177	0.00172	0.00174	0.0017	0.00169			0.00142	0.00141	0.00137	0.00134	0.00136	
36	-0.166	0.00177	0.00172	0.00174	0.0017	0.00169			0.00142	0.00141	0.00137	0.00134	0.00136	
37	-0.165	0.00177	0.00172	0.00174	0.0017	0.00169			0.00142	0.00141	0.00137	0.00134	0.00136	
38	-0.164	0.00177	0.00172	0.00174	0.0017	0.00169			0.00142	0.00141	0.00137	0.00134	0.00136	

图 3－5 不同溶液加工温度（40℃和 25℃）下的电流－电压数据

（2）分别以纵坐标 G（Y）和 N（Y）为 40℃和 25℃下电流－电压数据平均值的存放列。单击 G（Y）列后，单击菜单栏 Column→Set Column Values 命令（或右击该列，在弹出的快捷菜单中选择 Set Column Values 命令），在弹出的 Set Values 对话框（图 3—6）中输入列加和求平均值的计算公式，单击 OK 按钮完成计算。同理，在 Set Values 对话框中输入（Col（I）＋Col（J）＋Col（K）＋Col（L）＋Col（M））/5，即可计算 25℃下电流—电压数据的平均值，计算结果如图 3—7 所示，可以发现，不同溶液加工温度对聚合物太阳能电池的性能有影响。

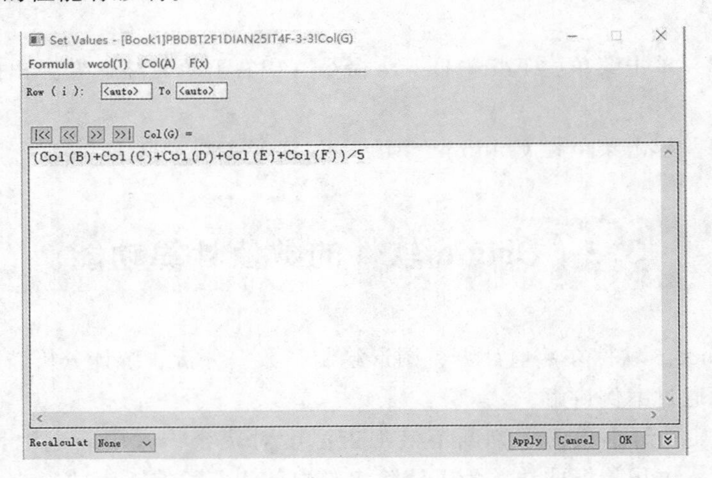

图 3—6　Set Values 对话框

A(X)	B(Y)	C(Y)	D(Y)	E(Y)	F(Y)	G(Y)	H(Y)	I(Y)	J(Y)	K(Y)	L(Y)	M(Y)	N(Y)
温度	40度							25度					
实验编号	1	2	3	4	5			1	2	3	4	5	
Potential/V	Current/A	Current/A	Current/A	Current/A	Current/A	--		Current/A	Current/A	Current/A	Current/A	Current/A	--
-0.2	0.00177	0.00172	0.00175	0.0017	0.00169	0.00173		0.00142	0.00141	0.00137	0.00134	0.00136	0.00138
-0.199	0.00177	0.00172	0.00175	0.0017	0.00169	0.00173		0.00142	0.00141	0.00137	0.00134	0.00136	0.00138
-0.198	0.00177	0.00172	0.00175	0.0017	0.00169	0.00173		0.00142	0.00141	0.00138	0.00134	0.00136	0.00138
-0.197	0.00177	0.00172	0.00175	0.0017	0.00169	0.00173		0.00142	0.00141	0.00137	0.00134	0.00136	0.00138
-0.196	0.00177	0.00172	0.00175	0.0017	0.00169	0.00173		0.00142	0.00141	0.00137	0.00134	0.00136	0.00138
-0.195	0.00177	0.00172	0.00175	0.0017	0.00169	0.00173		0.00142	0.00141	0.00137	0.00134	0.00136	0.00138
-0.194	0.00177	0.00172	0.00175	0.0017	0.00169	0.00173		0.00142	0.00141	0.00137	0.00134	0.00136	0.00138
-0.193	0.00177	0.00172	0.00175	0.0017	0.00169	0.00173		0.00142	0.00141	0.00138	0.00134	0.00136	0.00138
-0.192	0.00177	0.00172	0.00175	0.0017	0.00169	0.00173		0.00142	0.00141	0.00137	0.00134	0.00136	0.00138
-0.191	0.00177	0.00172	0.00175	0.0017	0.00169	0.00173		0.00142	0.00141	0.00138	0.00134	0.00136	0.00138
-0.19	0.00177	0.00172	0.00175	0.0017	0.00169	0.00173		0.00142	0.00141	0.00138	0.00134	0.00136	0.00138
-0.189	0.00177	0.00172	0.00175	0.0017	0.00169	0.00173		0.00142	0.00141	0.00138	0.00134	0.00136	0.00138
-0.188	0.00177	0.00172	0.00175	0.0017	0.00169	0.00173		0.00142	0.00141	0.00137	0.00134	0.00136	0.00138
-0.187	0.00177	0.00172	0.00175	0.0017	0.00169	0.00173		0.00142	0.00141	0.00137	0.00134	0.00136	0.00138
-0.186	0.00177	0.00172	0.00175	0.0017	0.00169	0.00173		0.00142	0.00141	0.00137	0.00134	0.00136	0.00138
-0.185	0.00177	0.00172	0.00175	0.0017	0.00169	0.00173		0.00142	0.00141	0.00137	0.00134	0.00136	0.00138
-0.184	0.00177	0.00172	0.00175	0.0017	0.00169	0.00173		0.00142	0.00141	0.00137	0.00134	0.00136	0.00138
-0.183	0.00177	0.00172	0.00175	0.0017	0.00169	0.00173		0.00142	0.00141	0.00137	0.00134	0.00136	0.00138
-0.182	0.00177	0.00172	0.00175	0.0017	0.00169	0.00173		0.00142	0.00141	0.00137	0.00134	0.00136	0.00138
-0.181	0.00177	0.00172	0.00175	0.0017	0.00169	0.00173		0.00142	0.00141	0.00137	0.00134	0.00136	0.00138
-0.18	0.00177	0.00172	0.00175	0.0017	0.00169	0.00173		0.00142	0.00141	0.00137	0.00134	0.00136	0.00138
-0.179	0.00177	0.00172	0.00175	0.0017	0.00169	0.00173		0.00142	0.00141	0.00137	0.00134	0.00136	0.00138
-0.178	0.00177	0.00172	0.00174	0.0017	0.00169	0.00172		0.00142	0.00141	0.00137	0.00134	0.00136	0.00138
-0.177	0.00177	0.00172	0.00174	0.0017	0.00169	0.00172		0.00142	0.00141	0.00137	0.00134	0.00136	0.00138
-0.176	0.00177	0.00172	0.00174	0.0017	0.00169	0.00172		0.00142	0.00141	0.00137	0.00134	0.00136	0.00138
-0.175	0.00177	0.00172	0.00174	0.0017	0.00169	0.00172		0.00142	0.00141	0.00137	0.00134	0.00136	0.00138
-0.174	0.00177	0.00172	0.00174	0.0017	0.00169	0.00172		0.00142	0.00141	0.00137	0.00134	0.00136	0.00138
-0.173	0.00177	0.00172	0.00174	0.0017	0.00169	0.00172		0.00142	0.00141	0.00137	0.00134	0.00136	0.00138
-0.172	0.00177	0.00172	0.00174	0.0017	0.00169	0.00172		0.00142	0.00141	0.00137	0.00134	0.00136	0.00138
-0.171	0.00177	0.00172	0.00174	0.0017	0.00169	0.00172		0.00142	0.00141	0.00137	0.00134	0.00136	0.00138
-0.17	0.00177	0.00172	0.00174	0.0017	0.00169	0.00172		0.00142	0.00141	0.00137	0.00134	0.00136	0.00138
-0.169	0.00177	0.00172	0.00174	0.0017	0.00169	0.00172		0.00142	0.00141	0.00137	0.00134	0.00136	0.00138
-0.168	0.00177	0.00172	0.00174	0.0017	0.00169	0.00172		0.00142	0.00141	0.00137	0.00134	0.00136	0.00138
-0.167	0.00177	0.00172	0.00174	0.0017	0.00169	0.00172		0.00142	0.00141	0.00137	0.00134	0.00136	0.00138
-0.166	0.00177	0.00172	0.00174	0.0017	0.00169	0.00172		0.00142	0.00141	0.00137	0.00134	0.00136	0.00138
-0.165	0.00177	0.00172	0.00174	0.0017	0.00169	0.00172		0.00142	0.00141	0.00137	0.00134	0.00136	0.00138
-0.164	0.00177	0.00172	0.00174	0.0017	0.00169	0.00172		0.00142	0.00141	0.00137	0.00134	0.00136	0.00138

图 3—7　计算结果

〔**例 3—2**〕可以通过 $h\upsilon-(ah\upsilon)^2$ 关系式估算某半导体材料的光学带隙（E_g）。通常先测出物质的吸收光谱，横坐标为波长，纵坐标为吸光系数，计算结果如图 3—8 所示。

A(X1)	B(Y1)	C(Y1)	D(Y1)
950	0.166		
949	0.173		
948	0.164		
947	0.162		
946	0.192		
945	0.193		
944	0.169		
943	0.167		
942	0.14		
941	0.153		
940	0.145		
939	0.157		
938	0.158		
937	0.154		
936	0.14		
935	0.151		
934	0.133		
933	0.142		

图 3－8 计算结果

（1）为了利用 $h\upsilon-(ah\upsilon)^2$ 关系式，需将横坐标波长转换为能量电子伏特形式，即单击 A（X）列后，单击菜单栏 Column→Set Column Values 命令，在弹出的 Set Values 对话框中输入“1240/Col（A）.”，单击 Apply 按钮。然后单击 B（Y）列，单击菜单栏 Column→Set Column Values 命令，在弹出的 Set Values 对话框中输入“（Col（B）＊Col（A））^2”，单击 Apply 按钮。

（2）画出 $h\upsilon-(ah\upsilon)^2$ 关系曲线后，采用外推法在该曲线吸收起始的拐点处作切线并外推至 X 轴，即 $f((ah\upsilon)^2)=0$ 时该直线与 X 轴交点处的值为该半导体材料的光学带隙（E_g）。

此外，可以在 Set Values 对话框中的 F（x）选项卡（图 3－9）下对相关数列进行函数关系运算、统计关系运算等，用户可以根据情况调用。

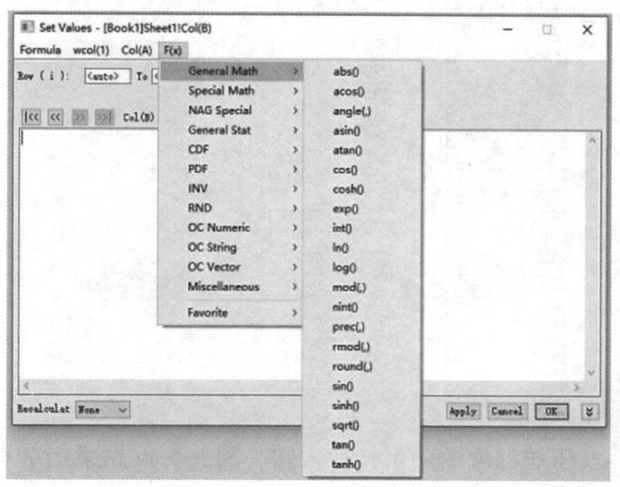

图 3－9 F（x）选项卡

3.6 Origin 软件的绘图功能

Origin 软件的绘图功能强大，常用来绘制二维图形、三维图形、统计图形等，深受广大科研工作者的喜爱。

3.6.1 绘制二维图形

首先在 Origin 表格中导入数据，根据实际情况选择线型图、散点图、点线图、柱状图、极坐标图、扇形图等二维图形。快捷绘图工具栏如图 3－10 所示。

图 3－10　快捷绘图工具栏

1. 绘制单 Y 曲线

〔例 3－3〕实验测得某溶剂平衡蒸气压与温度的关系数据见表 3－1，试用 Origin 软件绘制其关系图。

表 3－1　某溶剂平衡蒸气压与温度的关系数据

***T*/K**	320	330	342	356	368	375
***P*/kPa**	10.2	15.8	35.5	55.6	88.1	101.5

(1) 将数据导入 Origin 表格，以温度为横坐标，以平衡蒸气压为纵坐标，如图 3－11 所示。

【拓展视频】

	A(X)	B(Y)
Long Name		
Units		
Comments		
1	320	10.2
2	330	15.8
3	342	35.5
4	356	55.6
5	368	88.1
6	375	101.5
7		
8		
9		
10		
11		
12		
13		
14		

图 3－11　将数据导入 Origin 表格

(2) 由于平衡蒸气压与温度的关系特征未知，因此可以先采用散点图体现。选中数据后，单击菜单栏 Line→Scatter 命令（或直接单击快捷绘图工具栏中的“散点图”按钮），得到图 3－12 所示的图形。

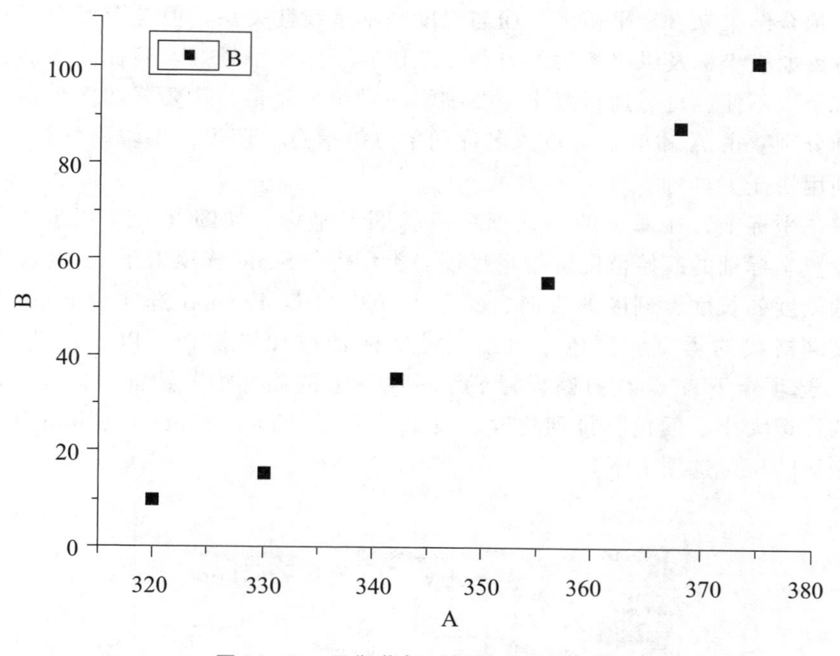

图 3—12 平衡蒸气压与温度的散点图

(3) 从图 3—12 可知，平衡蒸气压随温度的升高而逐渐增大，且增大趋势近似呈线性，单击菜单栏 Analysis→Fit Linear 命令可以进行模拟。如果线性数学模型与实验所得数据具有很好的重合特征，就可以说明平衡蒸气压与温度呈线性关系，拟合结果如图 3—13 所示。

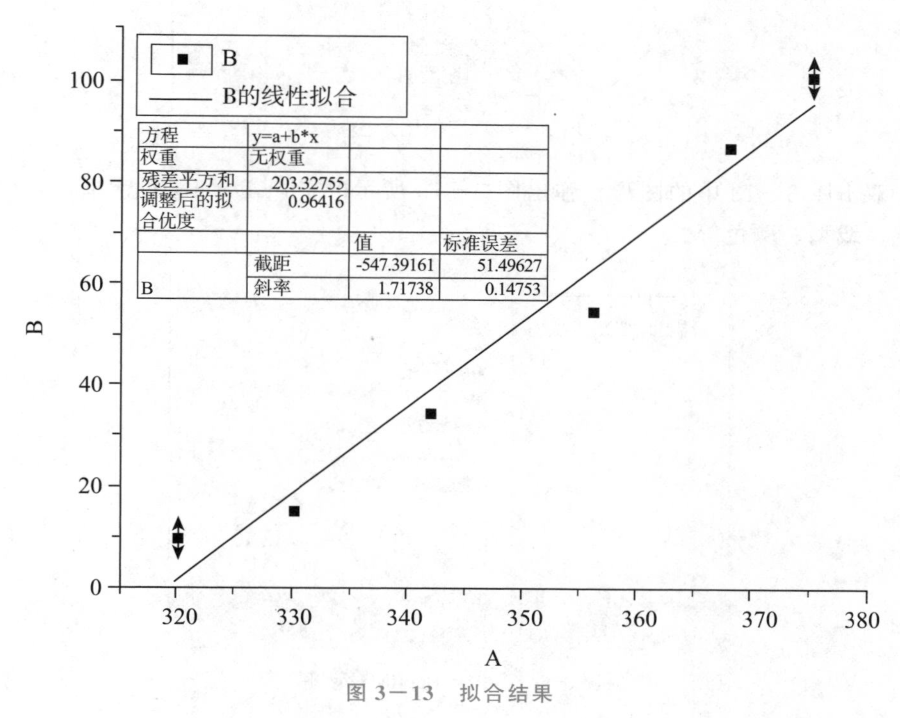

图 3—13 拟合结果

（4）从拟合结果来看，平衡蒸气压与温度基本呈线性关系，但是图形中还有很多需要完善的地方，如横坐标及纵坐标轴的名称、单位、字体和字号等，若标注不清晰，则会为展示和交流带来不便。可以通过双击需要编辑的对象来完善，若要添加横坐标及纵坐标轴的名称，则分别双击A和B后，输入名称和单位等信息。还可以编辑坐标轴名称的字体、字号等（利用快捷工具）。

（5）双击坐标轴，在弹出的对话框中编辑图形坐标，如图3－14所示。在图3－14中，可以设置坐标轴的起始范围、增量尺度、类型等（Scale选项卡下）；设置坐标轴的线宽、坐标轴刻度的长度、刻度的方向、颜色等（Title & Format选项卡下）；添加网格辅助线、对其网格线的类型、颜色、粗细、对坐标轴添加等操作，以方便读取图形信息（Grid Lines选项卡下）；运用打断设置展示一些图形的局部细节特征（Break选项卡下）；编辑刻度的标记大小、颜色、排列角度、展示类型等（Tick Labels、Minor Tick Labels、Custom Tick Labels选项卡下）。

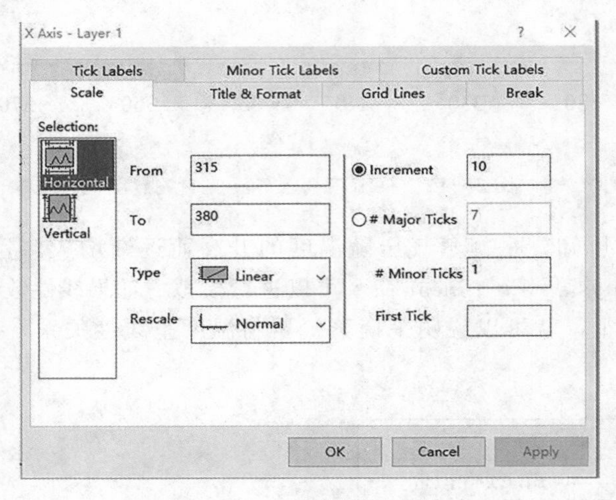

图3－14　编辑图形坐标

（6）双击图3－13中的图形，弹出图3－15所示的Plot Details对话框，可以设置图形的线宽、线型、颜色等。

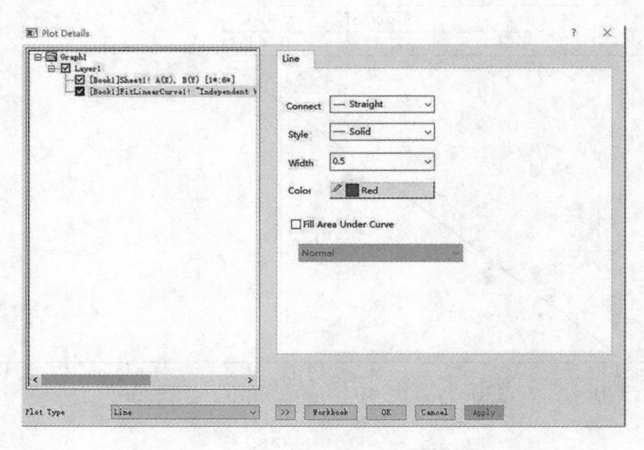

图3－15　Plot Details对话框

(7) 设置坐标轴、坐标轴名称、图形，可以得到较美观的平衡蒸气压与温度的关系图，如图 3—16 所示。

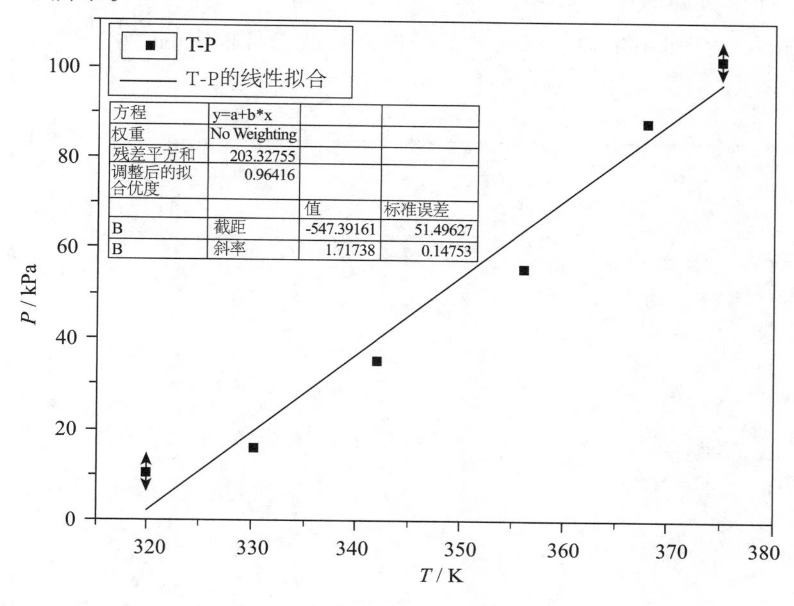

图 3—16　平衡蒸气压与温度的关系图

2. 绘制双 Y 曲线

〔**例 3—4**〕某电池的放电电流和放电电压随时间变化，试绘制三者变化关系图，相关数据见表 3—2。

表 3—2　放电电流和放电电压随时间变化数据

t **/ min**	0	30	60	80	100	120	140	150
i **/ mA**	10.00	9.51	9.11	8.45	7.80	6.00	4.50	3.00
V/ V	1.711	1.290	1.256	1.201	1.141	1.101	1.030	1.000

(1) 将放电电流、放电电压和时间数据导入 Origin 表格，以时间（t）为横坐标，以放电电流（i）和放电电压（V）为纵坐标，如图 3—17 所示。

	A(X)	B(Y)	C(Y)
Long Name	*t*	*i*	*V*
Units			
Comments			
1	0	10.00	1.711
2	30	9.51	1.290
3	60	9.11	1.256
4	80	8.45	1.201
5	100	7.80	1.141
6	120	6.00	1.101
7	140	4.50	1.030
8	150	3.00	1.000
9			
10			
11			
12			
13			
14			
15			

【拓展视频】

图 3—17　将放电电流、放电电压和时间数据导入 Origin 表格

（2）由于放电电流和放电电压具有不同的物理属性，因此不能直接反映到同一个坐标轴上，而双 Y 曲线可以满足上述要求。选中放电电流、放电电压和时间数据，单击菜单栏 Plot→Multi Curve→Double Y 命令（或者单击快捷绘图工具栏中的按钮），得到图 3－18 所示的图形。

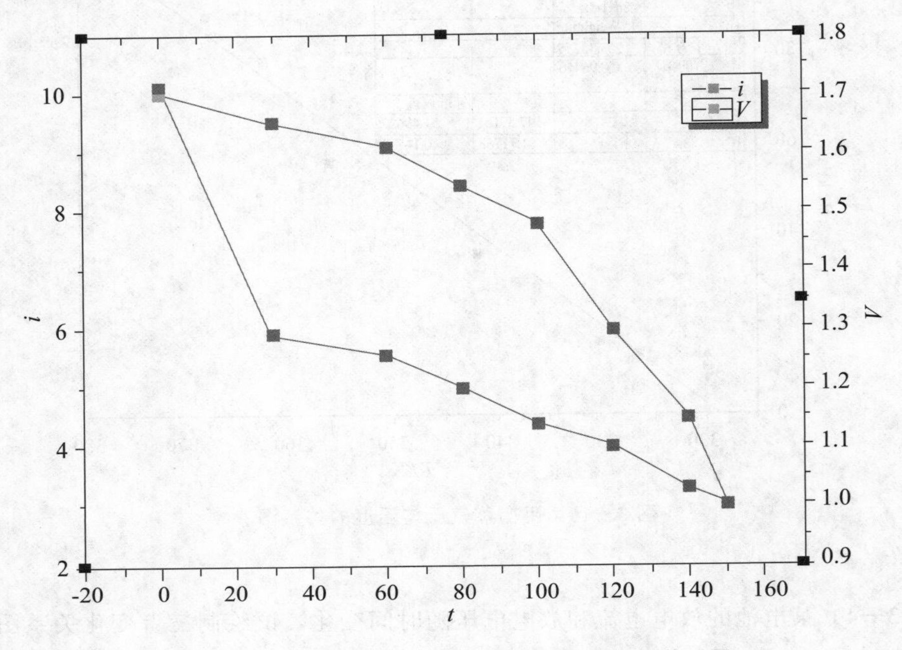

图 3－18　放电电流、放电电压和时间的双 Y 关系图

（3）为了使图 3－18 更加美观、图形含义更加清晰，修改图形的坐标轴、坐标轴名称、单位、线型/符号、图形标识、刻度、数值等。修改后的图形如图 3－19 所示。

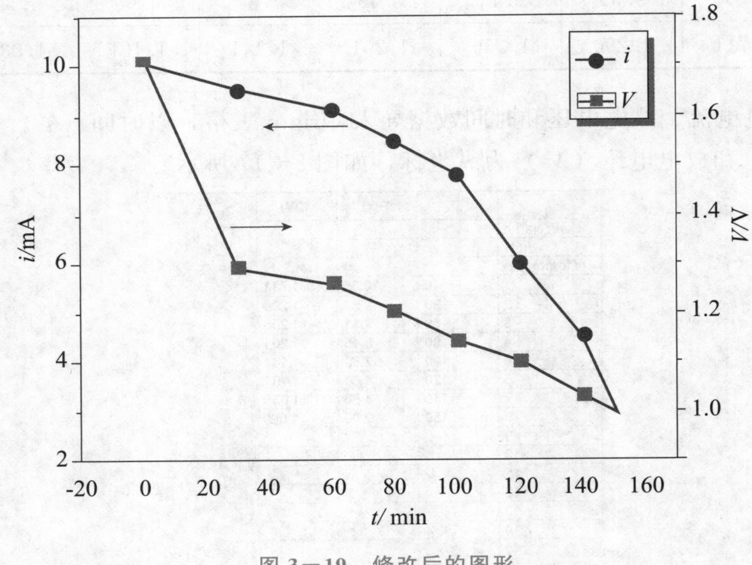

图 3－19　修改后的图形

3．绘制多曲线

绘制多曲线可以清晰地对比出一个因素随另一个因素变化的趋势，从而找到一些规律或特征。

〔**例 3－5**〕为观测非富勒烯受体材料对某共轭聚合物的荧光猝灭能力，在共轭聚合物中加入不同含量的非富勒烯受体材料，使用荧光光谱仪器记录共轭聚合物荧光光谱的变化，并将所得数据导入 Origin 表格（图 3－20），然后绘制共轭聚合物荧光光谱图。

	A(X)	B(Y)	C(Y)	D(Y)	E(Y)
1	--	without acceptor	10% acceptor	20% acceptor	50% acceptor
2	300	0.17338	0.12143	0.07807	0.03226
3	305	0.23982	0.11047	0.10078	0.25685
4	310	-0.0188	-0.02419	-0.02045	0.15927
5	315	-0.01046	0.03989	-0.07756	0.2439
6	320	0.15144	0.0969	0.06411	0.13593
7	325	-0.32436	-0.21842	-0.18999	0.11238
8	330	0.04932	-0.03411	0.03088	0.13495
9	335	-0.09568	0.00947	-0.14796	0.25364
10	340	1.21376	0.68675	0.5639	0.25773
11	345	0.27818	0.01471	0.21813	0.29494
12	350	0.01303	0.09174	-0.11045	0.32005
13	355	1.04875	0.54546	0.45157	0.27699
14	360	2.15746	1.09152	1.34112	0.39046
15	365	4.95605	2.77725	2.3445	0.21535
16	370	6.40535	3.87695	3.00054	0.15977
17	375	8.66589	5.02988	4.41872	0.18708
18	380	109.47265	63.5694	57.31888	0.16453
19	385	57.83828	33.16858	30.04395	0.20079
20	390	9.17342	5.581	4.63944	0.2436
21	395	2.29997	1.40427	1.15316	0.39738
22	400	1.44086	0.86338	0.77576	0.36588
23	405	0.76274	0.46368	0.38265	0.33626
24	410	0.61756	0.38574	0.3361	0.48559
25	415	0.89514	0.53309	0.50728	0.57096
26	420	1.23598	0.75554	0.71708	0.72281
27	425	3.82282	2.36418	2.187	0.47039
28	430	2.37271	1.46001	1.40841	0.44078
29	435	0.88919	0.57114	0.5075	2.36099
30	440	1.12067	0.7184	0.63589	0.93449
31	445	1.13553	0.70632	0.66369	0.78667
32	450	1.23181	0.77662	0.72789	0.67399
33	455	1.29095	0.80694	0.73012	0.9365
34	460	1.53849	0.96012	0.87715	0.70867
35	465	2.14418	1.35437	1.21278	0.7358
36	470	2.56622	1.58486	1.46885	0.92604
37	475	3.32827	2.08758	1.89093	1.11855
38	480	4.53947	2.84796	2.54708	1.70014

图 3－20　共轭聚合物的荧光猝灭能力随非富勒烯受体材料含量变化的数据

（1）选中所有数据，单击菜单栏 Plot→Line ＋ Symbol 命令（或者单击快捷绘图工具栏中的 按钮），得到图 3－21 所示的图形。

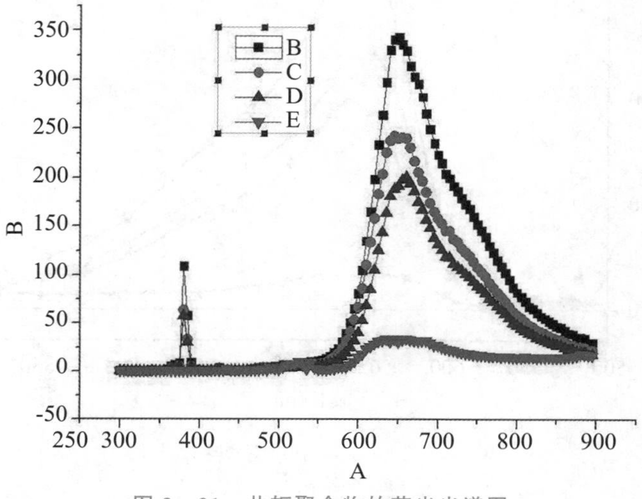

图 3－21　共轭聚合物的荧光光谱图

（2）按照例 3－3 和例 3－4 中的设置过程，设置坐标轴、坐标轴名称、单位、刻度等。可以发现图形的符号显示较密集，会影响观察，可以通过在 Plot Details 对话框的 Drop Lines 选项卡下设置图形符号的显示数进行优化，如图 3－22 所示。

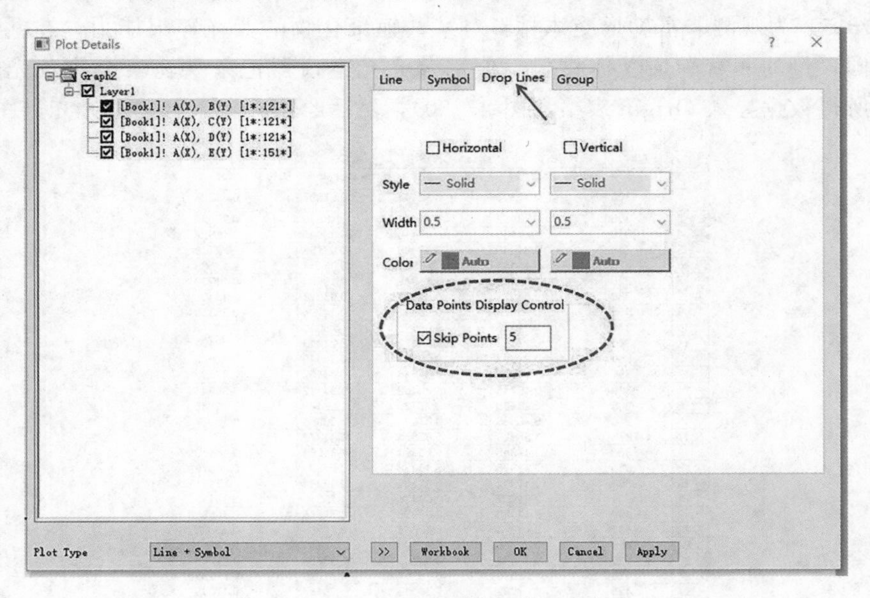

图 3－22　设置图形符号的显示数

（3）优化结果如图 3－23 所示，可以发现在加入高含量的非富勒烯受体材料的情况下，共轭聚合物的光致荧光强度逐渐降低，表明共轭聚合物与非富勒烯受体材料存在明显的电子转移特征。

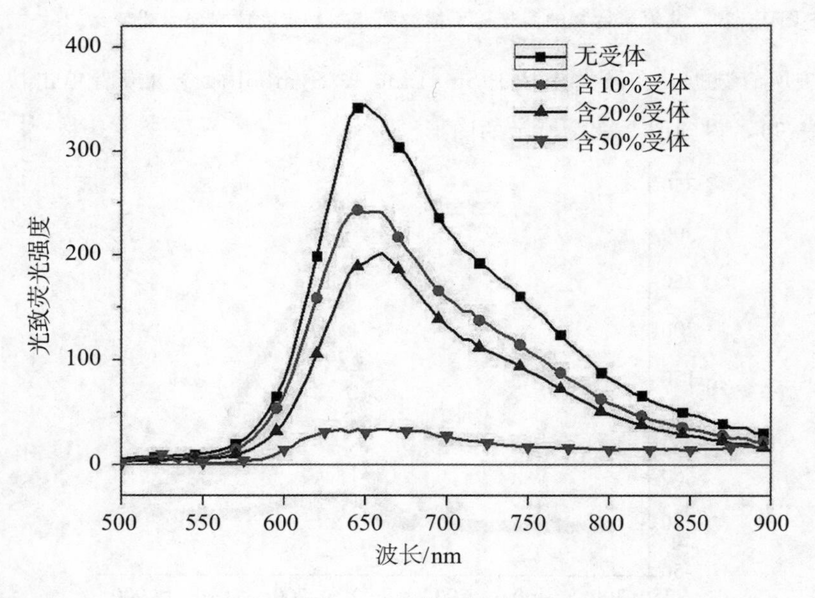

图 3－23　优化结果

4. 绘制统计分析图形

在科学研究与工艺实验过程中，实验数据受测试条件、环境、仪器、人为等因素的影响而在一定范围内波动。为了判断数据的可信性和大致分布区域，可绘制统计分析图形。

〔**例 3－6**〕研究表明，三元有机太阳能电池的第三组分含量对其能量转换效率有重要影响。以材料 ITIC 为第三组分，在二元有机太阳能电池中加入不同含量的 ITIC，得到一系列性能数据（每组测得 10 个数据），如图 3－24 所示。试确定数据的可信性和大致分布区域。

A(X)	B(Y)	C(Y)	D(Y)	E(Y)	F(Y)
	0% ITIC	20% ITIC	50% ITIC	80% ITIC	100% ITIC
	A	B	C	D	E
	12.72	13.6	7.84	7.23	5.37
	13.26	13.9	7.67	7.14	5.25
	12.66	13.41	7.61	7.42	5.62
	12.86	13.19	7.88	7.16	5.33
	13.16	13.37	7.68	7.09	5.18
	12.61	13.29	7.61	7.09	5.43
	12.56	13.46	7.48	7.05	5.36
	12.95	13.16	7.67	7.18	5.39
	13.17	13.42	7.75	7.11	5.28
	13.23	13.3	7.51	7.12	5.22

图 3－24 性能数据

（1）选中所有数据，单击菜单栏 Plot→Statistics→Box Chart Normal Curve 命令，得到图 3－25 所示的图形。

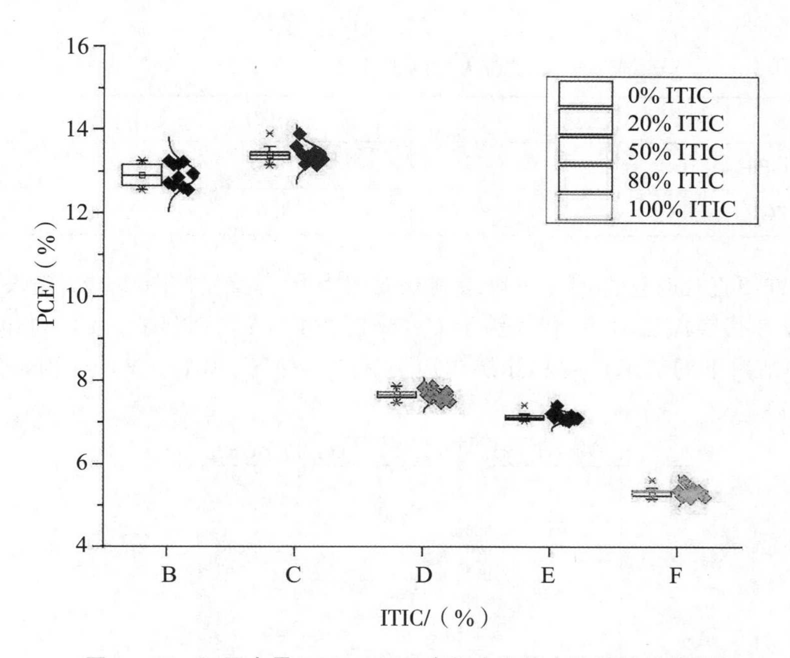

图 3－25 不同含量 ITIC 下二元有机太阳能电池性能的箱线图

（2）按照例 3－3 和例 3－4 中的设置过程，设置坐标轴、坐标轴名称、单位、刻度等，得到图 3－26 所示的图形。

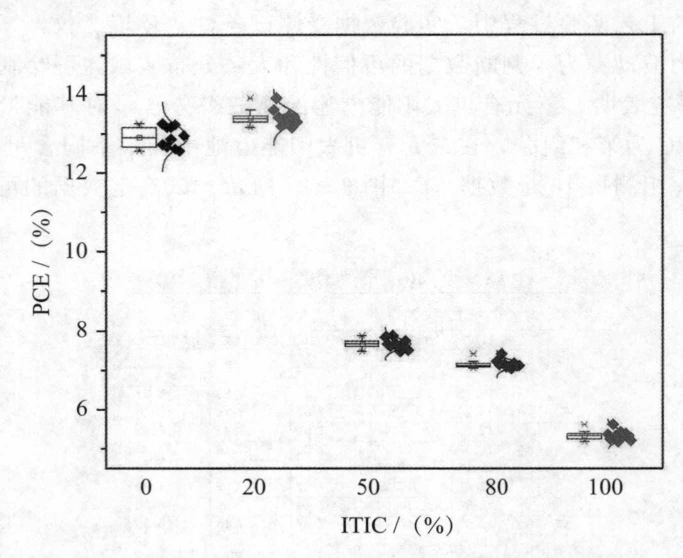

图 3－26　不同含量 ITIC 下二元有机太阳能电池性能的箱线一正态曲线图

5. 绘制柱状与饼状图

〔**例 3－7**〕通过纳米压痕仪测得材料 A 的纳米硬度。为了提升其耐磨性能，在其表面分别涂覆两种耐磨涂层 B 和 C，然后测得的纳米硬度和涂层内应力，见表 3－3。试用柱状图做对比。

表 3－3　材料 A 的纳米硬度和涂层内应力

项目	A	A＋B	A＋C
纳米硬度/GPa	10.0	18.0	16.5
涂层内应力/GPa	0.0	3.0	1.5

（1）为了方便直观对比性能，可以绘制双 Y 柱状图。首先按图 3－27 输入数据，其中 1 代表材料 A，2 代表涂层 B，3 代表涂层 C。分别在 B（Y）列和 E（Y）列输入 A、A＋B、A＋C 三种情况下的纳米硬度和涂层内应力。C（Y）列和 D（Y）列用来实现柱状图分开排列。

【拓展视频】

A(X)	B(Y)	C(Y)	D(Y)	E(Y)
1	10.0			0.0
2	18.0			3.0
3	16.5			1.5

图 3－27　输入数据

（2）选中 A（Y）列、B（Y）列、C（Y）列，单击菜单栏 Plot→Columns/Bars→Column 命令（或者单击快捷绘图工具栏中的 按钮），得到图 3－28 所示的图形。

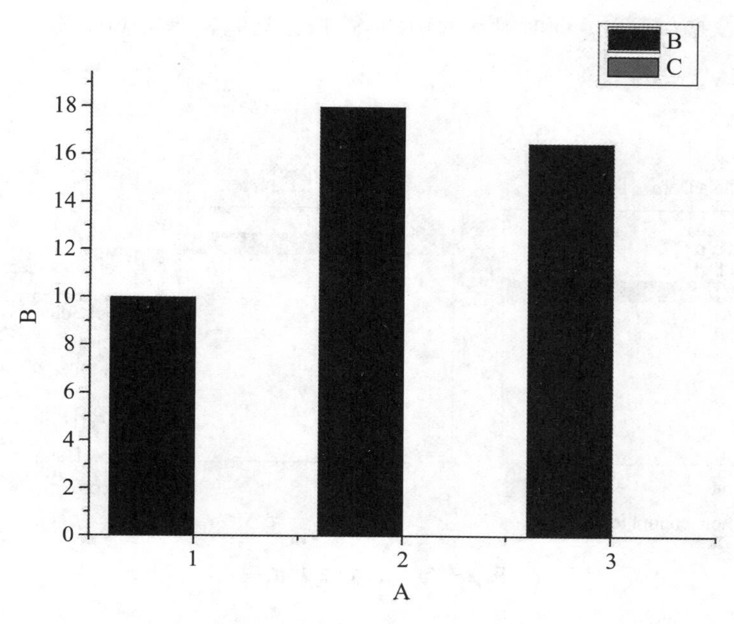

图 3－28　三种情况下的纳米硬度柱状图

（3）右击空白处，在弹出的快捷菜单中选择 New Layer（Axes）→（Linked）Right Y 命令，如图 3－29 所示。可以发现图形右侧增加了一个 Y 轴，其属于新增的图层 2。

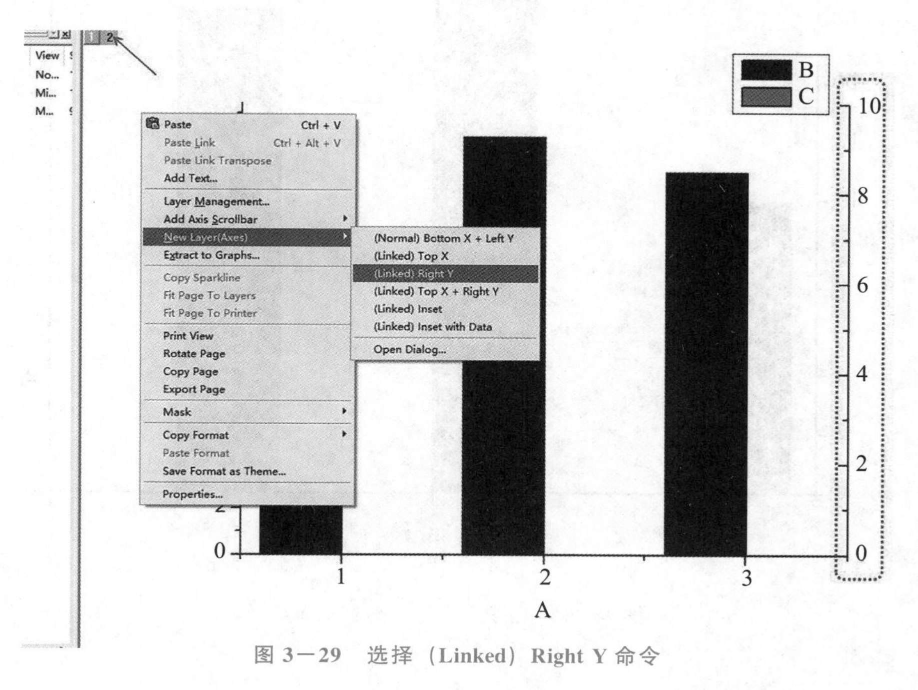

图 3－29　选择（Linked）Right Y 命令

(4) 右击左上角的图层 2，在弹出的快捷菜单中选择 Layer Contents 命令，弹出图 3－30 所示的 Layer 2 对话框，将 Available Data 列表框中的 book1 _ d 和 book1 _ e 选项［工作表中的 D（Y）、E（Y）两列］选入 Layer Contents 列表框。然后按住鼠标左键选中 D（Y）、E（Y）两列，此时对话框中的 按钮亮起，单击 OK 按钮，得到图 3－31 所示的图形。

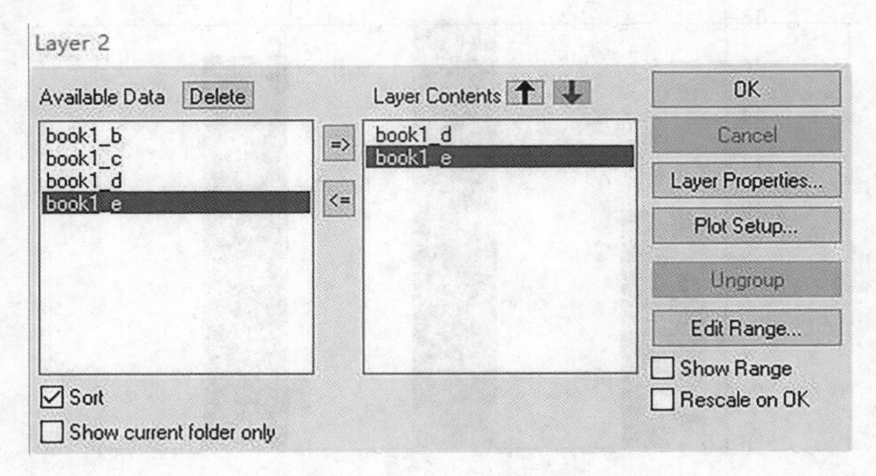

图 3－30 Layer 2 对话框

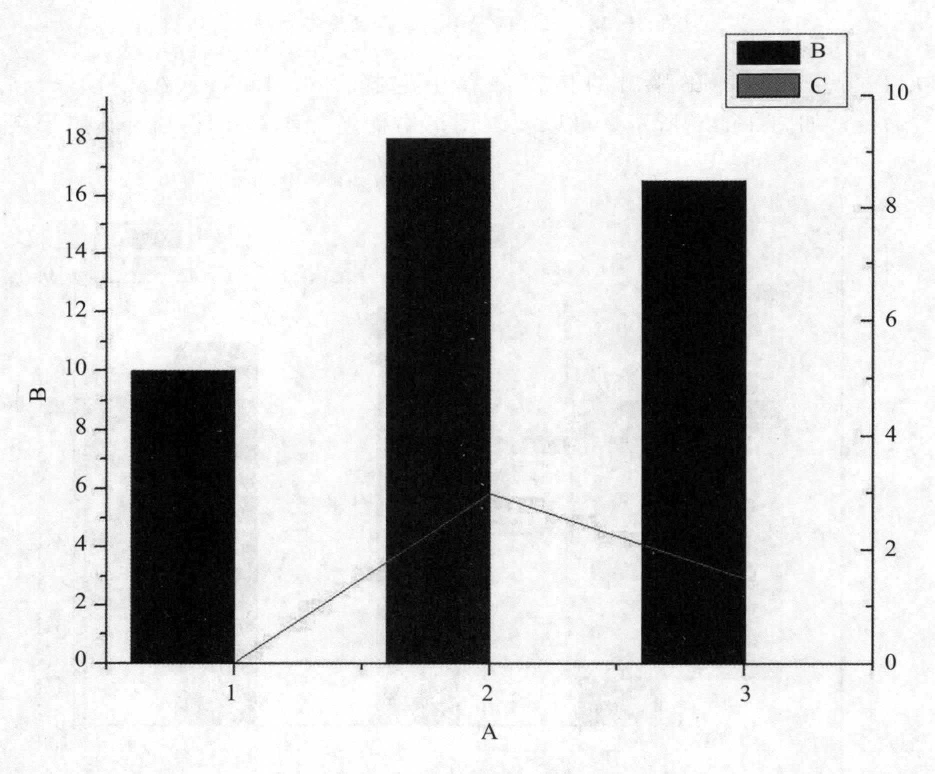

图 3－31 在图层 2 导入数据的结果

（5）右击新生成的线，在弹出的快捷菜单中选择 Change Plot To→Column/Bar 命令，得到图 3—32 所示的图形。

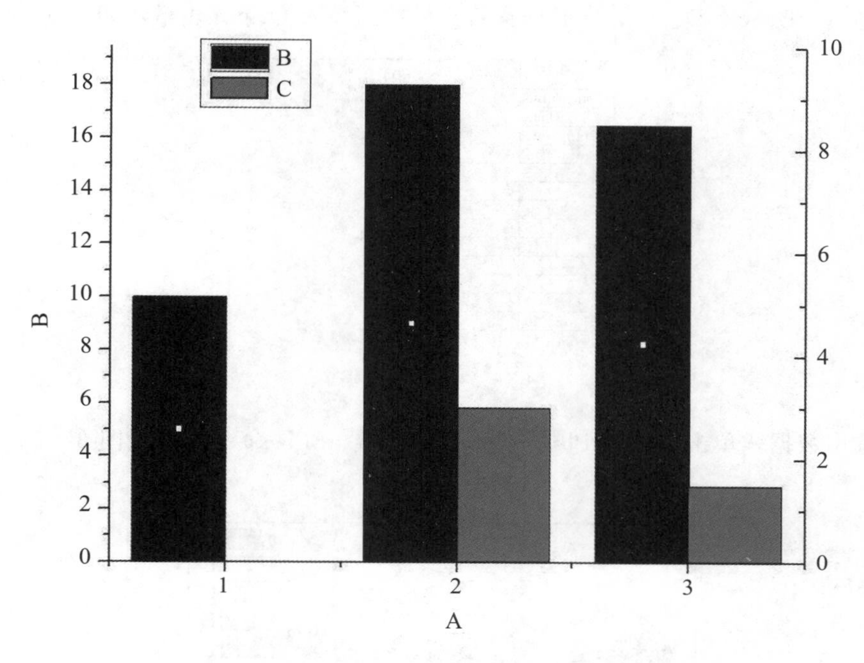

图 3—32 在图层 2 导入数据的柱状图

（6）按照例 3—3 和例 3—4 设置坐标轴、坐标轴名称、单位、刻度、柱状结构等，得到图 3—33 所示的图形。

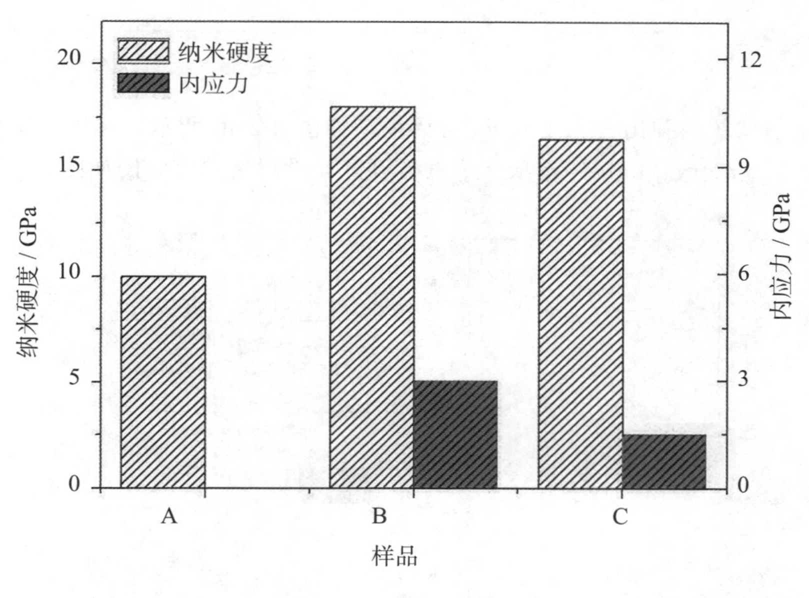

图 3—33 最终柱状图

〔**例 3－8**〕某陶瓷材料含有 A、B、C、D、E 五种成分，其含量分别为 45%、35%、10%、5%、5%。试用饼状图表示其含量。

(1) 将 A、B、C、D、E 五种成分及其含量数据导入 Origin 表格，如图 3－34 所示。

	A(X)	B(Y)
Long Name		
Units		
Comments		
1	A	45
2	B	35
3	C	10
4	D	5
5	E	5
6		
7		
8		
9		
10		
11		

图 3－34　导入数据

(2) 选中数据，单击菜单栏 Plot→Columns/Bars→Pie 命令，得到图 3－35 所示的饼状图。

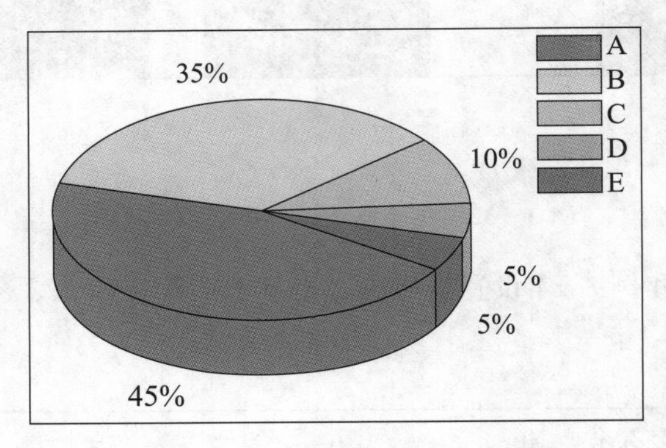

图 3－35　五种成分的饼状图

(3) 双击饼状图，弹出 Plot Details 对话框，如图 3－36 所示，可以根据实际情况在 Pattern、Pie Geometry、Labels 选项卡下进行设置。设置后的饼状图如图 3－37 所示。

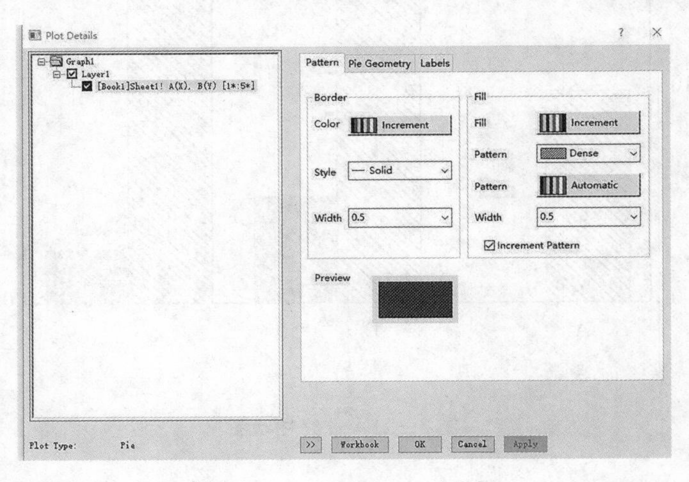

图 3－36　**Plot Details** 对话框

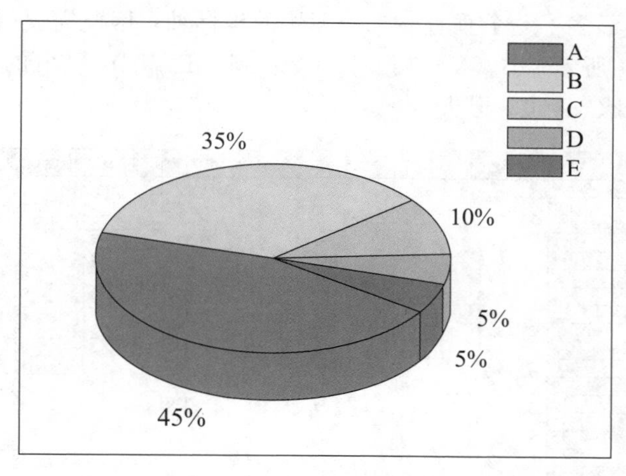

图 3—37 设置后的饼状图

3.6.2 绘制三维图形

Origin 软件中的常见三维图形有三维散点图、三维柱状图、三维曲线、三维瀑布图、三维折线图等。与二维图形相比，三维图形多了一个垂直于二维图形的坐标轴，其作图过程和图形设置比二维图形复杂。

〔**例 3—9**〕采用溶胶—凝胶法配制氧化物的前驱液，并采用旋涂法将其涂覆在石英基片上，分别在 150℃、200℃、400℃下对其进行退火处理，得到结构不同的氧化物薄膜。X 射线衍射数据如图 3—38 所示。

	A(X)	B(Y)	C(Y)	D(Y)
Long Name				
Units				
Comments				
1	--	150度	200度	400度
2	5	86	118	110
3	5.05	94	102	78
4	5.1	118	86	86
5	5.15	94	94	94
6	5.2	70	110	86
7	5.25	70	54	86
8	5.3	22	110	94
9	5.35	94	62	118
10	5.4	46	102	86
11	5.45	62	110	86
12	5.5	70	30	78
13	5.55	54	86	94
14	5.6	86	46	78
15	5.65	70	70	94
16	5.7	62	70	70
17	5.75	30	102	86
18	5.8	70	54	54
19	5.85	54	78	54
20	5.9	62	38	94
21	5.95	30	94	86
22	6	70	54	38
23	6.05	30	22	102
24	6.1	54	22	46
25	6.15	22	38	46
26	6.2	54	70	46
27	6.25	38	94	38

图 3—38 X 射线衍射数据

（1）由于三维图形多了一个垂直于二维图形的坐标轴，因此需要引入一个 Z 轴，优化后的表格如图 3－39 所示。B（Y）列、D（Y）列、F（Y）列中的 1、2、3 分别代表 150℃退火、200℃退火、400℃退火。

	A(X)	B(Y)	C(Z)	D(Y)	E(Z)	F(Y)	G(Z)
Long Name							
Units							
Comments			150		200		400
1	5	1	86	2	118	3	110
2	5.05	1	94	2	102	3	78
3	5.1	1	118	2	86	3	86
4	5.15	1	94	2	94	3	94
5	5.2	1	70	2	110	3	86
6	5.25	1	70	2	54	3	86
7	5.3	1	22	2	110	3	94
8	5.35	1	94	2	62	3	118
9	5.4	1	46	2	102	3	86
10	5.45	1	62	2	110	3	86
11	5.5	1	70	2	30	3	78
12	5.55	1	54	2	86	3	94
13	5.6	1	86	2	46	3	78
14	5.65	1	70	2	70	3	94
15	5.7	1	62	2	70	3	70
16	5.75	1	30	2	102	3	86
17	5.8	1	70	2	54	3	54
18	5.85	1	54	2	78	3	54
19	5.9	1	62	2	38	3	94
20	5.95	1	30	2	94	3	86
21	6	1	70	2	54	3	38
22	6.05	1	30	2	22	3	102
23	6.1	1	54	2	22	3	46
24	6.15	1	22	2	38	3	46
25	6.2	1	54	2	70	3	46
26	6.25	1	38	2	94	3	38
27	6.3	1	62	2	22	3	22
28	6.35	1	54	2	54	3	46
29	6.4	1	46	2	14	3	14
30	6.45	1	38	2	62	3	46
31	6.5	1	62	2	78	3	94
32	6.55	1	22	2	54	3	6
33	6.6	1	38	2	14	3	38
34	6.65	1	62	2	14	3	38
35	6.7	1	54	2	62	3	54
36	6.75	1	46	2	46	3	46
37	6.8	1	38	2	38	3	6

Sheet1

图 3－39　优化后的表格

（2）选中第一组数据 A（X）列、B（Y）列、C（Z）列，单击菜单栏 Plot→3D XYZ→3D Scatter 命令（或者单击快捷绘图工具栏中的按钮），得到图 3－40 所示的三维散点图。

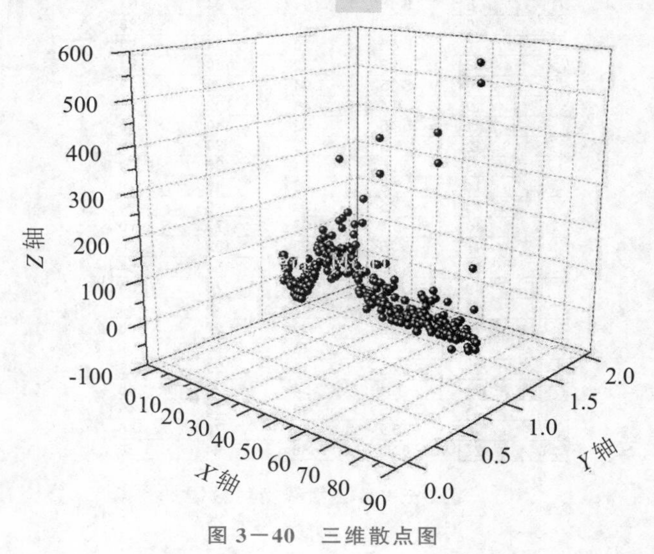

图 3－40　三维散点图

（3）图3－40中只有氧化物在150℃退火条件下的三维散点图，还要将氧化物在200℃、400℃退火条件下的数据导入三维散点图。右击左上角的图层1，在弹出的快捷菜单中选择Plot Setup命令，弹出图3－41所示的Plot Setup对话框，单击［Book1］Sheet1，在其下方勾选200℃退火处理的X、Y、Z复选框，单击Add按钮，再单击OK按钮，即可生成200℃退火处理的图像。同理，生成400℃退火处理的图像，得到图3－42所示的三维散点图。

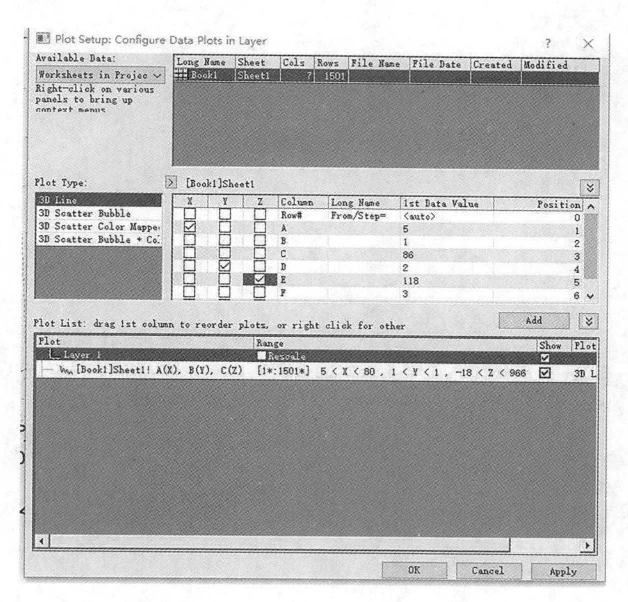

图3－41 Plot Setup对话框

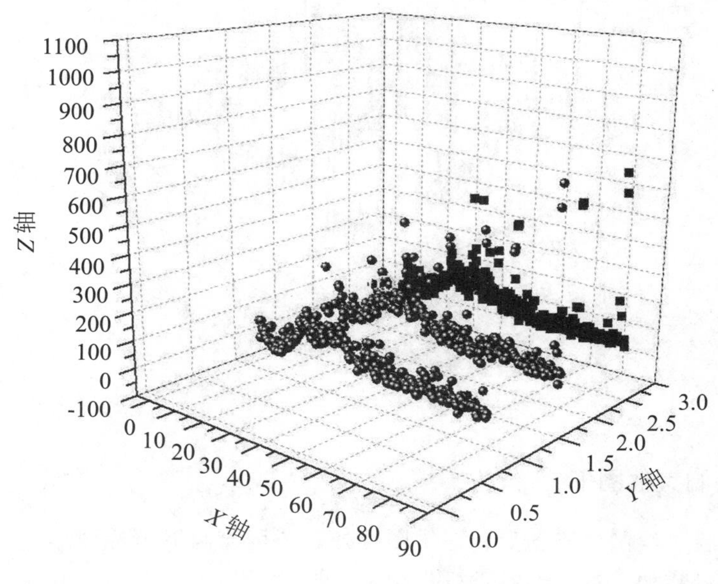

图3－42 三维散点图

（4）将三维散点图改成三维线型图。分别双击相应的散点图，弹出图 3—43 所示的 Plot Details 对话框。在 Line 选项卡下勾选 Connect Symbols 复选框，并设置线型、线宽和颜色；在 Symbol 选项卡下将符号的尺寸设置为 0。按照前面二维图形的设置，设置坐标轴、坐标轴名称、刻度等。最终得到图 3—44 所示的三维线型图。

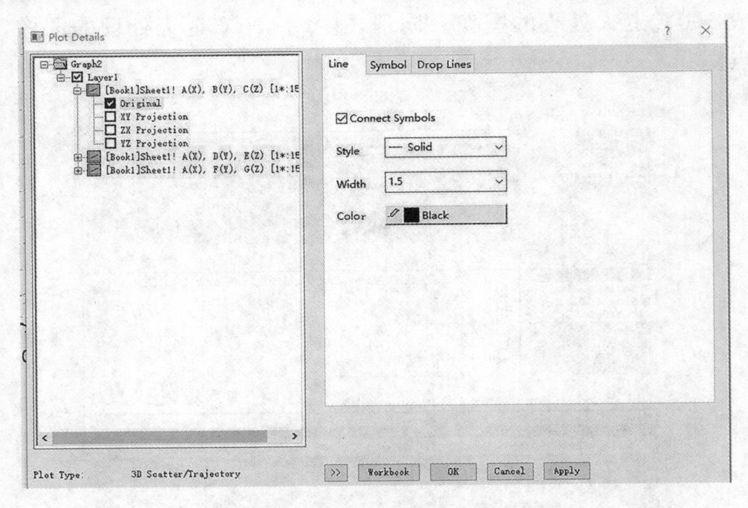

图 3—43　**Plot Details 对话框**

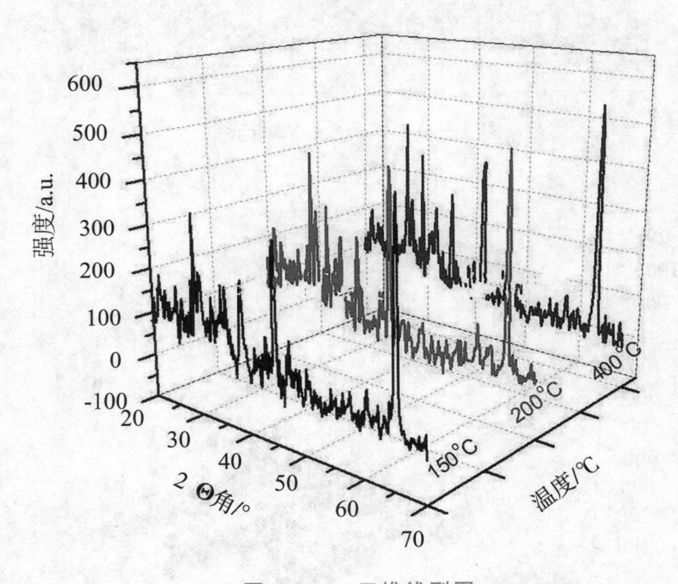

图 3—44　三维线型图

3.6.3　绘制其他图形

Origin 软件除可绘制二维图形、三维图形外，还可绘制极坐标图形、三元相图等。其中，三元相图在材料加工过程中有重要作用。根据三元相图，人们可以加工出组织结构不同的材料。下面举例说明绘制三元相图的过程。

〔**例 3－10**〕混合溶液（正戊醇－乙酸－水）的三元相图数据如图 3－45 所示，试绘制三元相图。

	A(X)	B(Y)	C(Z)
Long Name			
Units			
Comments			
1	0.76516	0.09883	0.136
2	0.60696	0.15679	0.23625
3	0.46225	0.23882	0.29893
4	0.35078	0.27185	0.37736
5	0.27271	0.2818	0.44549
6	0.21932	0.28328	0.49741
7	0.19945	0.28339	0.51716
8	0.1831	0.28379	0.53311
9	0.02818	0.09722	0.8746
10	0.03839	0.17075	0.79056
11	0.0965	0.27255	0.63095
12	0.24928	0.29254	0.45818
13	0.37937	0.28568	0.33495
14	0.5222	0.24615	0.23166
15			
16			
17			

图 3－45　混合溶液的三元相图数据

（1）选中数据，单击菜单栏 Plot→Specialized→Ternary 命令（或者单击快捷绘图工具栏中的 按钮），得到图 3－46 所示的三元相图。

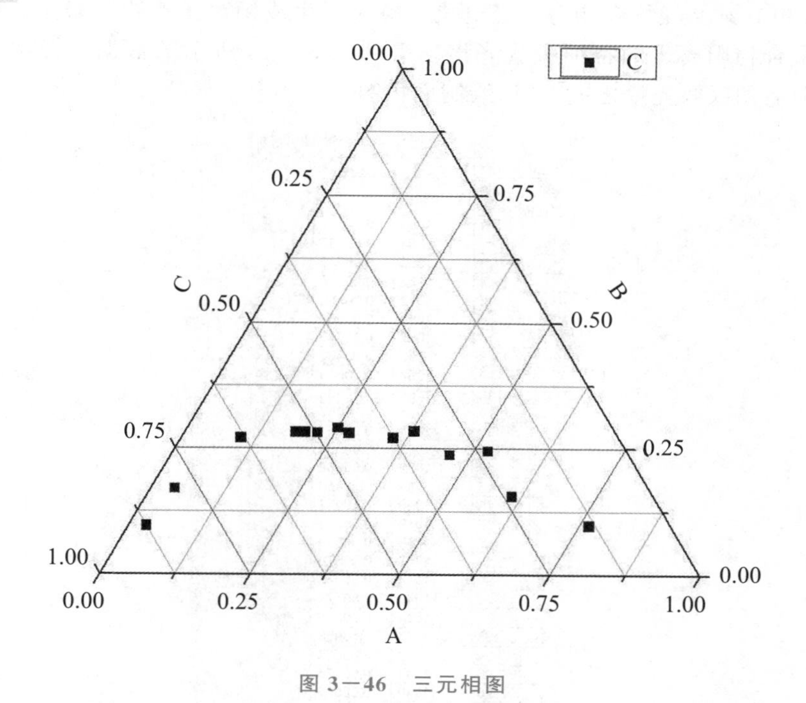

图 3－46　三元相图

（2）设置坐标轴、坐标轴名称、刻度等，得到图 3－47 所示的三元相图。

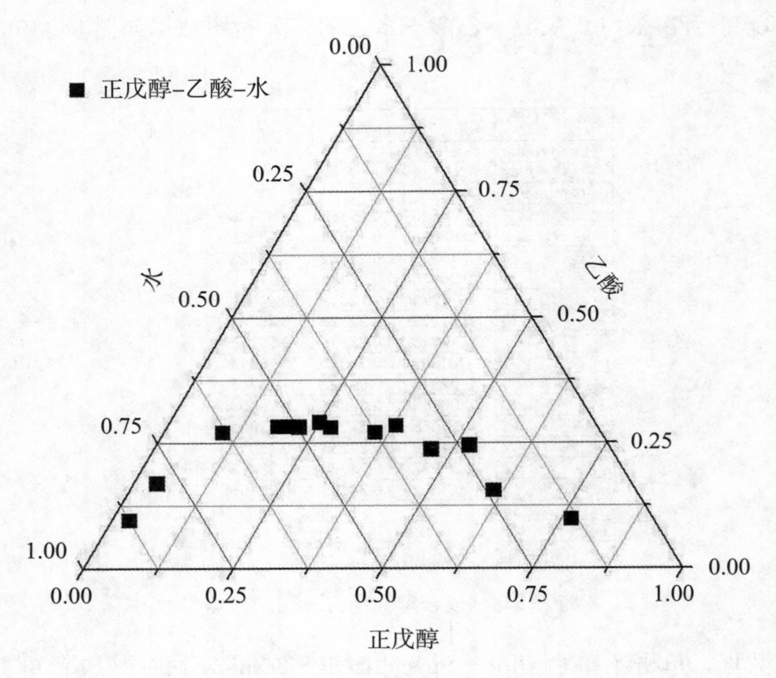

图 3－47　优化后的三元相图

〔**例 3－11**〕某共轭聚合物薄膜经电化学氧化后生成阳离子产物。采用光谱电化学方法测定共轭聚合物阳离子的特征吸收光谱，得到图 3－48 所示的数据（此数据为差谱数据，即氧化前后的吸收光谱之差）。试绘制面积图。

	A(X)	B(Y)
Long Name		
Units		
Comments		
1	1065	0.00575
2	1064	0.00567
3	1063	0.00569
4	1062	0.00563
5	1061	0.00568
6	1060	0.00566
7	1059	0.00567
8	1058	0.00564
9	1057	0.00568
10	1056	0.00568
11	1055	0.0057
12	1054	0.00564
13	1053	0.00564
14	1052	0.00568
15	1051	0.0057
16	1050	0.0057
17	1049	0.00571
18	1048	0.00579
19	1047	0.00579
20	1046	0.00575
21	1045	0.00579
22	1044	0.00579
23	1043	0.0058
24	1042	0.00584
25	1041	0.00576
26	1040	0.00586
27	1039	0.00592
28	1038	0.00595
29	1037	0.00609

图 3－48　差谱数据

（1）单击菜单栏 Plot→Area 命令，在弹出的对话框中选择 A（X）、B（Y）两列数据，单击 Add 按钮，然后单击 OK 按钮。也可以先选择 A（X）、B（Y）两列数据，再单击快捷绘图工具栏中的 Area 按钮，得到 3－49 所示的图形。其中，正方向为共轭聚合物阳离子的特征吸收光谱，负方向为电漂白谱。

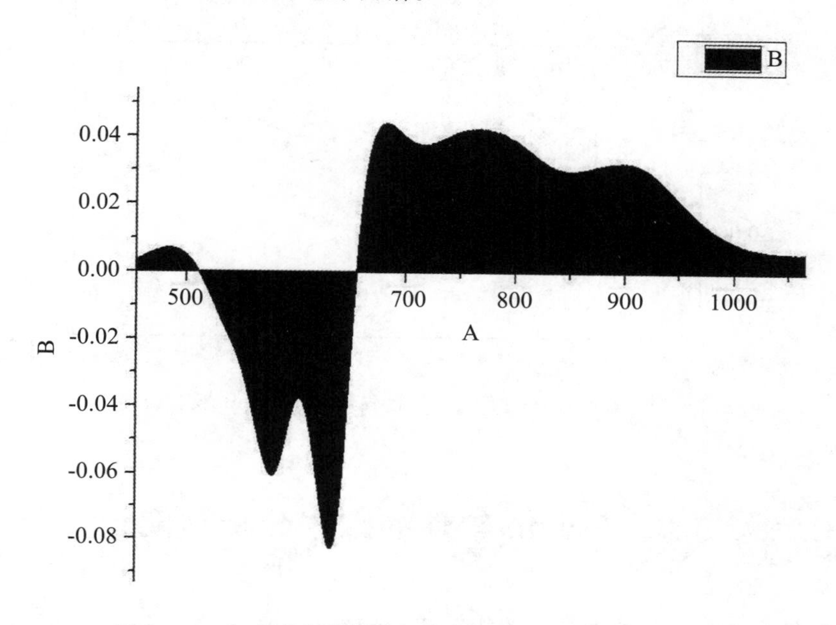

图 3－49　初步获得的某共轭聚合物阳离子的特征吸收光谱

（2）双击图形，在弹出的 Plot Details 对话框（图 3－50）中设置边框线条（线宽、颜色）、填充颜色、填充线条（线宽及颜色）等，单击 OK 按钮。同时，设置坐标轴、坐标轴名称等。最终效果如图 3－51 所示。

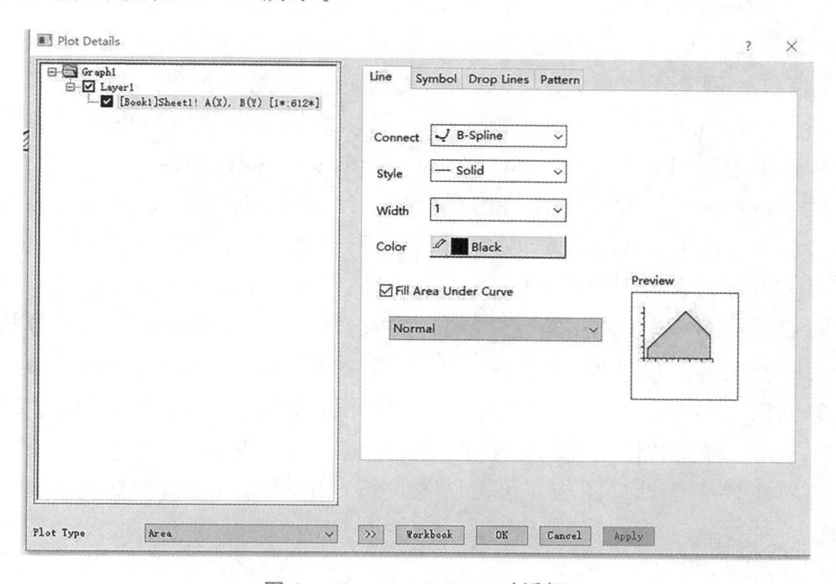

图 3－50　Plot Details 对话框

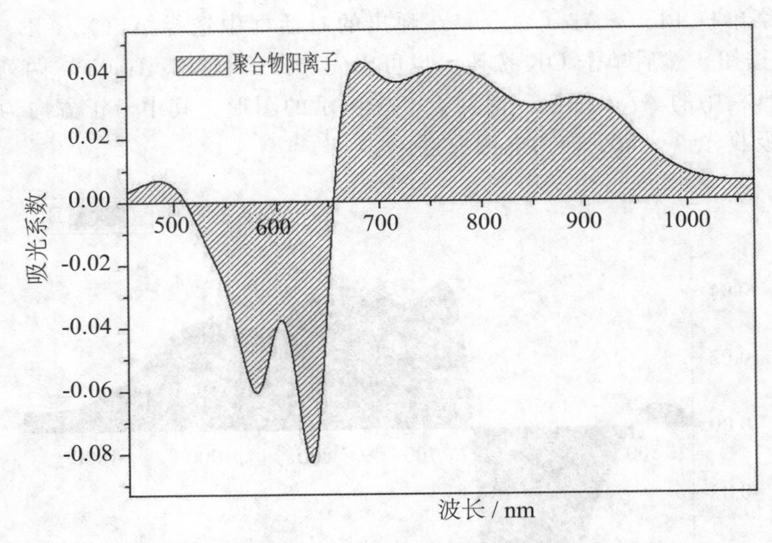

图 3—51　最终获得的某共轭聚合物阳离子的特征吸收光谱

3.7　Origin 软件的数据分析功能

Origin 软件具有强大的数据分析功能，几乎涵盖所有常规数据分析方法。Origin 软件将数据分析功能设计在 Analysis、Statistics 和 Image 三个菜单中。其中，Analysis 菜单包括如下子菜单：Mathematics（数学运算）子菜单，可以对数据进行插值运算、算术运算、数值微分、积分和多曲线平均；Data Manipulation（数据操作）子菜单，可以在原始数据的基础上减去参考值，用于数据校正；Fitting（数据拟合）子菜单，可以对原始数据进行线性拟合、多项式拟合、非线性拟合、峰值拟合、指数拟合、S 拟合等；Signal Processing（信号处理）子菜单，可以对信号数据进行平滑、滤波、快速傅里叶变换、小波变换等；Spectroscope（光谱分析）子菜单，可以识别光谱数据的基线、峰位、峰值。

Statistics 菜单包括如下子菜单：Descriptive Statistics（描述性统计）子菜单，可以给出数据的相关性、行列统计、频率统计、正态检验；Hypothesis Testing（假设检验）子菜单，包括期望检验和方差检验；ANOVA（方差分析）子菜单，包括单因素方差分析、双因素方差分析，重复方差分析，用于判断数据间的显著性；Nonparametric Tests（非参数检验）子菜单，可以在总体分布未知的情况下进行统计检验；Survival Analysis（存活分析）子菜单，可以描述与时间相关的演化过程，推断数据的存活时间；Power and Sample Size（功效分析）子菜单，可以同时控制假设检验中的 A 错误和 B 错误，综合评价假设检验和方差分析的整体结果；ROC Curve（操作特性曲线）子菜单，用 R 值判别效果的评价分析。

Image 菜单主要用于处理图像，可对图像进行一定程度的分析与变换。

3.7.1　数据拟合

数据拟合又称曲线拟合，它用已知的数学公式或数学模型模拟数据趋势，如果已知的数学模型与采集的数据的趋势相似，就说明可以用已知的数学模型分析采集的数据，这是有意义的。自然科学与工程技术中的实际问题通常可以采用实验等方法获得离散的数据。根据这些数据的特点，我们往往希望以一个连续的函数或者更加密集的离散方程与已知数据吻合，该过程称为拟合。拟合的目的是实现控制与预测。控制就是如果要求观测值 y 在一定范围内取值（$y_1 < y < y_2$），那么应将变量控制在什么范围；预测是指对任一个给定的观测点 x_0，推断 y_0 的大致范围。

〔**例 3－12**〕为了探明 N 含量对某铁合金溶液初始奥氏体析出温度的影响，实验测出 N 含量不同时初始奥氏体的析出温度，如图 3－52 所示，试分析二者的关系。

	A(X)	B(Y)
Long Name		
Units		
Comments	N %	T
1	0.0043	1221
2	0.0077	1215
3	0.0087	1212
4	0.01	1208
5	0.011	1205
6		
7		
8		
9		
10		
11		
12		

图 3－52 N 含量与初始奥氏体析出温度的关系数据

在实际的科学研究与工艺实验中，受实验环境、人力、物力、财力、时间等因素的影响，不可能全面搜集实验数据。科学的做法是对实验点进行合理布局（如单因素选点实验、正交实验设计、均匀实验设计等），以得到比较理想的实验结果，且实验结果呈散点式，实验点与实验结果的关系不太可能直接得出，需要通过数据拟合的方式判定。

（1）以散点图的形式呈现图 3－52 中的数据，初步观察二者的函数关系，如图 3－53 所示。

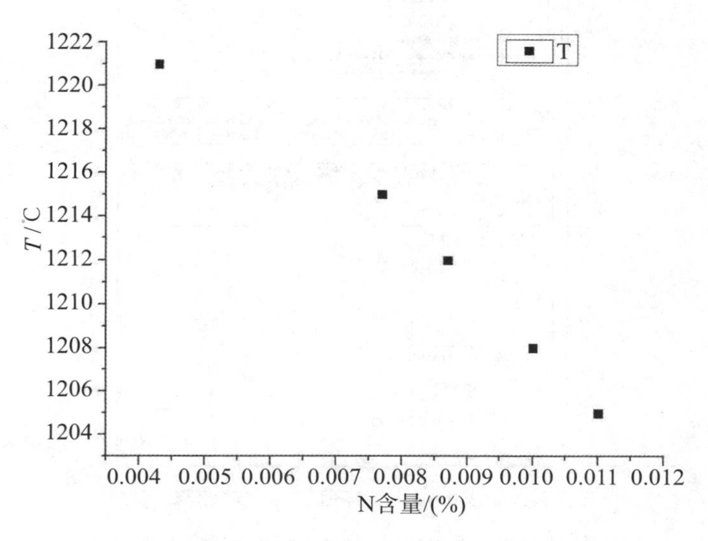

图 3－53 N 含量与初始奥氏体析出温度的散点图

(2) 从图 3－53 可以看出，N 含量－T 关系曲线呈线性衰减，可以采用线性函数（$y=a+bx$）拟合散点变化趋势。单击菜单栏 Analysis→Fitting→Fit Linear 命令，弹出图 3－54 所示的 Linear Fit 对话框，可以根据自身情况进行设置。若采用默认设置，则单击 OK 按钮即可。

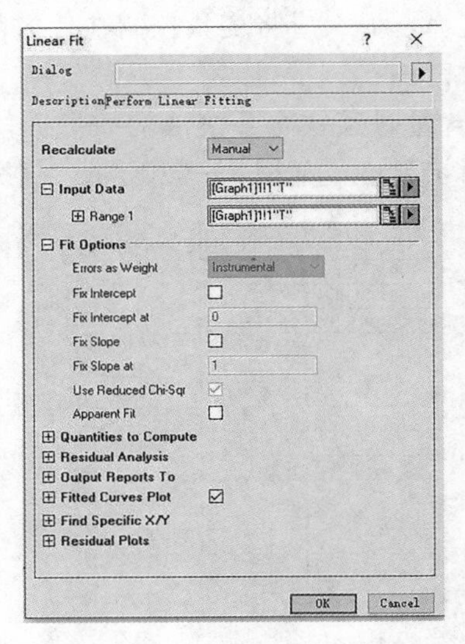

图 3－54　Linesr Fit 对话框

(3) 单击 OK 按钮，弹出“是否分开输出报告”提示框，单击 Yes 按钮将单独输出拟合信息，可以得到相关拟合数据和拟合分析效果，如图 3－55 所示。

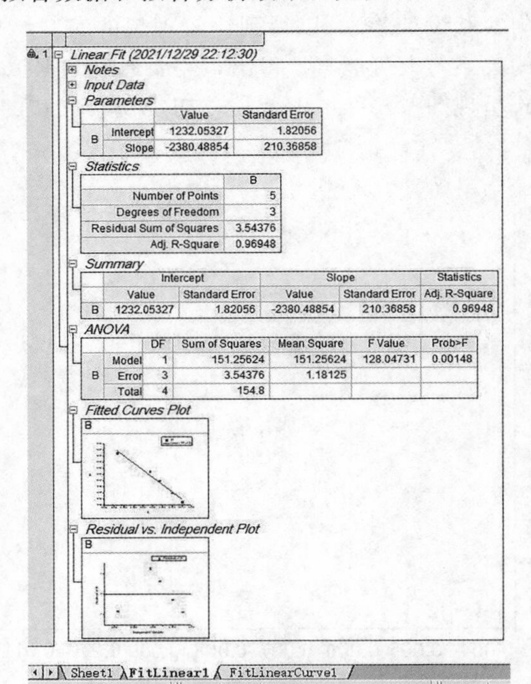

		Value	Standard Error
B	Intercept	1232.05327	1.82056
	Slope	-2380.48854	210.36858

	B
Number of Points	5
Degrees of Freedom	3
Residual Sum of Squares	3.54376
Adj. R-Square	0.96948

	Intercept		Slope		Statistics
	Value	Standard Error	Value	Standard Error	Adj. R-Square
B	1232.05327	1.82056	-2380.48854	210.36858	0.96948

		DF	Sum of Squares	Mean Square	F Value	Prob>F
B	Model	1	151.25624	151.25624	128.04731	0.00148
	Error	3	3.54376	1.18125		
	Total	4	154.8			

图 3－55　得到相关拟合数据和拟合分析效果

图 3—56 所示为 N 含量—T 的线性拟合关系图，可以看出其拟合效果较好，并从中获得相关拟合参数。

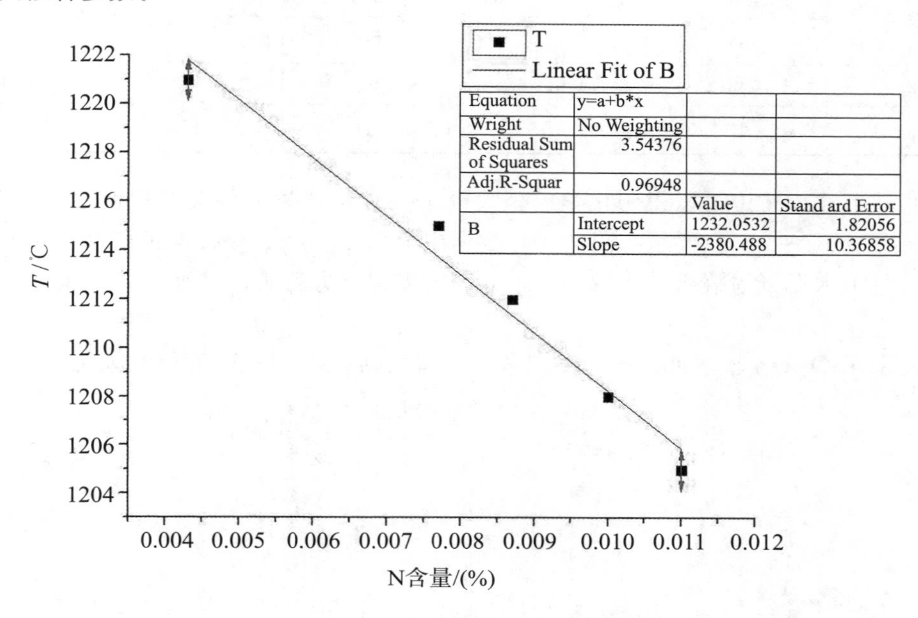

图 3—56　N 含量与奥氏体析出温度间的线性拟合关系图

〔**例 3—13**〕Origin 软件除可以对一元线性关系进行拟合分析外，还可以对多组数据进行多元回归分析。例如，某种水泥凝固时放出的热量 y（单位为 cal/g）与水泥中的四种化学成分（x_1：$3CaO \cdot Al_2O_3$；x_2：$3CaO \cdot SiO_2$；x_3：$4CaO \cdot Al_2O_3 \cdot Fe_2O_3$；$x_4$：$2CaO \cdot SiO_2$）占比有关，见表 3—4。求放出的热量与水泥中四种化学成分的关系。

表 3—4　四种化学成分含量与放出热量的实验数据

实验号	化学成分含量/（%）				热量 y/（al/g）
	x_1	x_2	x_3	x_4	
1	7	26	6	60	78.5
2	1	29	15	52	74.3
3	11	56	8	20	104.3
4	11	31	8	47	87.6
5	7	52	6	33	95.9
6	11	55	9	22	109.2
7	3	71	17	6	102.7
8	1	31	22	44	72.5
9	2	54	18	22	93.1
10	21	47	4	26	115.9
11	1	40	23	34	83.8

（续表）

实验号	化学成分含量/（%）				热量 y/（al/g）
	x_1	x_2	x_3	x_4	
12	11	66	9	12	113.3
13	10	68	8	12	109.4

（1）从上述描述中可以得到化学成分含量 x 与放出热量 y 的关系式大致为 $y=ax_1+bx_2+cx_3+dx_4+e$，只要从有限的实验数据中求出 a、b、c、d、e 的值就可推算任意化学成分含量下水泥凝固放出的热量。人工计算时需建立方程组，并通过矩阵求解，非常麻烦。

（2）采用 Origin 软件进行多元回归求解。将数据导入 Origin 表格，如图 3－57 所示。

	A(X1)	B(X2)	C(X3)	D(X4)	E(Y4)
Long Name					
Units					
Comments					
1	7	26	6	60	78.5
2	1	29	15	52	74.3
3	11	56	8	20	104.3
4	11	31	8	47	87.6
5	7	52	6	33	95.9
6	11	55	9	22	109.2
7	3	71	17	6	102.7
8	1	31	22	44	72.5
9	2	54	18	22	93.1
10	21	47	4	26	115.9
11	1	40	23	34	83.8
12	11	66	9	12	113.3
13	10	68	8	12	109.4
14					
15					

图 3－57 导入数据

（3）选中所有数据，单击菜单栏 Analysis→Fitting→Multiple Linear Regression 命令，在弹出的对话框中单击 OK 按钮，选择 Yes 选项，输出相应的参数结果以及拟合结果的方差分析等信息，如图 3－58 所示。

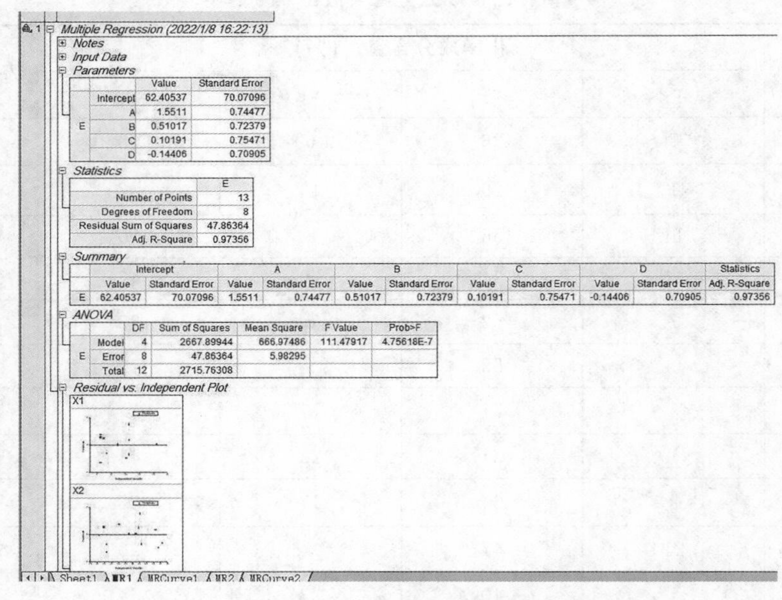

图 3－58 多元线性回归分析的数据分析结果

指数拟合也是 Origin 软件的一个常用数学分析工具。指数分析广泛用于自然、物种、细胞、金融、工业、人工智能等领域的模型预测和分析。

〔**例 3－14**〕酞菁及其衍生物是非常重要的有机半导体功能材料，在光电领域有重要应用。酞菁氧钛作为一种廉价的光导材料，可用于静电复印技术。酞菁氧钛的光电转换过程与硒不同，常伴随一系列瞬态中间态物种的变化，如单重态激子、三重态激子、界面转移态激子、极化子等。因而，要了解酞菁氧钛的光电转换过程，通常要在时间尺度上确认瞬态中间态物种的类别及演变。例如，要确定酞菁氧钛分子（稀溶液）在光电转换过程中是否存在三重态激子及其寿命特征，可以通过测置酞菁氧钛分子在有氧和无氧条件下激发态寿命的差异来判断，其寿命可用指数模型确定。最终得到图 3－59 所示的动力学数据。

	A(X1)	B(Y1)	C(X2)	D(Y2)
98	-0.02	0.00834	-0.3	0.00328
99	-0.01	0.0088	-0.2	0.01239
100	0	-0.00637	-0.1	-0.00821
101	0.01	0.01037	0	0.01478
102	0.02	-0.01499	0.1	0.51887
103	0.03	-0.02158	0.2	0.9331
104	0.04	0.0071	0.3	0.97027
105	0.05	-0.01459	0.4	0.96055
106	0.06	0.10075	0.5	0.97027
107	0.07	0.18957	0.6	0.94826
108	0.08	0.31684	0.7	0.98999
109	0.09	0.50817	0.8	0.94082
110	0.1	0.65798	0.9	1
111	0.11	0.78922	1	0.93568
112	0.12	0.89969	1.1	0.98742
113	0.13	0.96597	1.2	0.97284
114	0.14	0.96686	1.3	0.94568
115	0.15	1	1.4	0.95798
116	0.16	0.99072	1.5	0.91109
117	0.17	0.96686	1.6	0.9534

图 3－59　酞菁氧钛分子在有氧和无氧条件下的动力学数据

（1）逐个拟合每组数据，如先选择有氧条件下的数据拟合，以散点图的形式作出图形后，单击菜单栏 Analysis→Fitting→Nonlinear Curve Fit 命令，弹出图 3－60 所示的 NLFit（ExpDec1）对话框，单击 Settings 选项卡，在 Function 下拉列表框中选择 ExpDec1 选项，单击 Fit 按钮，即可得到拟合结果，如图 3－61 所示。双击拟合曲线，在弹出的对话框中单击 Workbook 按钮，可以得到拟合曲线在工作表中的数据。

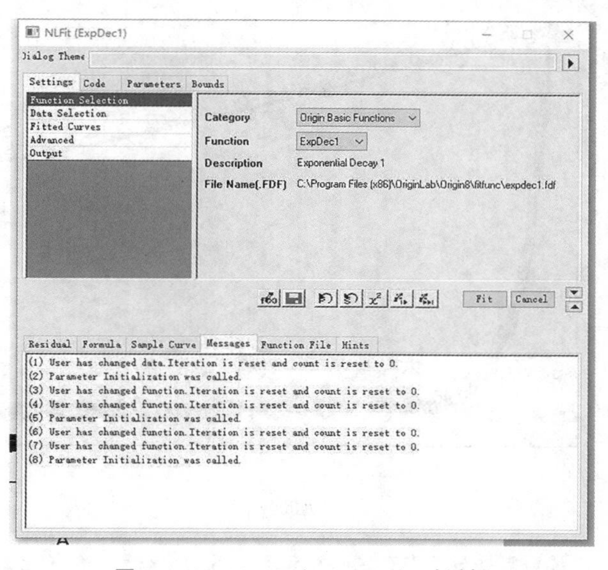

图 3－60　NLFit（ExpDec1）对话框

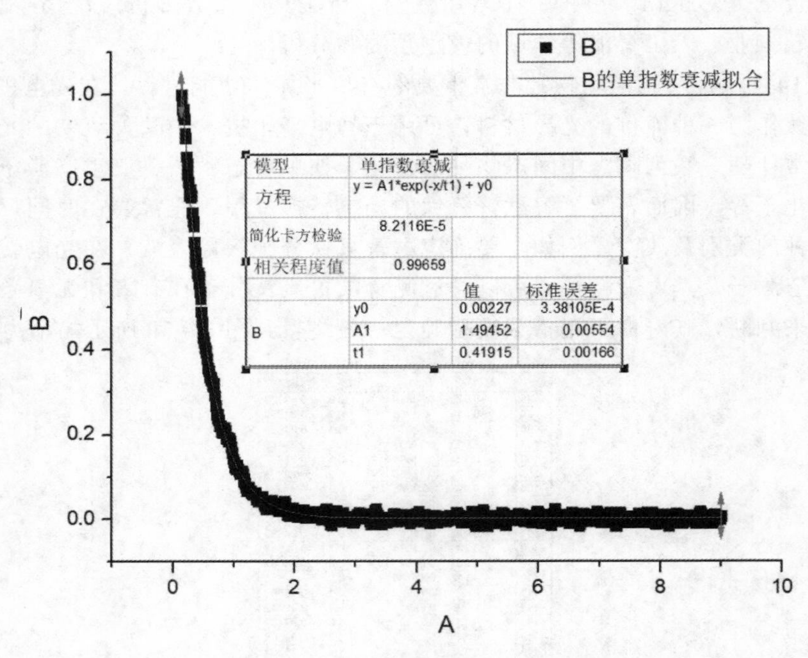

图 3－61　单指数模型的拟合结果

(2) 同理，可以得到无氧条件下的数据拟合结果。为了清晰地对比二者差异，将实验数据和拟合数据置于同一图中，结果如图 3－62 所示。可以看出，酞菁氧钛分子在分散状态下的光电转换过程中存在三重态激子，因为不除氧时，三重态激子的寿命只有 0.42 μs；用氮气除氧后，三重态激子的寿命为 17.3 μs。

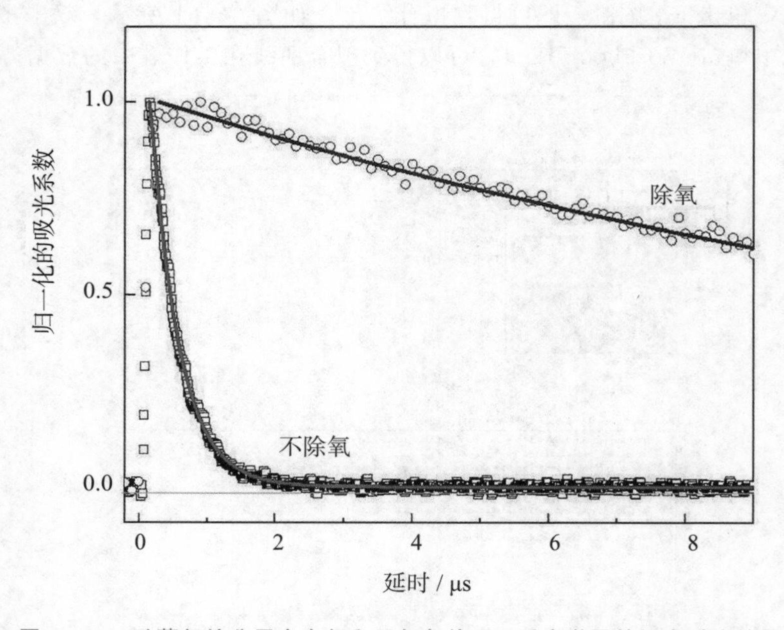

图 3－62　酞菁氧钛分子在有氧和无氧条件下三重态激子的拟合对比结果

峰拟合与分析也是Origin软件的常用分析工具。在材料科学领域，常使用吸收光谱、荧光光谱、拉曼光谱、X射线光电子能谱等技术表征材料的结构及性能，这些光谱中都含有峰的特征。由于这些光谱通常是多个特征波谱叠加后的结果，因此正确地拆分与拟合（或重构）光谱对解析材料的成分和结构有重要意义。

〔**例3－15**〕某共轭聚合物成膜后，因其分子内、分子间聚集状态不同及聚集尺度的不同而体现出不同的光学吸收特征，其吸收光谱如图3－63所示。通过峰的拆分与拟合，可初步判断共轭聚合物的结构特征。

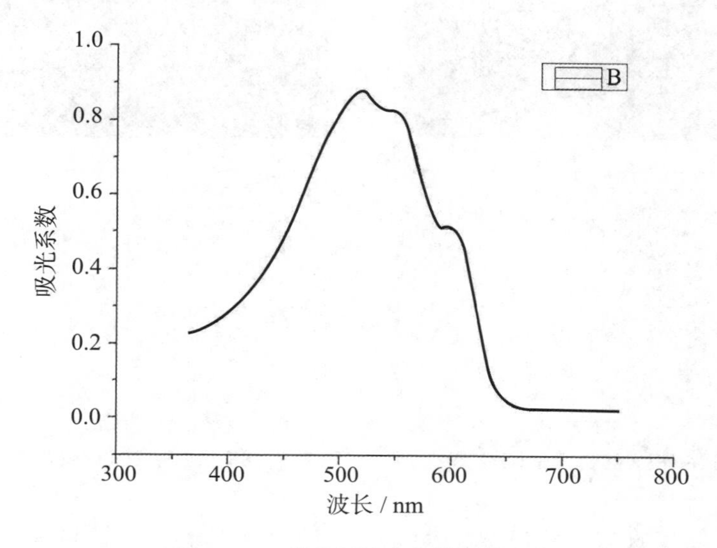

图3－63 某共轭聚合物的吸收光谱

（1）单击菜单栏Analysis→Peaks and Baselines→Peak Analyzer命令，弹出图3－64所示的Peak Analyzer窗口1，选择Fit Peaks单选项，单击Next按钮。

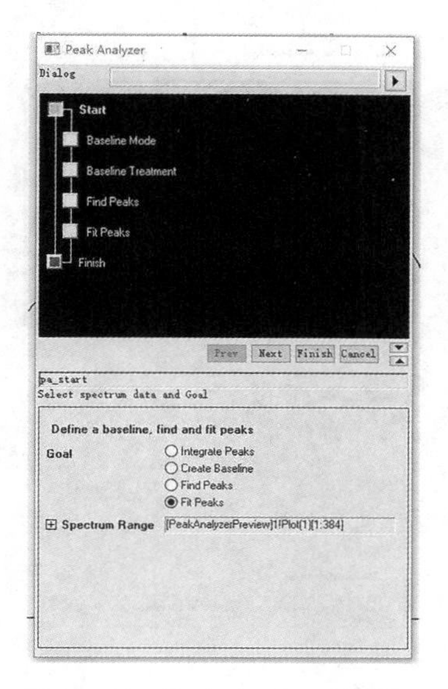

图3－64 Peak Analyzer窗口1

（2）弹出图3—65所示的窗口，在Baseline Mode下拉列表框中选择Constant选项，若基线在下方则选择Minimum选项，若基线在上方则选择Maximum选项。单击Next按钮，在弹出的图3—66所示窗口中勾选Auto Subtract Baseline复选框，自动扣背景基线。

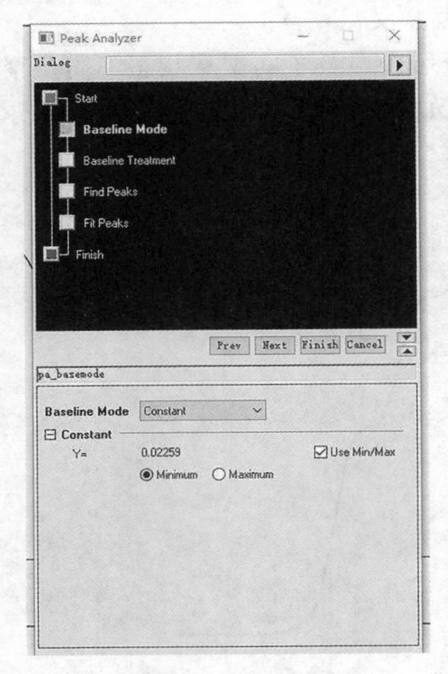

图3—65　Peak Analyzer 窗口2

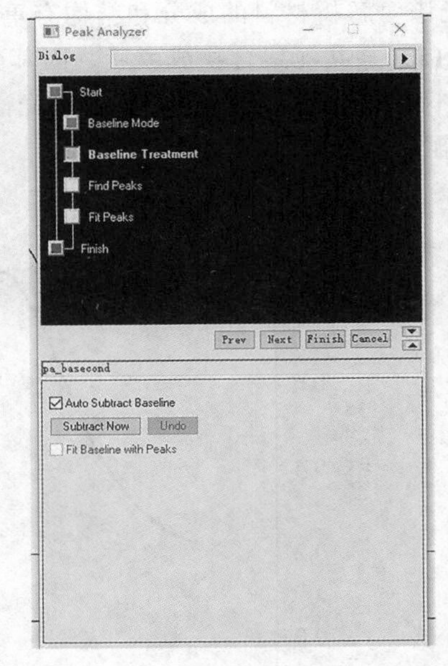

图3—66　Peak Analyzer 窗口3

（3）完成上述设置后，弹出图3—67所示的Peak Analzer窗口4，取消勾选Auto Find复选框，单击Add按钮，人工选峰后进行分峰处理。在可能出峰的位置依次双击，最后单击Done按钮，结果如图3—68所示，单击Next按钮，预览界面如图3—69所示。单击Finish按钮，得到峰的拆分与拟合结果，如图3—70所示。

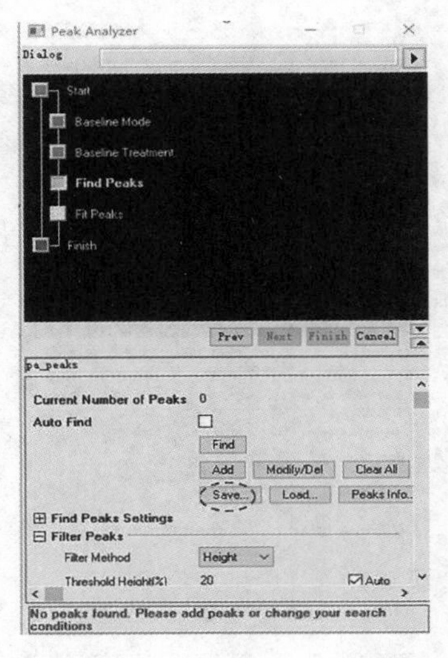

图3—67　Peak Analyzer 窗口4

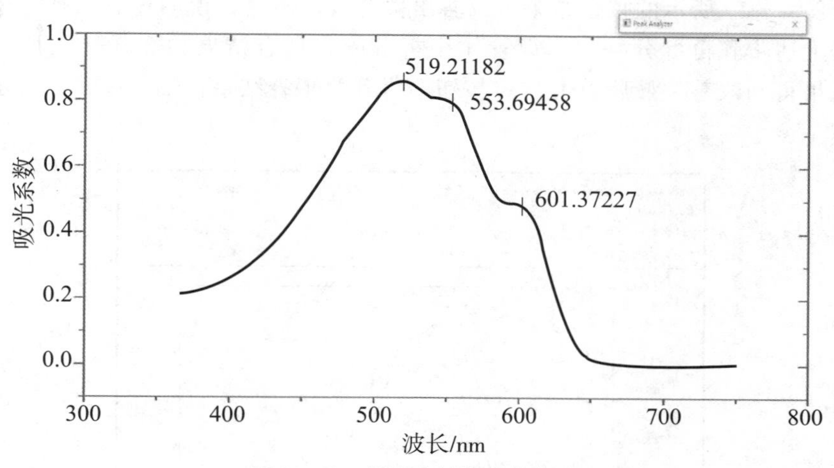

图 3－68　峰拟合过程中的指定

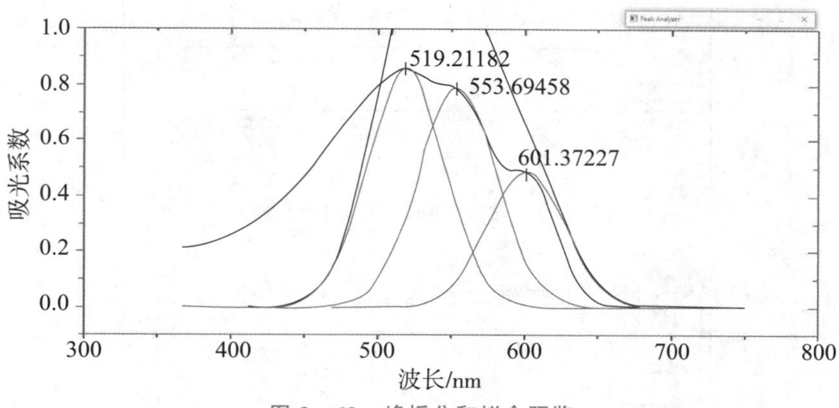

图 3－69　峰拆分和拟合预览

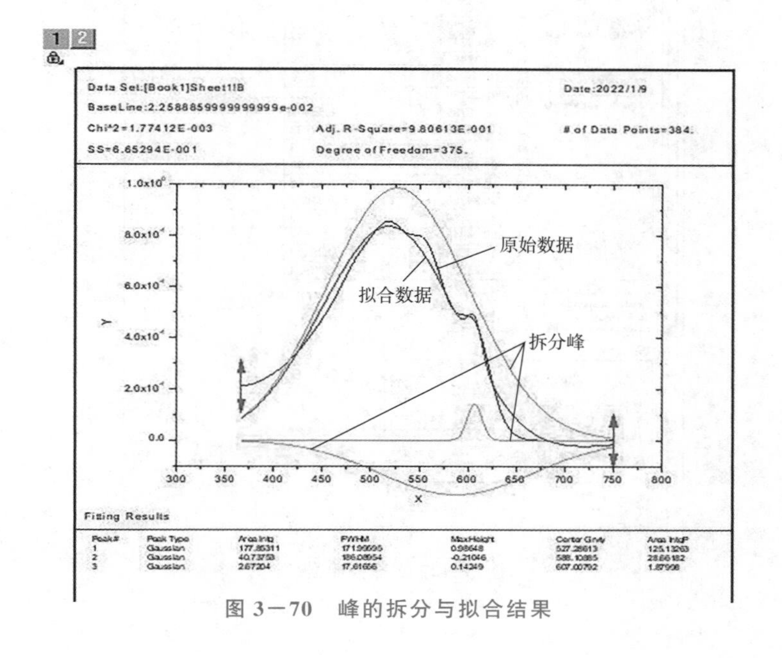

图 3－70　峰的拆分与拟合结果

（4）从图 3－70 所示的拟合结果可以看出拟合效果不好，说明还有其他峰未被拆分出来。可以按上述步骤再拆分一次，设置 4 个拆分峰，拟合结果如图 3－71 所示。可以看到，拟合效果得到改善。最后单击 Yes 按钮，得到峰拟合结果，如图 3－72 所示。

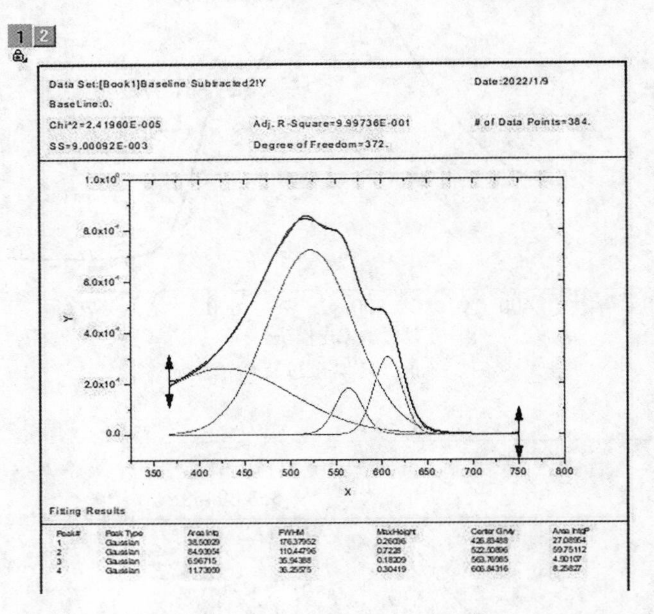

图 3－71　较好的峰拆分与拟合结果

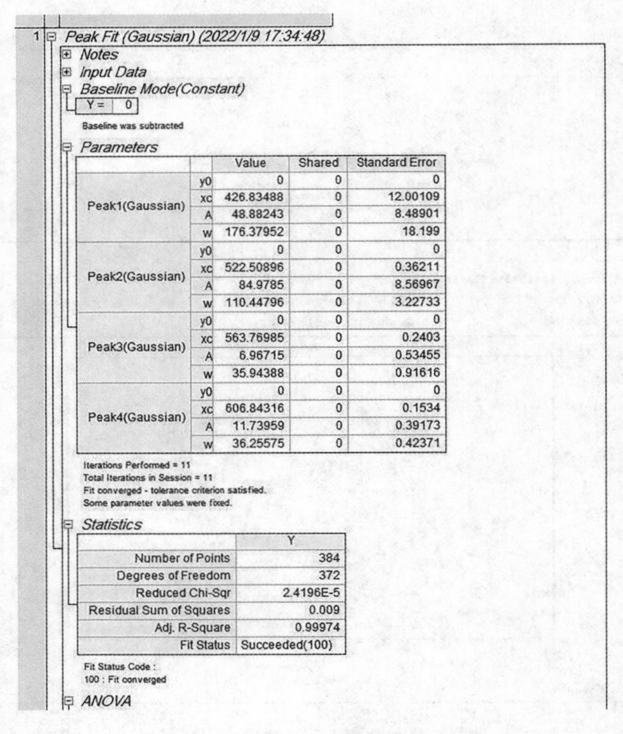

1 Peak Fit (Gaussian) (2022/1/9 17:34:48)

Notes

Input Data

Baseline Mode(Constant)

Y = 0

Baseline was subtracted

Parameters

		Value	Shared	Standard Error
Peak1(Gaussian)	y0	0	0	0
	xc	426.83488	0	12.00109
	A	48.88243	0	8.48901
	w	176.37952	0	18.199
Peak2(Gaussian)	y0	0	0	0
	xc	522.50896	0	0.36211
	A	84.9785	0	8.56967
	w	110.44796	0	3.22733
Peak3(Gaussian)	y0	0	0	0
	xc	563.76985	0	0.2403
	A	6.96715	0	0.53455
	w	35.94388	0	0.91616
Peak4(Gaussian)	y0	0	0	0
	xc	606.84316	0	0.1534
	A	11.73959	0	0.39173
	w	36.25575	0	0.42371

Iterations Performed = 11
Total Iterations in Session = 11
Fit converged - tolerance criterion satisfied.
Some parameter values were fixed.

Statistics

	Y
Number of Points	384
Degrees of Freedom	372
Reduced Chi-Sqr	2.4196E-5
Residual Sum of Squares	0.009
Adj. R-Square	0.99974
Fit Status	Succeeded(100)

Fit Status Code :
100 : Fit converged

ANOVA

图 3－72　峰拟合结果

平滑处理是使用Origin软件进行数据拟合的一种形式，常用于信噪比较差的数据。平滑处理可使噪声的影响降低，方便分析数据。图3—73所示为数据平滑处理的一个操作：单击菜单栏Analysis→Smoothing→FFT Filer命令。

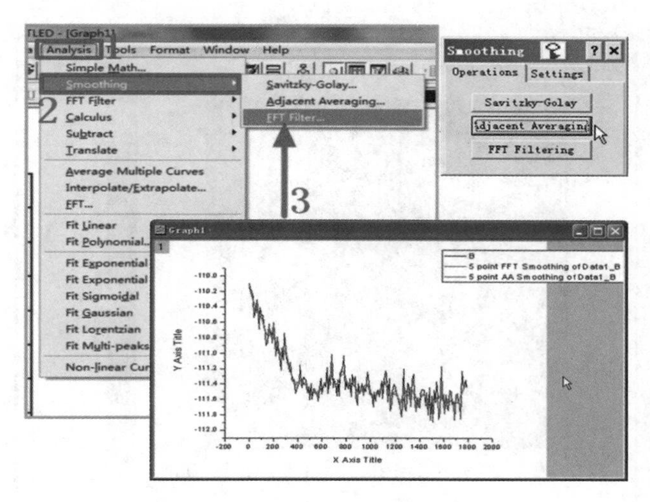

图3—73 数据的平滑处理

3.7.2 Origin软件的图像处理

Origin软件除可以分析数据外，还可以对图像进行加工与分析处理。在材料科学领域，常需观察材料的微观结构、亚微观结构及表面形貌特征，采用Origin软件便于人们认识材料的微观结构。

〔例3—16〕 采用原子力显微镜技术可以表征材料的表面形貌（如表面粗糙度、表面缺陷、相特征等）。某复合薄膜材料的原子力显微形貌如图3—74所示，试用Origin软件分析其表面的轮廓特征。

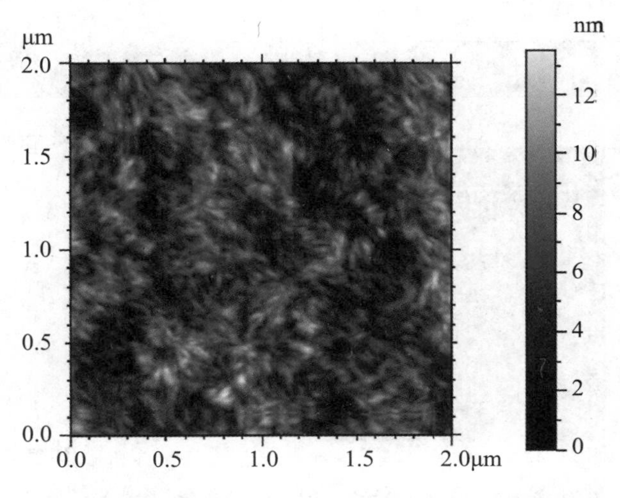

图3—74 某复合薄膜材料的原子力显微形貌

（1）将原子力显微图像复制并粘贴到单元格中，双击单元格中的图像，得到图 3－75 所示的图像界面。

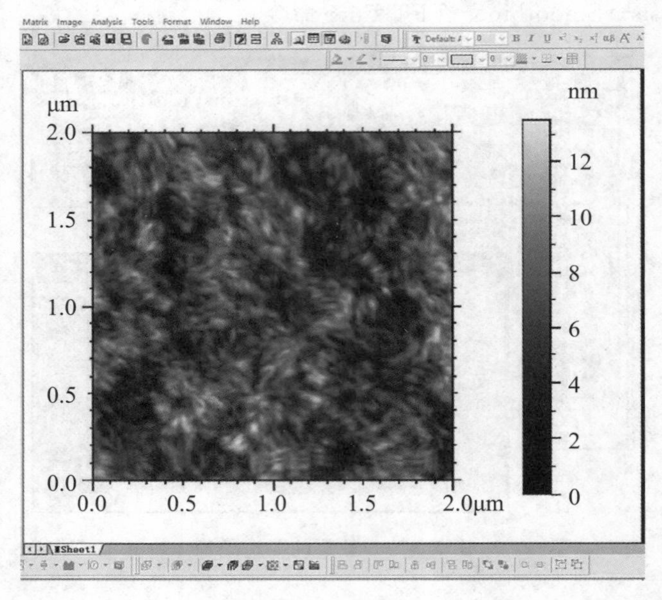

图 3－75　图像界面

（2）单击菜单栏 Plot→Image→Profiles 命令或者单击快捷绘图工具栏的按钮，得到图 3－76 所示的轮廓图。上下移动黄线，可以在上方显示轮廓图；双击轮廓线，可以进入工作表，得到轮廓线数据。

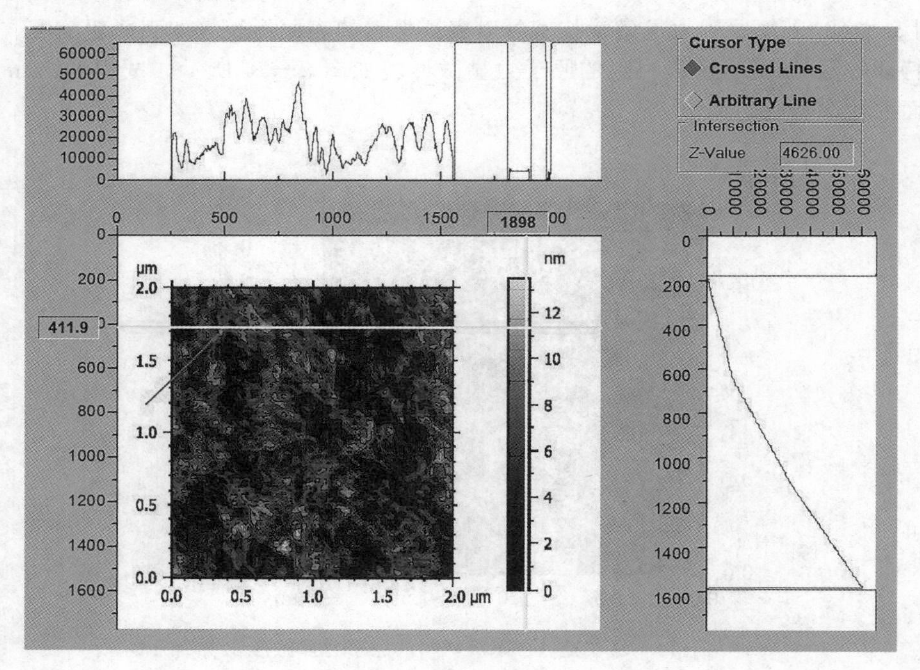

图 3－76　轮廓图

〔**例 3－17**〕分别用等高线图和荧光强度曲线绘制荧光图。

（1）将荧光图导入 Origin 软件，如图 3－77 所示。

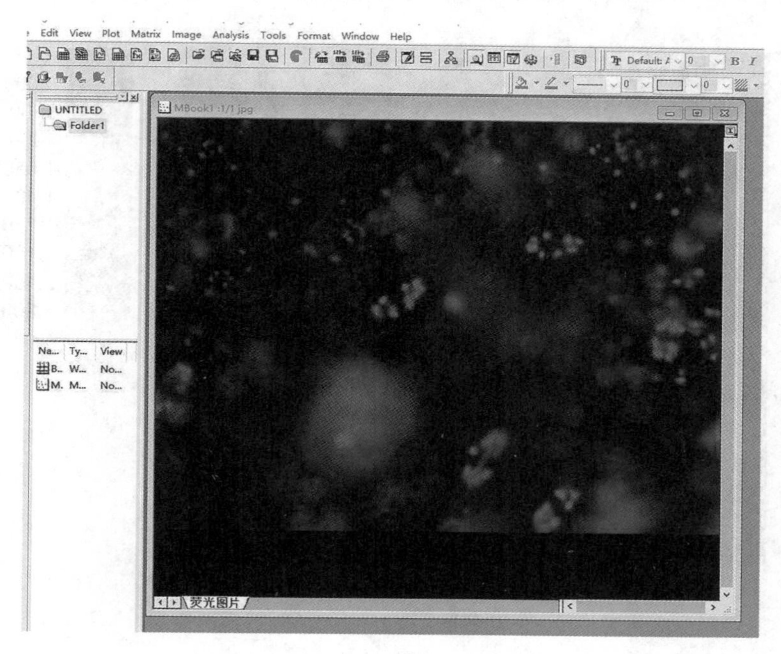

图 3－77　将荧光图导入 Origin 软件

（2）单击菜单栏 Image→Conversion→Convert to Data 命令，将荧光图转换成矩阵数据，如图 3－78 所示。

MBook3 :1/1 img2m

	1	2	3	4	5	6	7	8	9	10	11
1	15163	15420	16191	16705	17476	17733	17733	17990	16962	16448	16448
2	14649	14649	14649	14906	15163	15677	15934	16191	16705	16191	15677
3	14906	14649	14392	14135	14135	14649	15163	15677	15934	15163	14649
4	14135	14135	14135	14135	14135	14392	14649	14906	14392	13878	13364
5	12336	12593	13107	13878	13878	13878	13621	13364	13364	13364	13621
6	11565	12079	13107	13621	13878	13621	13107	12850	12336	12593	13107
7	12079	12336	12850	13107	13364	12850	12336	12079	11051	11565	11822
8	11565	11308	11308	11051	11051	10794	10794	10537	10023	10023	10023
9	11308	11308	11565	11565	11308	11051	10794	10537	8995	9252	9509
10	10794	10794	11051	10794	10794	10537	10023	10023	8738	8738	8995
11	10537	10537	10280	10023	9766	9509	9252	9252	8481	8481	8481
12	10023	9766	9509	9252	8995	8738	8738	8481	8224	8224	7967
13	9509	9252	8995	8481	8481	8481	8481	8481	8481	8224	7710
14	8738	8481	7967	7710	7710	7710	7967	8224	8481	7967	7196
15	7710	7453	7196	6939	6939	7196	7710	7967	8224	7453	6682
16	7196	6939	6425	6168	6168	6682	7196	7453	7710	7196	6168
17	6168	6682	6682	6682	6425	6425	6682	6939	5397	4112	3855
18	6168	6168	5911	5911	6168	6168	6168	6168	4883	4369	4369
19	6168	5654	5140	5397	6168	6168	5911	5397	4626	4626	5140
20	6168	5397	4369	4883	5911	6168	5654	4883	3598	4369	5140
21	6168	5140	4626	4883	5911	6168	5654	4883	2827	3855	4626
22	5654	4883	4626	4883	5397	5654	5397	4626	2827	3855	4369
23	4626	4626	4626	4626	4626	4883	4883	4883	3598	4112	4112
24	3855	4369	4626	4369	4112	3855	4369	4626	4112	4626	4112
25	3855	3598	3341	3341	3855	4369	4369	4112	2570	3341	3341
26	3855	3598	3341	3341	3855	4369	4369	4112	3084	3598	3598
27	3855	3598	3341	3341	3855	4112	4112	4112	3341	4112	3855
28	3855	3341	3084	3341	3598	4112	4112	3855	3341	4112	4112
29	3598	3084	3084	3341	3598	3855	3855	3598	2827	3855	4369
30	3341	3084	3084	3084	3341	3855	3855	3598	2827	4112	4883

Sheet1

图 3－78　将荧光图转换成数字矩阵

(3) 选中矩阵数据，单击菜单栏 Plot→Contour→Contour－Color Fill 命令或单击快捷绘图工具栏中的▦按钮，得到图 3－79 所示的等高线图。

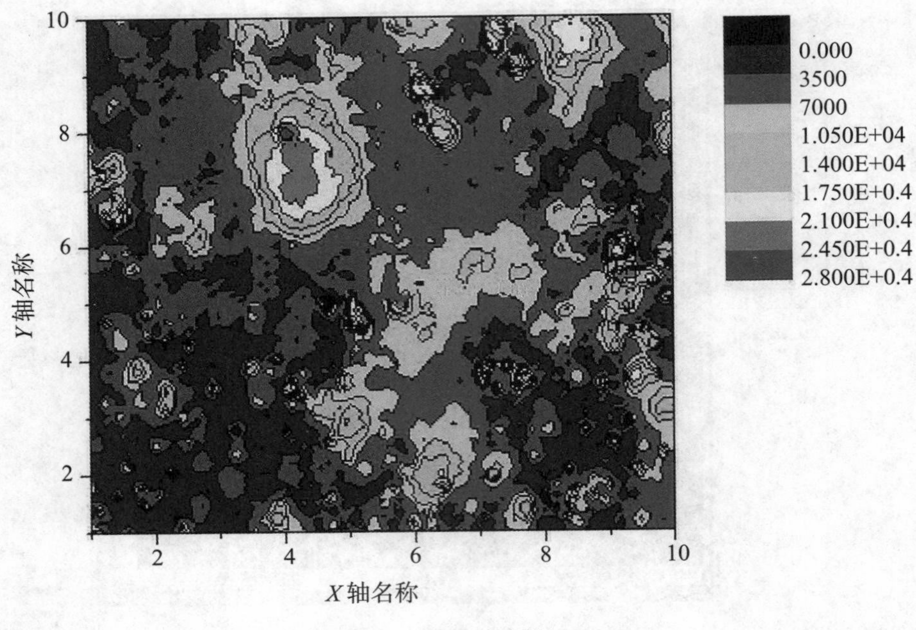

图 3－79　等高线图

(4) 由于等高线图与原始图像呈上下镜像对称，因而要通过变换坐标使其相同，即双击 Y 坐标，在弹出的对话框中单击 Scale 选项，勾选 Reverse 复选框，单击 OK 按钮，得到图 3－80。

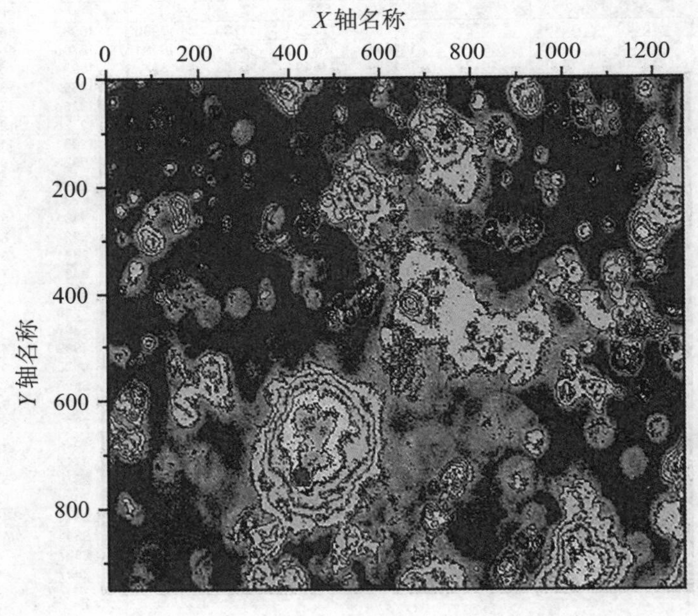

图 3－80　变换坐标后的等高线图

（5）等高线图中有轮廓线，可通过如下方法将其去掉：在图上右击，在弹出的快捷菜单中选择 Plot Details 命令，弹出图 3－81 所示的 Plot Details 对话框，选择 Line 选项卡，在弹出的 Contour Lines 对话框中选择 Hide All 单选项，单击 OK 按钮，得到图 3－82。

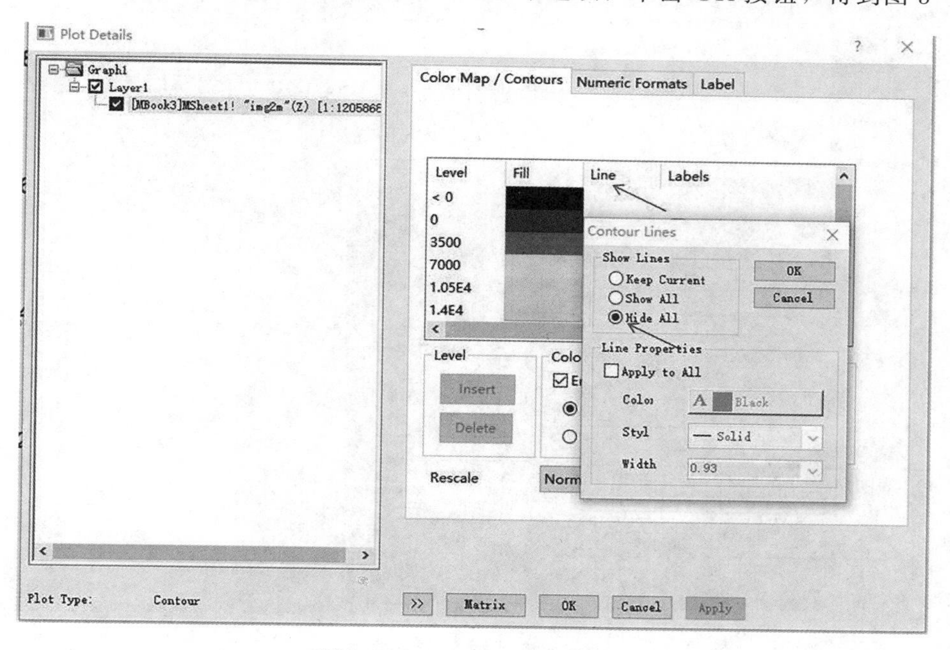

图 3－81　Plot Details 对话框

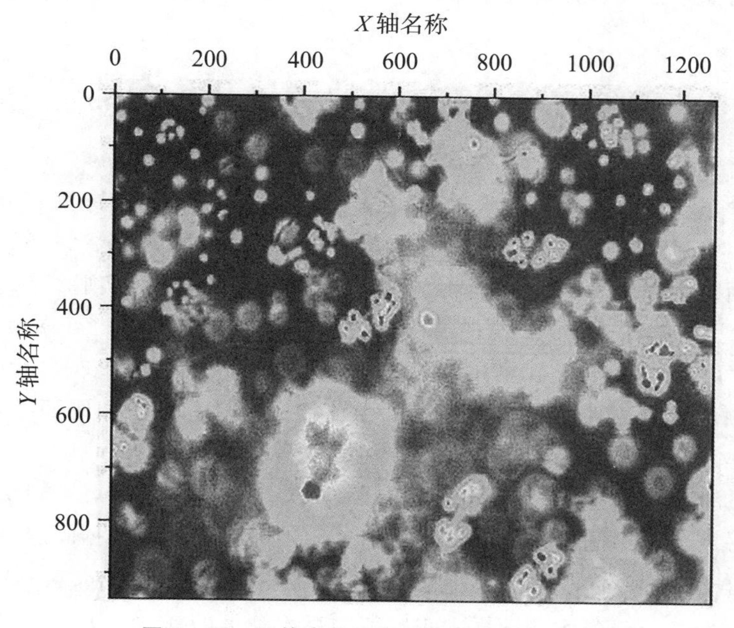

图 3－82　用等高线图表示物质的荧光特征

（6）若需要将其转换为荧光曲线，则单击菜单栏 Plot→Contour→Profiles 命令或 Plot

→Image→Profiles 命令，弹出图 3－83 所示的界面。单击右上角的 Crossed Lines 选项可以观察横向、纵向的荧光曲线；单击 Arbitrary Line 选项可以观察任一条线上的荧光状况。

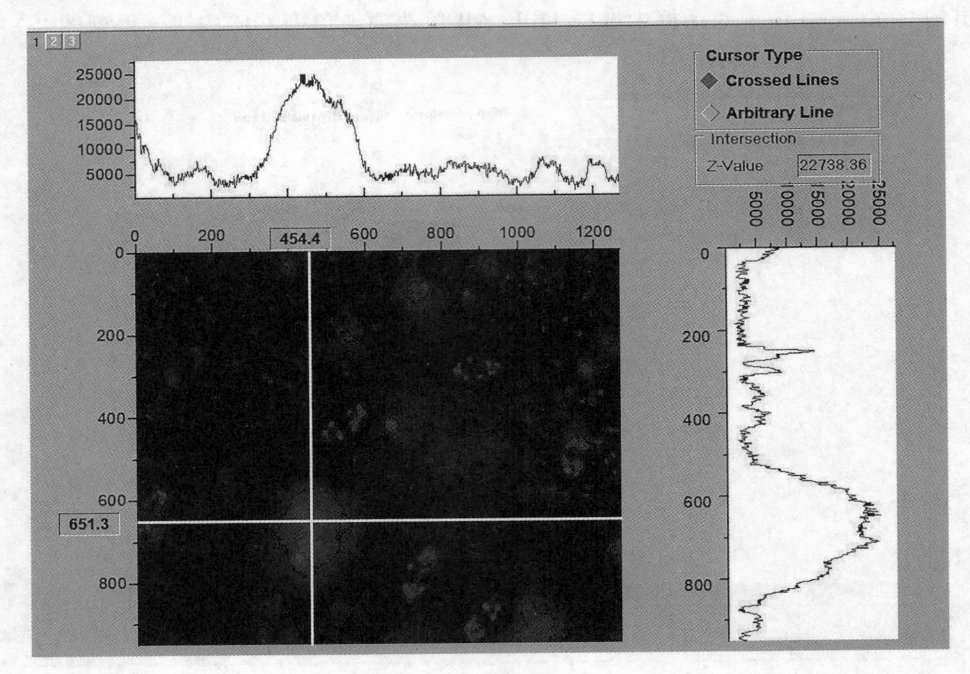

图 3－83　提取荧光曲线

(7) 双击图像上方或右方的荧光曲线，进入工作表，得到荧光数据，绘制荧光强度。

3.8　Origin 软件的统计分析功能

在自然科学与工程技术领域，常采用实验设计、工艺实验方式考察实验因素对实验结果的影响。在实验过程中，实验数据可能会受到实验因素（如环境、设备、人为等）和实验误差的影响而产生波动。因而，如果要科学地判定实验因素对实验结果有无显著影响，就应通过数学分析方法分析数据的差异特征，其中方差分析（analysis of variance, ANOVA）是常用的数学分析方法。最初方差分析主要用于生物和农业田间实验，之后推广应用到更多领域（如心理学、生物学、工程学、材料学、化工和医药学），用于分析实验数据，尤其是两个及两个以上样本均数差别的显著性检验。

方差分析的基本思想如下：将多水平的样本方差分解为两部分，一部分是组内离差平方和 SS_e，另一部分是组间离差平方和 SS_t，从而更好地比较。数据间总离差平方和＝组间离差平方和＋组内离差平方和，即 $SS_T^2 = SS_t^2 + SS_e^2$。其中，组内离差平方和为测量误差、个体差异，SS_e 等于各水平下样本观察值与样本均值的离差平方和。组内自由度 $f_e = n - s$（n 为所有水平下样本总数，s 为组数水平数）。组间离差平方和为不同实验因素处理的离差结果，SS_t 等于各水平下样本平均值与数据总平均离差平方和，组间自由度 $f_A =$

$s-1$。然后，可以对比组间离差平方和和组内离差平方和并进行显著性判断，具体表达式如下。

$$F_A=\frac{SS_A^2/f_A}{SS_e^2/f_e} \tag{3.1}$$

通过对比，可以得到一个有效的 F_A 值。F_A 在什么条件下是显著的呢？这就需要知道 F_A 的概率分布状况，在假定条件下，F_A 服从自由度（f_A，f_e）的 F 分布。对于确定的显著性水平 α，可以通过查询 F 分布表得到 F_α（f_A，f_e）的临界值。若 $F_A>F_\alpha$，则实验因素的影响显著；若 $F_A\leqslant F_\alpha$，则实验因素的影响不显著。

〔例 3－18〕 为考察反应温度因素 A（℃）对某材料生产率 y 的影响，设定两个水平的温度，$A_1=20$℃，$A_2=40$℃，实验结果见表 3－5。试确定温度对生产率的影响显著性。

表 3－5 实验结果

反应温度/℃	生产率/（%）					平均值/（%）
	实验 1	实验 2	实验 3	实验 4	实验 5	
20	75	78	60	61	83	71.4
40	89	62	93	71	85	80.0
总平均值 75.7						

解：根据方差分析的基本思路，需要确定组间离差平方和与组内离差平方和。

$$SS_e^2=(75-71.4)^2+(78-71.4)^2+(60-71.4)^2+(61-71.4)^2+(83-71.4)^2+(89-80)^2+(62-80)^2+(93-80)^2+(71-80)^2+(85-80)^2\approx 1109.2$$

$$SS_T^2=(75-75.7)^2+(78-75.7)^2+(60-75.7)^2+(61-75.7)^2+(83-75.7)^2+(89-75.7)^2+(62-75.7)^2+(93-75.7)^2+(71-75.7)^2+(85-75.7)^2\approx 1294.1$$

$$SS_t^2=5\times(71.4-75.7)^2+5\times(80-75.7)^2=184.9$$

或 $SS_T^2-SS_e^2=184.9$

组间自由度 $f_A=2-1=1$，组内自由度 $f_e=10-2=8$。

故

$$F_A=\frac{SS_t^2/f_t}{SS_e^2/f_e}=\frac{184.9/1}{1109.8/8}\approx 1.33$$

在显著性水平 $\alpha=0.05$ 下，查得 $F_\alpha(1, 8)=5.3>1.33$，故此温度下的两水平数据表示对材料生产率的影响不显著。

综上所述，三种变异如下。

(1) 组间变异。各处理组均数不相同的变异称为组间变异（variation among groups）。组间变异反映处理因素的作用（处理确有作用时），包括随机误差（测量误差和个体差异），其值可用组间均方（$MS_{组间}$）表示。

$$MS_{组间} = SS_{组间} / f_{组间}$$

式中，$SS_{组间} = \sum_{i=1}^{k} n_i (\overline{x}_i - \overline{x})^2$；$f_{组间}$为组间自由度，$f_{组间} = k - 1$，$k$ 为处理组数。

(2) 组内变异。各处理组内部的观察值不相同的变异称为组内变异（variation within groups)。组内变异反映随机误差的作用，其值可用组内均方（$MS_{组内}$）表示。

$$MS_{组内} = SS_{组内} / f_{组内}$$

式中，$SS_{组内} = \sum_{i=1}^{k} \left[\sum_{j=1}^{n_i} (x_{ij} - \overline{x}_i)^2 \right]$；$f_{组内}$为组内均方自由度，$f_{组内} = N - k$，$k$ 为处理组数。

(3) 总变异。所有观察值之间的变异（不分组）变异称为总变异（total variation)。其值可用全体数据的方差表示，也称总均方（$MS_{总}$）。根据方差的计算方法：

$$MS_{总} = SS_{总} / f_{总}$$

式中，$SS_{总} = \sum_{i=1}^{k} \sum_{j=1}^{n_i} (x_{ij} - \overline{x})^2$，$k$ 为处理组数，n_i 为第 i 组例数；$f_{总}$为总自由度，$f_{总} = N - 1$，N 表示总例数。

应用方差分析一般要满足两个条件：一是所有样本都是相互独立的随机样本，且来自正态分布总体；二是所有样本的总体方差都相等，即具有方差齐性。方差分析能将实验数据的总变异分解为由各种因素引起的相应变异是根据总平方和与总自由度的可分解性实现的。方差即标准差的平方，其值等于平方和与相应自由度的比值。在方差分析中，通常将样本方差称为均方（mean squares)。

下面根据单因素实验资料的模式说明平方和与自由度的分解。设实验共有 k 个处理，每个处理都有 n 个重复，则该实验资料共有 $n \times k$ 个观察值，其数据分组见表 3－6。

表 3－6　数据分组

处理	观察值（x_{ij}，$i=2, \cdots, k$；$j=1, 2, \cdots, n$）						合计 x_i	平均 $\overline{x}_i$	均方 S_i^2
1	x_{11}	x_{12}	$\cdots$	x_{1j}	$\cdots$	x_{1n}	$x_{1}.$	$\overline{x}_{1}.$	S_1^2
2	x_{21}	x_{22}	$\cdots$	x_{2j}	$\cdots$	x_{2n}	$x_{2}.$	$\overline{x}_{2}.$	S_2^2
$\vdots$	$\vdots$	$\vdots$		$\vdots$			$\vdots$	$\vdots$	$\vdots$
i	x_{i1}	x_{i2}	$\cdots$	x_{ij}	$\cdots$	x_{in}	$x_{i}.$	$\overline{x}_{i}.$	S_i^2
$\vdots$	$\vdots$	$\vdots$		$\vdots$			$\vdots$	$\vdots$	$\vdots$
k	x_{k1}	x_{k2}	$\cdots$	x_{kj}	$\cdots$	x_{kn}	x_k	x_k	S_k^2
合计							$x_{..}$	$\overline{x}_{..}$	S^2

反映全部观察值总变异的总平方和是各观察值 x_{ij} 与总平均数 $\overline{x}..$ 的离差平方和，记为 SS_T，即

$$SS_T = \sum_{i=1}^{k} \sum_{j=1}^{n} (x_{ij} - \overline{x}..)^2$$

因为

$$\sum_{i=1}^{k}\sum_{j=1}^{n}(x_{ij}-\overline{x}_{..})^2=\sum_{i=1}^{k}\sum_{j=1}^{n}[(\overline{x}_{i.}-\overline{x}_{..})+(x_{ij}-\overline{x}_{i.})]^2$$

$$=\sum_{i=1}^{k}\sum_{j=1}^{n}[(\overline{x}_{i.}-\overline{x}_{..})^2+2(\overline{x}_{i.}-\overline{x}_{..})(x_{ij}-\overline{x}_{i.})+(x_{ij}-\overline{x}_{i.})]^2$$

$$=n\sum_{j=1}^{n}(\overline{x}_{i.}-\overline{x}_{..})^2+2\sum_{i=1}^{k}(\overline{x}_{i.}-\overline{x}_{..})\sum_{j=1}^{n}(x_{ij}-\overline{x}_{i.})+\sum_{i=1}^{k}\sum_{j=1}^{n}(x_{ij}-\overline{x}_{i.})^2$$

其中，$\sum_{j=1}^{n}(x_{ij}-\overline{x}_{i.})=0$

所以

$$\sum_{i=1}^{k}\sum_{j=1}^{n}(x_{ij}-\overline{x}_{..})^2=n\sum_{j=1}^{n}(\overline{x}_{i.}-\overline{x}_{..})^2+\sum_{i=1}^{k}\sum_{j=1}^{n}(x_{ij}-\overline{x}_{i.})^2$$

（总平方和 SS_T）　　（处理间平方和 SS_t）（处理内平方和或误差平方和 SS_e）

同理，自由度可以分解为两部分：

$$df_T=df_t+df_e$$

注意： 平方和、自由度可积加，方差不能积加。

计算总平方和时，资料中各观察值都受到条件 $\sum_{i=1}^{k}\sum_{j=1}^{n}(x_{ij}-\overline{x}_{..})=0$ 的约束，故总自由度等于资料中观察值的总数减 1，即 $df_T=nk-1$。

计算处理间平方和时，因各处理均数 $\overline{x}_{i.}$ 都受到条件 $\sum_{i=1}^{k}(\overline{x}_{i.}-\overline{x}_{..})=0$ 的约束，故处理间的自由度等于处理数减 1，即 $df_t=k-1$。

计算处理内平方和时都受到 k 个条件的约束，即 $\sum_{j=1}^{n}(x_{ij}-\overline{x}_{i.})=0$，$i=1, 2, \dots, k$，故处理内自由度为资料中观察值的总数减 k，即 $df_e=nk-k=k(n-1)$。这实际上是各处理内的自由度之和。

因为

$$nk-1=(k-1)+(nk-k)=(k-1)+k(n-1)$$

所以
$$\left.\begin{aligned}&df_T=df_t+df_e\\&df_T=nk-1\\&df_t=k-1\\&df_e=df_T-df_t\end{aligned}\right\}$$

在实际计算中，可使用以下简便公式。

$$\left.\begin{aligned}&SS_T=\sum_{i=1}^{k}\sum_{j=1}^{n}x_{ij}^2-C\\&SS_t=\frac{1}{n}\sum_{i=1}^{k}x_{i.}^2-C\\&SS_e=\sum_{i=1}^{k}\sum_{j=1}^{n}x_{ij}^2-\frac{1}{n}\sum_{i=1}^{k}x_{i.}^2=SS_T-SS_t\end{aligned}\right\}$$

式中，$C=(\sum_{i=1}^{k}\sum_{j=1}^{n}x_{ij})^2/nk=x^2/nk$

各种平方和除以各自自由度得到总均方、处理间均方和处理内均方，分别记为 MS_T、MS_t、MS_e。即

$$\left.\begin{aligned}MS_T&=SS_T/df_T\\MS_t&=SS_t/df_t\\MS_e&=SS_e/df_e\end{aligned}\right\}$$

MS_e 实际上是各处理内变异的合并均方。

〔例 3—19〕以淀粉为原料生产葡萄糖的过程中，残留有许多糖蜜可作为生产酱色的原料。在生产酱色之前应尽可能彻底除杂，以保证酱色质量。选用五种不同的除杂方法，每种方法做 4 次实验，各得 4 个除杂量，结果见表 3—7，试分析不同除杂方法的除杂效果有无差异？

表 3—7　不同除杂方法的除杂量

除杂方法（A_i）	除杂量（x_{ij}）/（g/kg）	除杂总量（$x_{i.}$）	平均 $\bar{x}_{i.}$	均方 S_i^2
A_1	25.6，24.4，25.0，25.9	100.9	25.2	0.443
A_2	27.8，27.0，27.0，28.0	109.8	27.5	0.277
A_3	27.0，27.7，27.5，25.9	108.1	27.0	0.649
A_4	29.0，27.3，27.5，29.9	113.7	28.4	1.543
A_5	20.6，21.2，22.0，21.2	85.0	21.3	0.330
合计		517.5		

这是一个单因素实验，处理数 $k=5$，重复数 $n=4$，将各项平方和及自由度分解如下。

矫正数 $C=x^2/nk=517.5^2/(4\times5)=13390.3125$

总平方和 $SS_T=\sum x_{ij}^2-C=(25.6^2+24.4^2+\cdots+21.2^2)-13390.3125$

$=13528.5100-13390.3125=138.1975$

处理间平方和 $SS_t=\frac{1}{n}\sum x_{i.}^2-C=\frac{1}{4}(100.9^2+\cdots+85.0^2)-13390.3125$

$=13518.7875-13390.3125=128.4750$

处理内平方和 $SS_e=SS_T-SS_t=138.1975-128.475=9.7225$

总自由度 $df_T=nk-1=5-1=4$

处理间自由度 $df_t=k-1=5-1=4$

处理内自由度 $df_e=df_T-df_t=19-4=15$

用 SS_t 和 SS_e 分别除以 df_t 和 df_e，得到处理间均方 MS_t 和处理内均方 MS_e。

$MS_t=SS_t/df_t=128.4750/4\approx32.12$

$MS_e=SS_e/df_e=9.7225/15\approx0.65$

因为方差分析中不涉及总均方数，所以不必计算。

以上处理内均方 MS_e 是五种除杂方法内随机变异的合并均方值，它是表 3－7 实验资料的实验误差估计；处理间均方 MS_t 是不同除杂方法除杂效果的变异。

下面进行 F 分布分析。设想做一个抽样实验，即在一正态总体 $N(\mu, \sigma^2)$ 中随机抽取样本含量为 n 的样本 k 个，各处理没有真实差异，而只是随机分的组。s_t^2 称为组间均方，s_e^2 称为组内均方，以 s_e^2 为分母、s_t^2 为分子求其比值。统计学上把两个方差的比值称为 F 值，即 $F = s_t^2/s_e^2$，两个自由度分别为 $df_1 = df_t = k-1$，$df_2 = df_e = k(n-1)$。若在给定 k 和 n 的条件下，继续从该总体中进行一系列抽样，则可获得一系列相应的 F 值。F 作为一个随机变量，其具有的概率分布称为 F 分布（F－distribution）。F 分布的密度曲线是随自由度 df_1、df_2 变化的一簇偏态曲线，其形态随着 df_1、df_2 的增大而逐渐趋于对称，如图 3－84 所示。当 $df_1=1$，$df_2=2$ 时，F 分布曲线严重倾斜且呈反向 J 型；当 $df_1 \geqslant 3$ 时，F 分布曲线为偏态曲线。F 分布的取值范围是（0，$+\infty$），其平均值 $\mu_F = 1$。

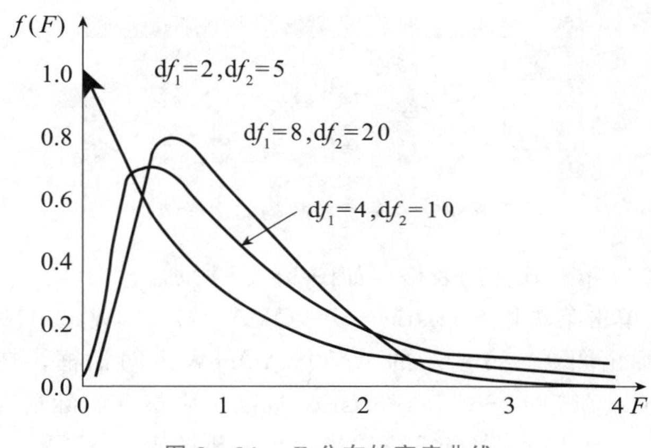

图 3－84　F 分布的密度曲线

用 F 值出现的概率推断两个方差是否相等的方法称为 F 检验（F－test）。

在方差分析中进行 F 检验用于推断处理间是否存在差异及某项变异因素的效应方差是否为零。因此，在计算 F 值时，总是以被检验因素的均方为分子、误差均方为分母。分母项的选择是由方差分析的数学模型和各变异因素的期望均方决定的。在单因素实验资料的方差分析中，无效假设为 H_0（$\mu_1 = \mu_2 = \cdots = \mu_k$），备择假设为 H_A（μ 不相等或不全相等）；或无效假设为 H_0（$\sigma_\alpha^2 = 0$），备择假设为 H_A（$\sigma_\alpha^2 \neq 0$）（σ_α^2 为随机模型处理间均方），$F = MS_t/MS_e$。F 检验的目的是判断处理间均方是否显著大于处理内均方。如果结论是肯定的，就否定 H_0；否则，不否定 H_0。对于例 3－19，因为 $F = MS_t/MS_e = 32.12/0.65 \approx 49.42$，根据 $df_1=4$、$df_2=15$ 查对应的 F 值表，得 $F > F_{0.01(4,15)} = 4.89$，$P < 0.01$（$P$ 为假设检验中的概率），说明五种除杂方法的效果差异极显著，不同的除杂方法的效果不同。

将变异来源、平方和、自由度、均方和 F 值归纳成一张方差分析表，见表 3－8。

表 3－8　方差分析表

变异来源	平方和	自由度	均方	*F* 值
处理间变异	128.4750	4	32.12	49.42**
处理内变异	9.7225	15	0.65	
总变异	138.1975	19		

表中：** 表示在 $\alpha=0.01$ 条件下结果显著。

从例 3－18 和例 3－19 的方差分析过程可以看出，得到最终结果需要进行大量计算，比较麻烦，而借助软件（如 Origin 软件）比较方便。

〔**例 3－20**〕7 家检测机构对 38Cr2MoAlA 中的铬含量（质量百分比）进行测量，分别进行 6 次测量，测量结果如图 3－85 所示。试通过方差分析探讨不同检测机构是否对测试结果有显著影响。

	A(Y)	B(Y)	C(Y)	D(Y)	E(Y)	F(Y)	G(Y)
Long Name	1	2	3	4	5	6	7
Units							
Comments							
1	2.065	2.073	2.08	2.097	2.053	2.084	2.052
2	2.081	2.081	2.09	2.109	2.055	2.044	2.061
3	2.081	2.077	2.07	2.073	2.05	2.084	2.073
4	2.064	2.05	2.08	2.089	2.059	2.076	2.036
5	2.107	2.077	2.09	2.097	2.053	2.093	2.048
6	2.077	2.077	2.1	2.097	2.061	2.073	2.04
7							

图 3－85　7 家测检机构的测量结果

（1）将数据输入 Origin 软件的表格，如图 3－85 所示。

（2）选中数据，单击菜单栏 Statistics→ANOVA→One－Way ANOVA 命令（只考察检测机构的影响），弹出图 3－86 所示的 ANOVAOneWay 对话框，在 Input Data 下拉列表框中选择 Raw 选项；在 Descriptive Statistics 选项组中根据实际情况设置参数，如设置显著性水平为 0.05，勾选 Plots 复选框将输出统计分析图表。

【拓展视频】

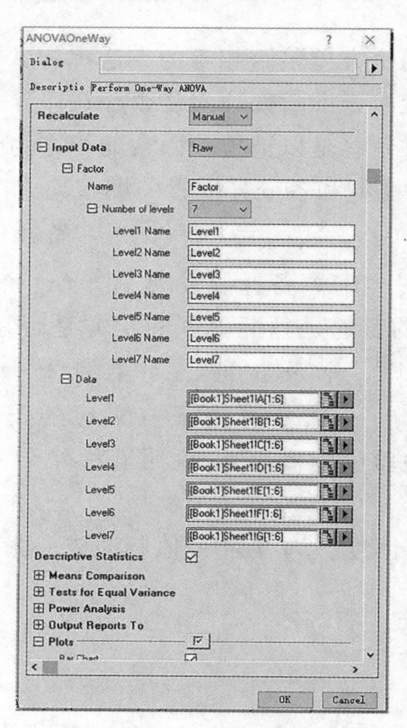

图 3－86　ANOVAOneWay 对话框

（3）单击 OK 按钮，输出图 3—87 所示的结果。可以看出，不同检测机构对测试结果有显著影响。

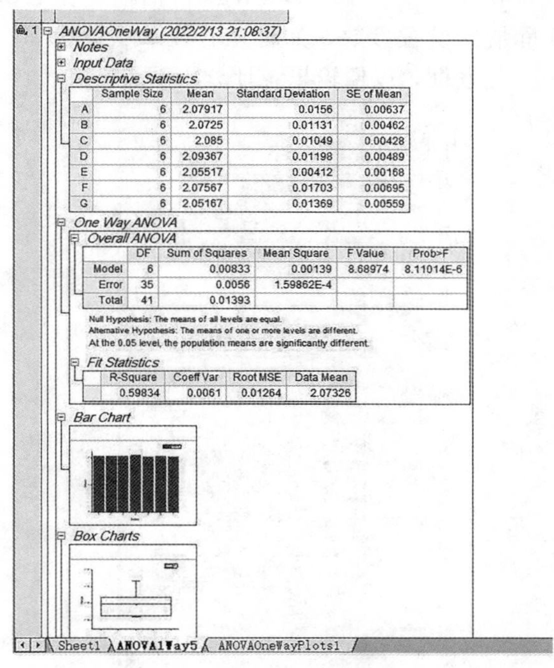

图 3—87　单因素方差分析的输出结果

〔**例 3—21**〕为确定温度和保温时间对某合金材料硬度（HBS）的影响，分别对每种测试组合测试 4 次硬度，所得数据见表 3—9。试分析温度与保温时间交互作用的显著性。

表 3—9　不同温度和保温时间下某合金材料的硬度

保温时间/min	温度		
	720℃	750℃	780℃
	硬度/HBS		
20	130，155，174，180	134，140，180，150	120，170，182，158
40	150，188，159，126	136，122，106，115	122，170，158，145
60	138，110，168，160	174，120，150，139	96，104，182，160

（1）将数据导入 Origin 表格，如图 3—88 所示。

	A(X)	B(Y)	C(Y)	D(Y)	E(Y)	F(Y)	G(Y)	H(Y)	I(Y)
Long Name									
Units									
Comments	720-20	750-20	780-20	720-40	750-40	780-40	720-60	750-60	780-60
1	130	134	120	150	136	122	130	174	96
2	155	140	170	188	122	170	110	120	104
3	174	180	182	159	106	158	168	150	182
4	180	150	157	126	115	145	160	139	160
5									

图 3—88　导入数据

（2）选中数据，单击菜单栏 Statistics→ANOVA→Two－way ANOVA 命令（温度和保温时间），弹出图 3－89 所示的 ANOVAOneWay 对话框，在 Input Data 下拉列表框中选择 Raw 选项，根据实际情况设置参数，如将显著性水平设为 0.05 和 Interactions 复选框和 Descriptive Statistics 复选框，以便输出统计分析图表。

【拓展视频】

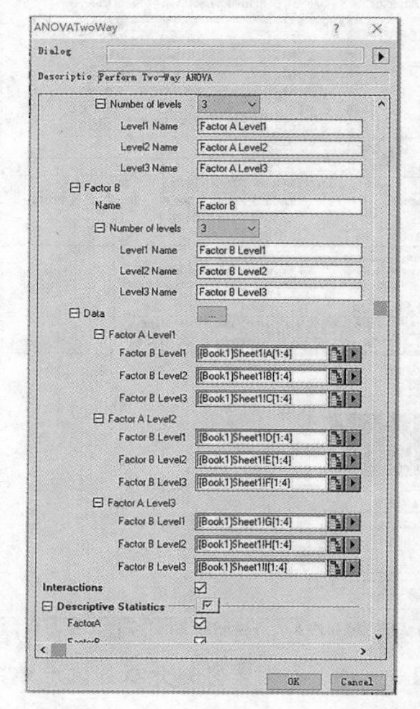

图 3－89　ANOVAOneWay 对话框

（3）单击 OK 按钮，输出图 3－90 所示的结果。可以看出，温度、保温时间以及二者的交互作用对硬度的影响不显著。

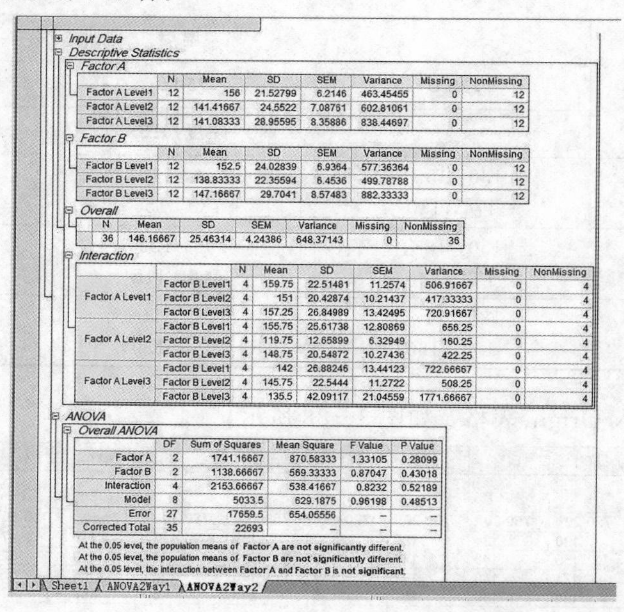

Input Data

Descriptive Statistics

Factor A

	N	Mean	SD	SEM	Variance	Missing	NonMissing
Factor A Level1	12	156	21.52799	6.2146	463.45455	0	12
Factor A Level2	12	141.41667	24.5522	7.08761	602.81061	0	12
Factor A Level3	12	141.08333	28.95595	8.35886	838.44697	0	12

Factor B

	N	Mean	SD	SEM	Variance	Missing	NonMissing
Factor B Level1	12	152.5	24.02839	6.9364	577.36364	0	12
Factor B Level2	12	138.83333	22.35594	6.4536	499.78788	0	12
Factor B Level3	12	147.16667	29.7041	8.57483	882.33333	0	12

Overall

N	Mean	SD	SEM	Variance	Missing	NonMissing
36	146.16667	25.46314	4.24386	648.37143	0	36

Interaction

		N	Mean	SD	SEM	Variance	Missing	NonMissing
Factor A Level1	Factor B Level1	4	159.75	22.51481	11.2574	506.91667	0	4
	Factor B Level2	4	151	20.42874	10.21437	417.33333	0	4
	Factor B Level3	4	157.25	26.84989	13.42495	720.91667	0	4
Factor A Level2	Factor B Level1	4	155.75	25.61738	12.80869	656.25	0	4
	Factor B Level2	4	119.75	12.65899	6.32949	160.25	0	4
	Factor B Level3	4	148.75	20.54872	10.27436	422.25	0	4
Factor A Level3	Factor B Level1	4	142	26.88246	13.44123	722.66667	0	4
	Factor B Level2	4	145.75	22.5444	11.2722	508.25	0	4
	Factor B Level3	4	135.5	42.09117	21.04559	1771.66667	0	4

ANOVA

Overall ANOVA

	DF	Sum of Squares	Mean Square	F Value	P Value
Factor A	2	1741.16667	870.58333	1.33105	0.28099
Factor B	2	1138.66667	569.33333	0.87047	0.43018
Interaction	4	2153.66667	538.41667	0.8232	0.52189
Model	8	5033.5	629.1875	0.96198	0.48513
Error	27	17659.5	654.05556	–	–
Corrected Total	35	22693	–	–	–

At the 0.05 level, the population means of Factor A are not significantly different.
At the 0.05 level, the population means of Factor B are not significantly different.
At the 0.05 level, the interaction between Factor A and Factor B is not significant.

Sheet1 ANOVA2Way1 ANOVA2Way2

图 3－90　双因素方差分析的输出结果

描述性统计主要通过运用制表、分类、图形、计算概括性数据描述数据的特征。描述性统计分析可对总体中所有变量的数据进行描述性统计，还可对数据的频数、趋势、离散度等进行描述并绘制统计图。具体如下：①分析数据的频数，利用频数分析和交叉频数分析对预处理的数据检验异常值；②分析趋势，用来反映数据的一般水平状况，常用平均值、中位数和众数等；③分析离散程度，用来反映数据与数据的差异程度，常用标准差和方差；④检验数据分布，在数据的统计分析中通常需要检验样本在总体中的分布是否属于正态分布，从而需要用偏度和峰度评价样本数据是否符合正态分布的特性；⑤绘制统计图，用图形表达数据信息比用文字表达清晰、明白。利用Origin软件可以方便地绘制各变量的统计图形，包括折线图、饼图和条形图等。

〔例 3－22〕 分别将某实验样品送至 4 个实验小组，各测出 10 个样本，4 组实验数据如图 3－91 所示。试用 Origin 软件对其进行统计分析。

	A(Y)	B(Y)	C(Y)	D(Y)
Long Name	1	2	3	4
Units				
Comments				
1	1.8625	0.0892	-0.5964	-0.8975
2	2.0312	-0.1508	-0.3228	-1.37536
3	-1.4523	-0.1553	0.1723	0.5689
4	0.7321	-0.7564	-0.4126	-0.2768
5	0.8213	0.9652	0.7945	2.1341
6	-1.4657	1.3124	-0.9214	0.5736
7	-1.5754	-1.6812	-1.2357	-2.3145
8	0.4213	0.9645	-0.1098	0.8607
9	-0.2564	1.2145	-0.2107	0.9451
10	0.3695	1.1573	-0.4826	-0.5812
11				

图 3－91　4 组实验数据

（1）对数据进行行统计分析，即选中数据，单击菜单栏 Statistics→Descriptive Statistics→Statistics on Columns 命令，弹出图 3－92 所示的 Statistics on Columns 对话框，可以设置输入的数据（Input Data）、统计类型（Quantities to Compute），计算控制（Computation Control）和输出报告。在 Moments 列表中勾选 Mean、Standard Deviation、SE of mean 复选框，在 Quantiles 列表中勾选 Minimum、Median、Maximum 复选框。

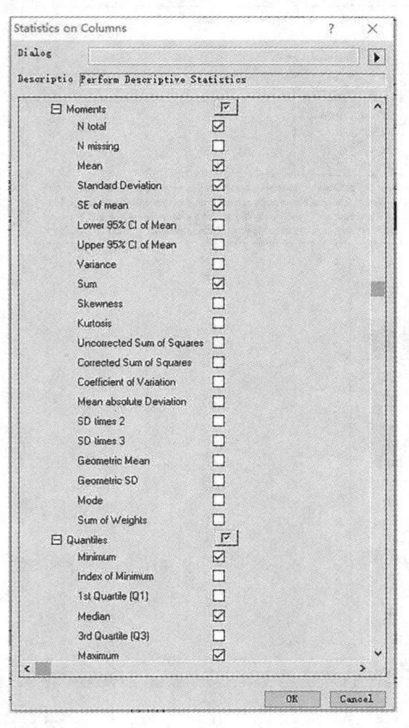

图 3－92　Statistics on Columns 对话框

（2）单击 OK 按钮，输出统计结果，如图 3—93 所示。

Statistics on Columns (2022/1/27 11:42:06)

Notes

Input Data

Descriptive Statistics

	N total	Mean	Standard Deviation	SE of mean	Sum	Minimum	Median	Maximum
1	10	0.14881	1.32089	0.4177	1.4881	-1.5754	0.3954	2.0312
2	10	0.29594	0.99868	0.31581	2.9594	-1.6812	0.52685	1.3124
3	10	-0.33252	0.56279	0.17797	-3.3252	-1.2357	-0.3677	0.7945
4	10	-0.0363	1.30368	0.41226	-0.36296	-2.3145	0.14605	2.1341

图 3—93　输出统计结果

（3）如果需要对实验数据进行正态性检验，则重新选中数据，单击菜单栏 Statistics→Descriptive Statistics→Normality test 命令，弹出图 3—94 所示的 Normality Test 对话框，设置相关条件，输出正态性图形。

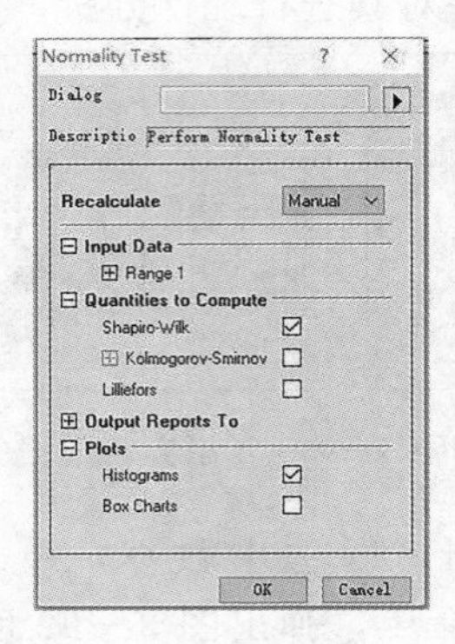

图 3—94　Normality Test 对话框

（4）单击 OK 按钮，输出正态分布的结果，如图 3—95 所示。

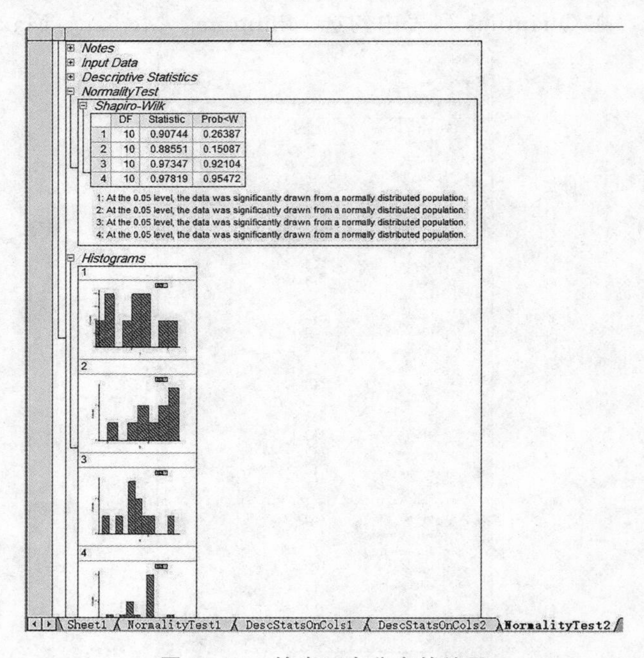
Notes

Input Data

Descriptive Statistics

NormalityTest

Shapiro-Wilk

	DF	Statistic	Prob<W
1	10	0.90744	0.26387
2	10	0.88551	0.15087
3	10	0.97347	0.92104
4	10	0.97819	0.95472

1: At the 0.05 level, the data was significantly drawn from a normally distributed population.
2: At the 0.05 level, the data was significantly drawn from a normally distributed population.
3: At the 0.05 level, the data was significantly drawn from a normally distributed population.
4: At the 0.05 level, the data was significantly drawn from a normally distributed population.

Histograms

图 3—95　输出正态分布的结果

其他描述性统计的操作（相关系数、离散程度、频率计数等）过程与上述操作类似，此处不再赘述。

统计假设检验简称假设检验，可用来判断样本与样本、样本与总体的差异是抽样误差引起的，还是本质差异引起的。常见的假设检验方法有 F－检验、Z－检验、t－检验、卡方检验等。样本的显著性检验是常用的检验方法，其原理是先对总体的特征作出假设，再通过抽样研究进行统计推理，进而对假设作出拒绝或接受的判断。

假设检验的步骤如下：①提出检验假设，实验者想要拒绝的假设称为无效假设（H_0），样本与总体、样本与样本的差异是抽样误差引起的；实验者想要接受的假设称为备择假设（H_1），样本与总体、样本与样本的差异是本质差异引起的。在检验前要预先设定显著性水平（α），通常取 $\alpha=0.05$ 或 $x=0.01$。②确定统计方法（如 Z－检验、t－检验等），由样本观察值计算出统计量（如 t 值等）。③根据统计量及其分布确定检验假设成立的可能性，通常用 P 判断结果。当 $P>\alpha$ 时，按所取 α 水准不显著，不可以拒绝 H_0，即认为差别很可能是抽样误差造成的，在统计上不成立；当 $P\leqslant\alpha$ 时，以按所取 α 水准显著，可以拒绝 H_0 而接受 H_1，即认为判定差异是实验因素造成的，在统计上成立。

进行假设检验时应该注意以下几点：一是假设检验前，应注意资料本身是否具有可比性；二是当差别有统计学意义时，应注意差别是否有实际应用意义；三是假设检验方法应合理；四是根据专业和经验选用单侧检验或双侧检验；五是判断时不能绝对化，假设检验有误判的可能。

〔**例3－23**〕某药物公司研发了一种能够降低血压的药品，为了确认该药品是否有疗效，将该药品进行临床实验，并随机抽取15名高血压患者，记录下他们在服用该药品前后的舒张压数据，如图3－96所示。试判断该药品是否有效。

	B(Y)	C(Y)
Long Name	Before	After
Units		
Comments		
1	101.3	95.8
2	110.1	90.4
3	95.2	88.3
4	115.6	116.8
5	102.5	96.2
6	113.2	110.3
7	107.9	101.2
8	102.3	90.3
9	101.6	94.5
10	108.1	88.9
11	120.3	115.3
12	118.1	118.6
13	98.3	92.4
14	99.2	90.5
15	102.3	102.4
16		

【拓展视频】

图3－96　舒张压数据

（1）判断服药前后的数据是否实验因素或本质差异引起，这是一组成对数据，可以采用成对样品 t 一检验（期望检验）。选中数据，单击菜单栏 Statistics→Hypothesis Testing→Pair Samplet-Test 命令，弹出图3－97所示的 PairSampletTest 对话框，在 t－test for Mean、Power Analysis、Plots、Output 选项组设置相关参数。

Statistics\Hypothesis Testing: PairSampleTest

Dialog

Descriptio Perform a paired-sample t-test for means

Results Log Output ☑

Recalculate Manual

⊟ Input

1st Data Range [Book1]Sheet1!B[1:15]

2nd Data Range [Book1]Sheet1!C[1:15]

⊟ t-Test for Mean

Test Mean 0

Null Hypothesis Mean1 - Mean2 = 0

Alternate Hypothesis ◉ Mean1 - Mean2 <> 0 ○ Mean1 - Mean2 > 0 ○ Mean1 - Mean2 < 0

Confidence Interval(s) ☑

Confidence Level(s) in % 90 95 99

⊟ Power Analysis

Actual Power ☑

Significance Level 0.05

Hypothetical Power ☑

Hypothetical Sample Size(s) 50 100 200

⊟ Plots

Histogram ☑

Box Chart ☑

⊟ Output

Output Plot Data [<input>]<new>

Output Results [<input>]<new>

OK Cancel

图 3－97 **PairSampletTest** 对话框

（2）单击 OK 按钮，输出假设检验的分析结果，如图 3－98 所示。可以看出，该药品是有效果的。

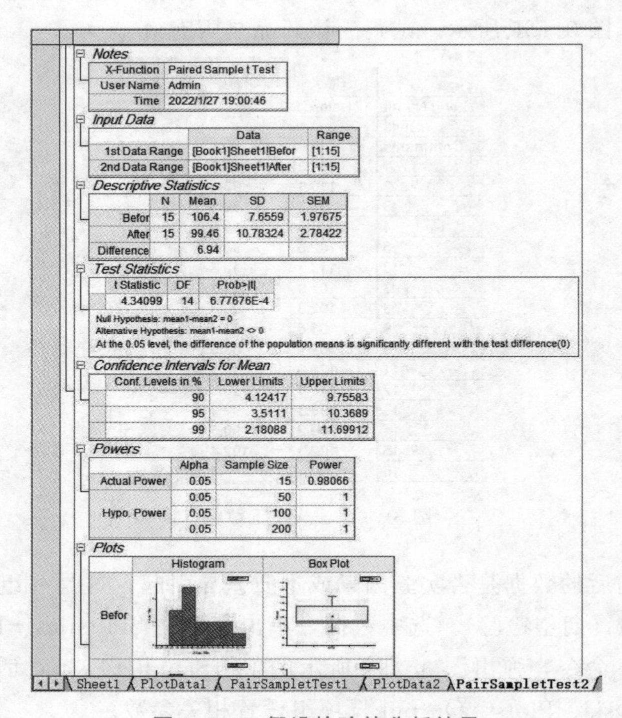

Notes

X-Function	Paired Sample t Test
User Name	Admin
Time	2022/1/27 19:00:46

Input Data

	Data	Range
1st Data Range	[Book1]Sheet1!Befor	[1:15]
2nd Data Range	[Book1]Sheet1!After	[1:15]

Descriptive Statistics

	N	Mean	SD	SEM
Befor	15	106.4	7.6559	1.97675
After	15	99.46	10.78324	2.78422
Difference		6.94		

Test Statistics

t Statistic	DF	Prob>|t|
4.34099	14	6.77676E-4

Null Hypothesis: mean1-mean2 = 0

Alternative Hypothesis: mean1-mean2 <> 0

At the 0.05 level, the difference of the population means is significantly different with the test difference(0)

Confidence Intervals for Mean

Conf. Levels in %	Lower Limits	Upper Limits
90	4.12417	9.75583
95	3.5111	10.3689
99	2.18088	11.69912

Powers

	Alpha	Sample Size	Power
Actual Power	0.05	15	0.98066
Hypo. Power	0.05	50	1
	0.05	100	1
	0.05	200	1

Plots

	Histogram	Box Plot
Befor		

Sheet1 PlotData1 PairSampletTest1 PlotData2 PairSampletTest2

图 3－98　假设检验的分析结果

1. 绘制两种工艺（a，b）条件下，化学镀镍的沉积量与时间的关系见表 3—10。

表 3—10 化学镀镍的沉积量与时间的关系数据

工艺条件	时间/min					
	1	3	7	12	30	60
	沉积量/mg					
a（低温）	3	6	9	12	15	18
b（高温）	1.5	4.5	9.3	13.5	18	22.5

2. 用荧光法测定阿司匹林中的水杨酸（SA），测得的荧光强度和水杨酸浓度见表 3—11。①列出一元线性回归方程，求出相关系数，并给出该方程的精度；②求出未知溶液（样品）的水杨酸（SA）浓度。

表 3—11 荧光强度与水杨酸浓度的关系

水杨酸浓度/（μg/mL）	0.50	1.00	1.50	2.00	3.00	样品 1	样品 2
荧光强度 F/cd	10.9	22.3	33.1	43.5	65.4	38.2	39.2

3. 测定某矿中的 13 个相邻矿点的某种伴生金属含量，数据见表 3—12。试找出伴生金属含量 c（单位为 g/t）与距离 x（单位为 km）的关系（要求有分析过程、计算表格及回归图形）。提示：①作实验点的散点图，分析 c 与 x 的可能函数关系，如对数函数 $y = a + b\lg x$、双曲函数 $(1/y) = a + (b/x)$ 或幂函数 $y = dx^b$ 等；②对各函数关系分别建立数学模型逐步讨论，即分别将非线性关系转换为线性模型进行回归分析，分析相关系数，若 $R \leqslant 0.553$ 则建立的回归方程无意义，否则选取标准差 SD 最小（或 R 最大）的模型作为伴生金属含量 c 与距离 x 之间经验公式。

表 3—12 伴生金属含量 c 与距离 x 的关系数据

矿样点	距离 x	伴生金属含量 c	矿样点	距离 x	伴生金属含量 c
1	2	106.42	8	11	110.59
2	3	108.20	9	14	110.60
3	4	109.58	10	15	110.90
4	5	109.50	11	16	110.76
5	7	110.00	12	18	110.00
6	8	109.93	13	19	111.20
7	10	110.49			

4. 将 3 种药剂施于水稻，得到水稻苗高，如图 3—99 所示。试使用 Origin 软件考查药剂与水稻苗高的影响是否存在显著性差异。

表：水稻不同药剂处理的苗高（cm）				
药剂	苗高观察值			
A	18	21	20	13
B	20	24	26	17
C	10	15	17	14
D	28	27	29	32

图 3－99　不同药剂与水稻苗高的关系数据

第4章 Excel软件与数据处理

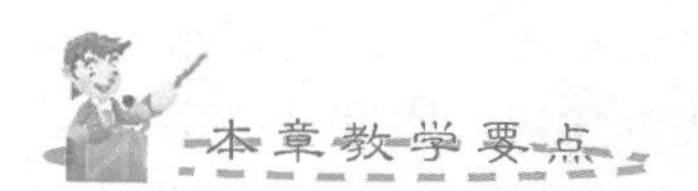

知识要点	掌握程度	相关知识
Excel软件简介	了解Excel软件	Excel软件
Excel软件的相关功能	了解Excel软件的菜单选项及功能； 掌握Excel软件的数据计算功能	文件菜单，数据计算功能
Excel软件的表格绘制功能	掌握Excel软件的表格绘制功能	绘制表格
Excel软件的绘图功能	掌握Excel软件的图形绘制； 掌握Excel软件的数据拟合	绘制图形，数据拟合
Excel软件的数据统计与分析	掌握Excel软件的直方图； 掌握Excel软件的描述统计； 掌握Excel软件的相关系数与协方差； 掌握Excel软件的移动平均； 掌握Excel软件的回归分析	直方图，描述统计，相关系数与协方差，移动平均，回归分析
Excel软件在计算与数据分析领域的应用	掌握Excel软件在计算与数据分析领域的应用	Excel软件在计算与数据分析领域的应用实例

课程导入

Excel软件是Microsoft Office的重要组件，也是性能较好的数据处理软件，可以轻松地进行制表、数据处理、统计分析和辅助决策操作，广泛应用于管理、金融、科学研究等领域。在材料科学与工程领域，Excel软件广泛用于数学计算、图表绘制、数据统计与分析。

4.1 Excel 软件简介

Excel 软件是 Microsoft office 的重要组件，它是微软公司为 Windows 和 macOS 操作系统编写的电子制表软件。可以使用 Excel 软件轻松地进行制表、数据处理、统计分析和辅助决策操作。其广泛应用于管理、金融、科学研究等领域，是一款性能非常出色的数据处理软件。下面介绍 Excel 软件的相关功能。

4.2 Excel 软件的相关功能

Excel 软件的主要功能是分析与处理数据。自古以来，人们就有数据处理的需求，将孤立的数据统计在图表中，可以解析数据背后的本质。随着时代的发展，研究某些实际问题所需的数据越来越多、越来越复杂，且要求得出结果的时间越短越好。在这种情况下，人力往往不能满足要求。因此，借助现代工具分析数据十分重要。Excel 软件作为数据处理工具，拥有强大的数据记录与整理功能（如输入、保存、查找、替换、汇总等）、分析功能（如排序、筛选、分类汇总、数据透视、函数等）、传递与共享功能（使用连接和嵌入功能可以将用其他软件制作的图表数据插入 Excel 工作表，链接和可嵌入对象的格式多样化，可以是工作表、工作簿、图表、图片、网页、电子邮件地址、程序、链接、声音、视频等）、自动化功能（内置 VBA 编程语言，用户可以根据自身情况定制功能，开发出适合自己的解决方案），可以帮助人们将复杂的数据简化为有用的信息。

4.2.1 菜单栏

“文件”菜单位于 Excel 软件界面（图 4－1）的左上角，单击该菜单可以完成新建、打开、保存、另存为、关闭、打印、导出、账户、选项等操作。单击菜单栏“文件”→“选项”命令，可以在弹出的“Excel 选项”对话框中设置基本选项。

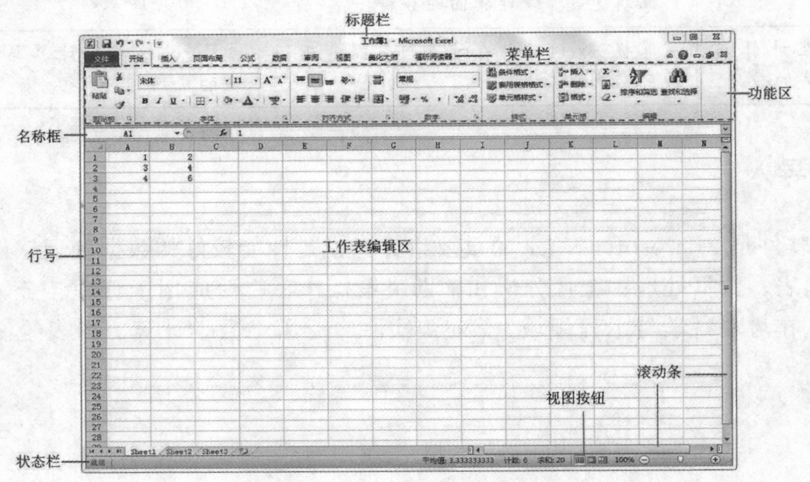

图 4－1 Excel 软件界面

Excel 软件的菜单栏还包含“开始”“插入”“页面布局”“公式”“数据”“审阅”“视图”和“开发工具”等。单击“开始”菜单，弹出图 4—2 所示的界面。

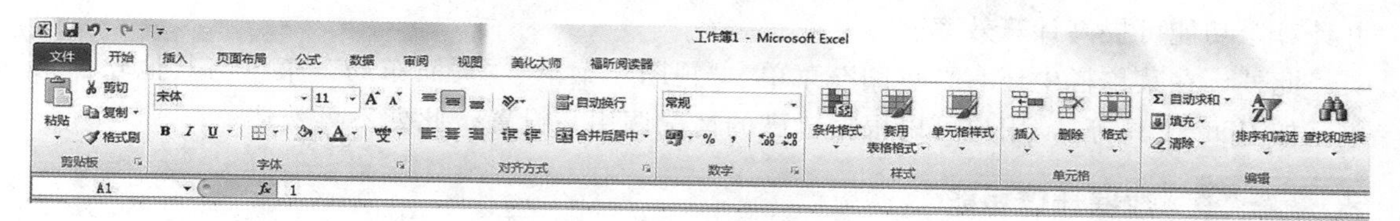

图 4—2　“开始”菜单界面

在“开始”菜单，可以编辑表格中的字体、对齐方式、数字、样式、单元格，对数据进行求和、排序、筛选等处理，对表格进行复制与粘贴等处理。

单击“插入”菜单，弹出图 4—3 所示的界面。

图 4—3　“插入”菜单界面

在“插入”菜单，可以插入表格、图片、剪贴画和形状；根据数据作图（如柱状图、折线图、饼图、条状图等），并对这些图形进行分析、拟合处理；绘制三维图形（如球形等）；文本插入；等等。

单击“公式”菜单，弹出图 4—4 所示的界面。

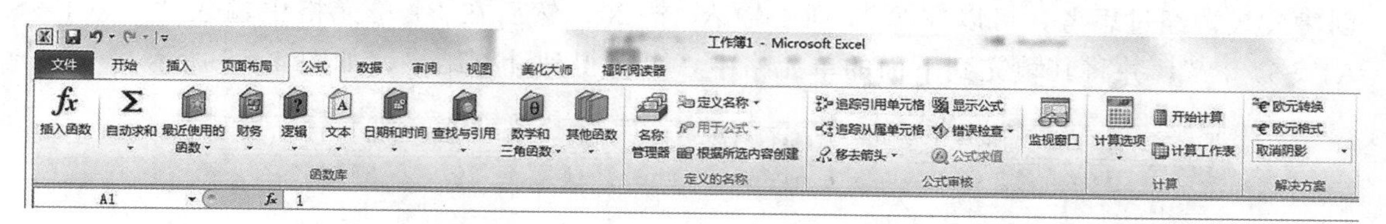

图 4—4　“公式”菜单界面

在“公式”菜单，可以从函数库中调出所需函数，如自动求和、求平均值、求最大值与最小值、逻辑运算函数等。此外，单击“定义名称”→“定义名称”命令，可以为一个区域、常量或数组定义一个名称，方便地用定义的名称编写公式。单击“公式审核”中的按钮，可以迅速找到公式引用的单元格，查看公式的出错原因及出错位置。

单击“数据”菜单，弹出图 4—5 所示的界面。

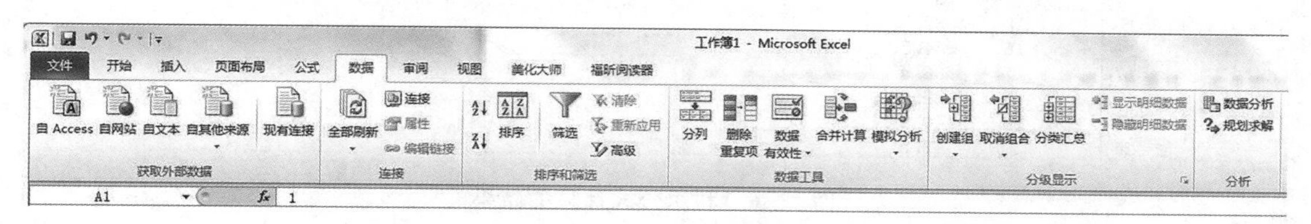

图 4—5　“数据”菜单界面

在“数据”菜单，使用“排序”功能可以使数据按规律有序排列。如果要从表格中找出符合一定条件的记录，则使用“筛选”功能。此外，在“数据工具”选项组中使用“合并计算”功能可提高计算效率。

此外，在菜单栏中还有“审阅”菜单、“视图”菜单、“页面布局”菜单与其他软件菜单（如 PDF 工具等），用户可以根据自己的情况调用与设置，此处不再赘述。

4.2.2 数据计算功能

Excel 软件的计算方式与其他方式基本相同，只是不用数字计算，而用单元格计算。使用前，单击需要输入数据的单元格，输入“＝”（Excel 软件将开头有“＝”的单元格看成进入公式计算）。然后单击计算的单元格，并输入运算符号（如＋、－、＊、/等）。例如，将 C1 作为需要输出计算结果的单元格，在 C1 单元格中输入“＝”，如果 C1 单元格的计算与 A1、B1 单元格相关，那么在输入“＝”后，单击 A1 单元格，并输入运算符号，再单击 B1 单元格，按 Enter 键，即可完成单元格之间的计算。

1. 利用公式计算

在大多数情况下，可以在 Excel 软件中根据计算的需要自行创建公式。输入的公式要以“＝”开头，这是输入公式与输入其他数据的重要区别。与平时运算一样，按“从左到右”的顺序先乘除后加减。可以使用优先级，输入时要注意通过括号改变运算的顺序，如“＝A1＋B2/100”与“＝（A1＋B2）/100”的计算结果不同。下面举例说明利用公式计算的方法。

〔例 4－1〕 计算公式 $y=(4x+5)/2$ 在 x 从 1 变化到 20 时 y 的值。首先考虑如何创建公式，经过思考，可以在第 A 列中输入 1～20，然后在 B1 单元格中输入“＝（4＊A1＋5）/2”，并将其填充到下面的单元格中，可以得到计算结果，如图 4－6 所示。

B1 fx =(4*A1+5)/2

	A	B	C	D	E	F	G	H	I
1	1	4.5							
2	2	6.5							
3	3	8.5							
4	4	10.5							
5	5	12.5							
6	6	14.5							
7	7	16.5							
8	8	18.5							
9	9	20.5							
10	10	22.5							
11	11	24.5							
12	12	26.5							
13	13	28.5							
14	14	30.5							
15	15	32.5							
16	16	34.5							
17	17	36.5							
18	18	38.5							
19	19	40.5							
20	20	42.5							

图 4－6 利用公式计算的结果

可以看出，利用公式计算的关键是创建公式及合理使用单元格的引用。

2. 编辑公式

公式与一般的数据一样，都可以被编辑，其编辑方式也与编辑普通数据一样，可以进行复制和粘贴操作。先选中一个含有公式的单元格，单击工具条上的“复制”按钮，再选中要复制到的单元格，单击工具条上的“粘贴”按钮，这个公式就被复制到其他单元格中。其他操作（如移动、删除等）也与一般的数据一样，只是要注意在有单元格引用的地方，无论使用什么方式在单元格中输入公式，都存在相对引用和绝对引用的问题。

3. 自动填充式计算

可以利用公式进行自动填充计算。把光标放到有公式的单元格的右下角，当光标变成黑色“十”字时按下鼠标左键并拖动，然后松开鼠标左键，自动计算出结果。自动填充式计算示例如图 4－7 所示，调整一种饮料销售额的计算关系后，利用黑色“十”字，按下鼠标左键并拖动，其他饮料的销售额将自动调整并计算出相应的结果。

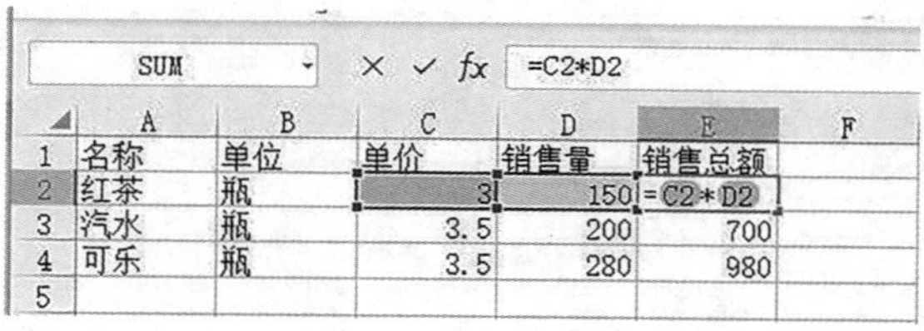

SUM　× ✓ fx　=C2*D2

	A	B	C	D	E	F
1	名称	单位	单价	销售量	销售总额	
2	红茶	瓶	3	150	=C2*D2	
3	汽水	瓶	3.5	200	700	
4	可乐	瓶	3.5	280	980	
5						

图 4－7　自动填充式计算示例

4. 相对引用和绝对引用

如果要计算某些固定单元格的数值，就要用到绝对引用，即用某种符号使计算机每次计算时都能找到这个单元格的数值。例如，计算前一张销售表中的利润且知道利润率为 20%，这个 20%的利润率就是一个绝对引用数据。因为，只有将销售总额乘以利润率才能得到利润。绝对引用示例如图 4－8 所示。

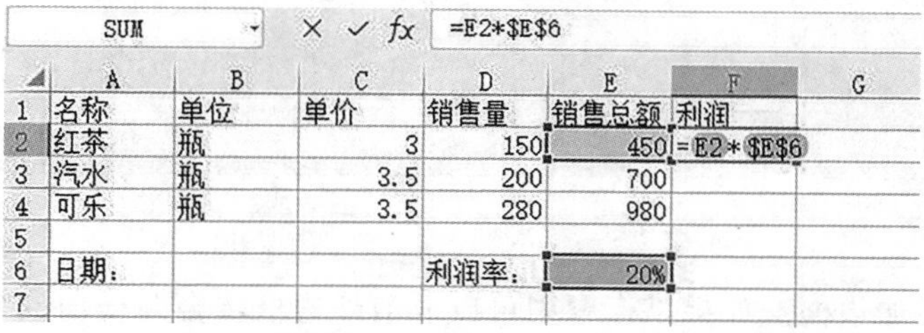

SUM　× ✓ fx　=E2*$E$6

	A	B	C	D	E	F	G
1	名称	单位	单价	销售量	销售总额	利润	
2	红茶	瓶	3	150	450	=E2*$E$6	
3	汽水	瓶	3.5	200	700		
4	可乐	瓶	3.5	280	980		
5							
6	日期：			利润率：	20%		
7							

图 4－8　绝对引用示例

通过以上示例可以知道，应用绝对引用时要注意三个问题：一是要确定哪个单元格是绝对引用的数值，知道其行和列的位置；二是计算时能够找到这个单元格，即使用“$”符号，可将“$”符号分别加入“行”与“列”，如“$A$4”；三是将“$”符号加到显示结果的单元格的计算公式中。可以说，没有加“$”符号的引用就是相对引用。

4.3 Excel软件的表格绘制功能

在实验数据的采集过程中，应用适当的表格分类表达数据对分析和理解数据有重要意义。绘制Excel表格之前，需在心里构思表格的大致布局和样式。下面举例说明在Excel软件中绘制表格的基本过程。

（1）新建一个Excel文件。

（2）在草纸上画草稿，确定表格样式及行数和列数。例如建立一个五行六列的表格，最上面一行为标题行。

（3）在新建的Excel文件中，选中行和列并右击，在弹出的快捷菜单中选择“设置单元格格式”选项，弹出“设置单元格格式”对话框，选择“边框”选项卡，如图4－9所示，在“预置”选项组中根据需要单击“无”“外边框”“内部”图标。

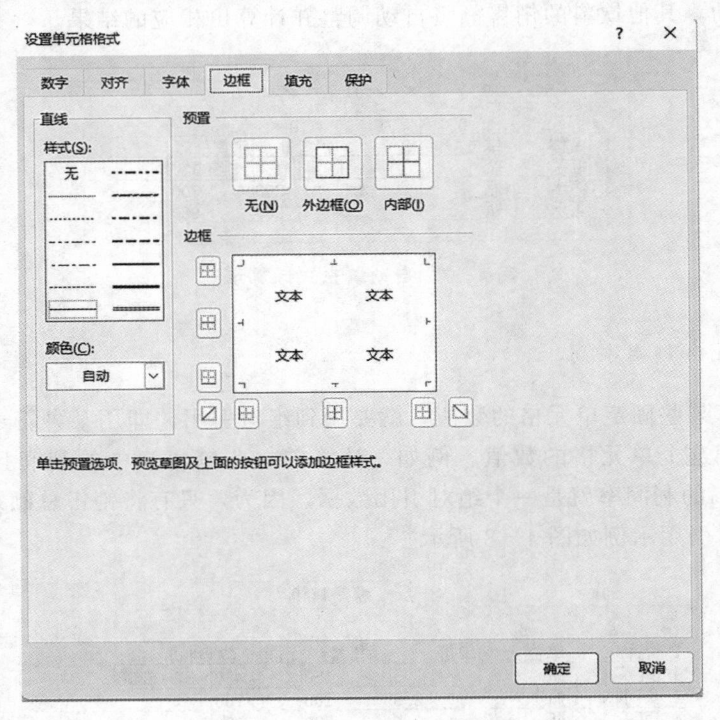

图4－9 “边框”选项卡

（4）根据需要加边框。如果是标题则可以取消外边框，合并横向或者纵向的表格。选中需要设置的表格（第一行）并右击，在弹出的快捷菜单中选择“设置单元格格式”选项，弹出“设置单元格格式”对话框，选择“对齐”选项卡，如图4－10所示，勾选“合并单元格”复选框。

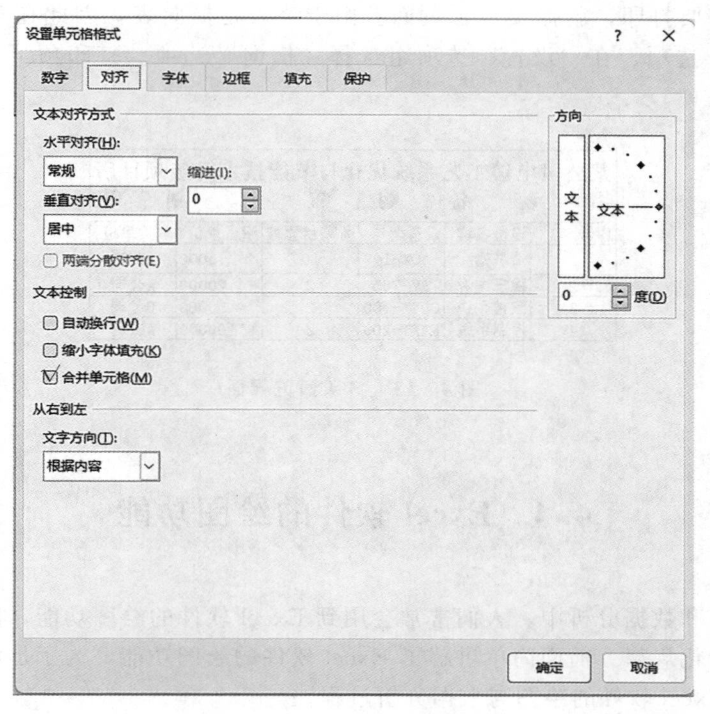

图 4—10　“对齐”选项卡

（5）根据标题的长度与宽度调整标题行。例如标题“某公司电镀工艺系统优化与节能技术升级项目所需设备购置计划表”，该标题比较长，需将标题行拉宽，在图 4—10 中勾选“自动换行”复选框，然后根据需要左右缩进，调整居中，并设置字体大小等。调整结果如图 4—11 所示。

	A	B	C	D	E	F
1	某公司电镀工艺系统优化与节能技术升级项目所需设备购置计划表					
2	序号	设备名称	设备型号	所需台套数	设备单价	供货单位
3						
4						
5						
6						
7						

图 4—11　调整结果

（6）在表格中输入相关内容，如图 4—12 所示。

	A	B	C	D	E	F
1	某公司电镀工艺系统优化与节能技术升级项目所需设备购置计划表					
2	序号	设备名称	设备型号	所需台套数	设备单价	供货单位
3	1	清洗槽	QX-1	10	5000	A公司
4	2	稳压电源	WY-765	2	20000	A公司
5	3	滚镀系统	GDXT-100	2	50000	B公司
6	4	控制系统	KZXT-200	2	100000	A公司
7						

图 4—12　在表格中输入相关内容

(7) 如果需要打印，就需要设置页面。由于该表是横向表，因此在菜单栏选择“文件”→“打印”选项，在“设置”选项组选择“横向”选项。打印预览界面如图 4－13 所示。

某公司电镀工艺系统优化与节能技术升级项目所需设备购置计划表					
序号	设备名称	设备型号	所需台套数	设备单价	供货单位
1	清洗槽	QX-1	10	5000	A公司
2	稳压电源	WY-765	2	20000	A公司
3	滚镀系统	GDXT-100	2	50000	B公司
4	控制系统	KZXT-200	2	100000	A公司

图 4－13　打印预览界面

4.4　Excel 软件的绘图功能

在科学研究和数据分析中，人们常常会用到 Excel 软件的绘图功能，以便直观显示数据间的关系或变化规律。前面简单讲解了 Excel 软件的绘图功能，为了加深理解，下面以实际案例说明 Excel 软件的绘图与数据分析过程。

【拓展视频】

已知钢的机械性能与回火温度存在一定的关系，为了弄清二者的关系，分别在 100℃、200℃、300℃、400℃、500℃、600℃下对 40 钢进行回火处理，测得 40 钢的屈服强度、抗拉强度、延伸率、断面收缩率见表 4－1。请绘制 40 钢的机械性能与回火温度的关系图。

表 4－1　40 钢的机械性能与回火温度的关系

回火温度 T/℃	屈服强度 σ_s/MPa	抗拉强度 σ_b/MPa	延伸率 δ/（%）	断面收缩率 φ/（%）
100	860	120 0	3	20
200	830	116 0	5	25
300	800	110 0	8	30
400	750	100 0	12	40
500	630	880	16	50
600	550	720	20	60

双击 Excel 软件图标，进入 Excel 软件工作界面，具体绘图步骤如下。

(1) 在工作表中输入数据（图 4－14）。

不要在表格中输入“回火温度”及其单位，使其对应的单元格空白；否则，作图时，回火温度将作为一列数据，而不是作为横坐标列入图。

G3 f_x

	A	B	C	D	E
1 2		屈服强度 σ_s/MPa	抗拉强度 σ_b/MPa	延伸率 δ/(%)	断面收缩率 φ/(%)
3	100	860	1200	3	20
4	200	830	1160	5	25
5	300	800	1100	8	30
6	400	750	1000	12	40
7	500	630	880	16	50
8	600	550	720	20	60

图 4－14 在工作表中输入数据

（2）绘制曲线。

先选中 A～E 列，在菜单栏选择“插入”→“插入折线图或面积图”选项，这里选择“带数据标记的折线图”选项，弹出图 4－15 所示的图形。

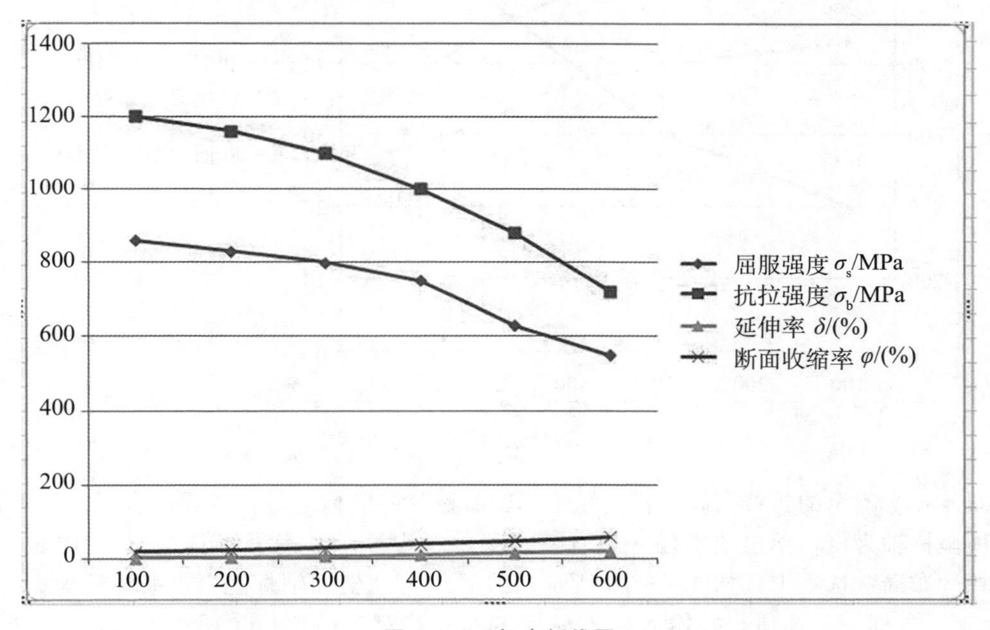

图 4－15 初步折线图

从表 4－1 中可知，屈服强度与抗拉强度具有相同的单位——MPa，而延伸率与断面收缩率都是以百分数形式表示的，因此将屈服强度、抗拉强度与延伸率、断面收缩率放在同一纵坐标下表达是不合适的。延伸率、断面收缩率需要用另一个坐标轴（次坐标轴）表达。可以分别单击延伸率和断面收缩率曲线，然后右击，在弹出的快捷菜单中选择“设置数据系列格式”选项，弹出图 4－16 所示的界面，在“系列选项”下选择“次坐标轴”单选项。设置完成后，可以得到图 4－17 所示的折线图。

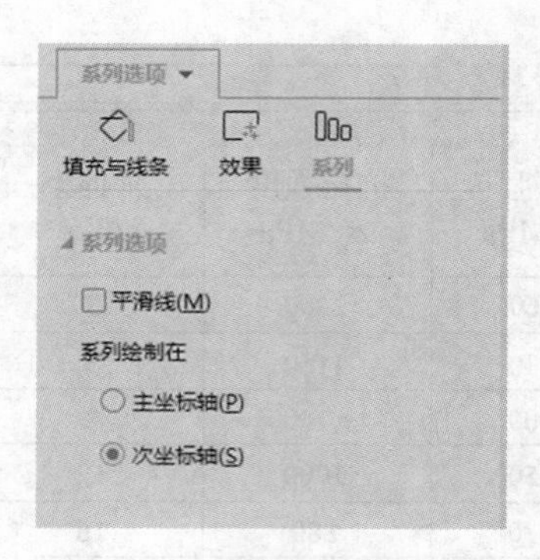

图 4－16　次坐标轴设置界面

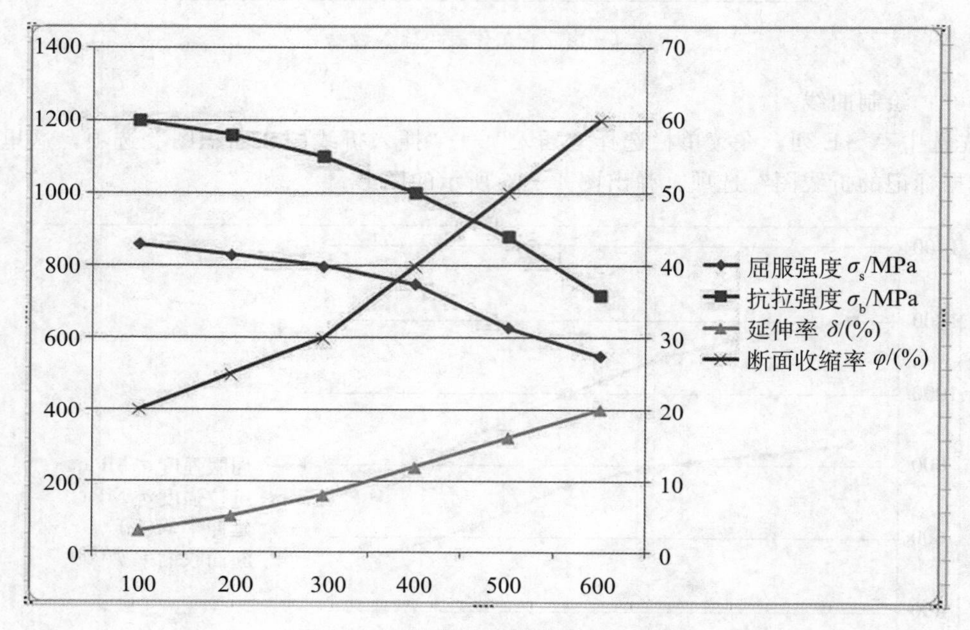

图 4－17　设置次坐标轴后的折线图

图 4－17 所示的折线图缺少横、纵坐标轴名称及图形标题等，需要逐步添加。下面以添加横坐标轴为例，单击图中任一位置，在菜单栏中显示“图表工具”，在“图表工具”中选择“布局”选项卡，如图 4－18 所示。然后单击“坐标轴标题”“主要横坐标标题”“坐标轴下方标题”选项，并输入横坐标轴名称及其对应的单位“回火温度/℃”。同理，可以设置主、次纵坐标轴的名称与单位。在“布局”选项卡下单击“图表标题”，可以设置标题名称。最终折线图如图 4－19 所示。

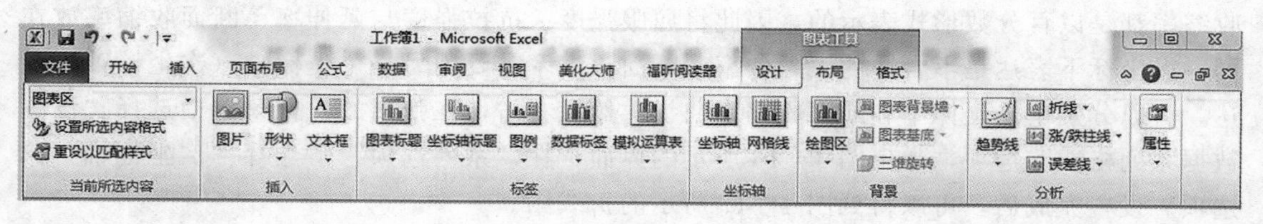

图 4－18　“布局”选项卡

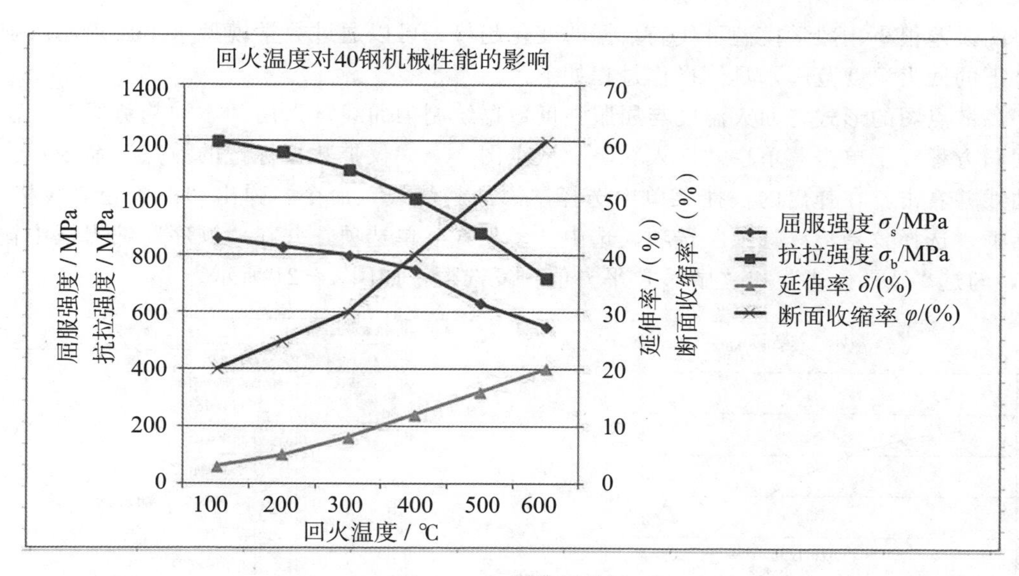

图 4－19 最终折线图

图 4－19 所示折线图基本表达了回火温度对 40 钢机械性能影响的趋势。但从图形的美学角度上讲，该图形不美观、不协调。因此，需要根据实际情况修改图表字体及图形比例、刻度方向、图形背底等，使图形更具可读性和可分析性。关于字体、坐标轴、刻度、数据的设置，可分别右击设置完成，这里不再赘述。设置后的折线图如图 4－20 所示。

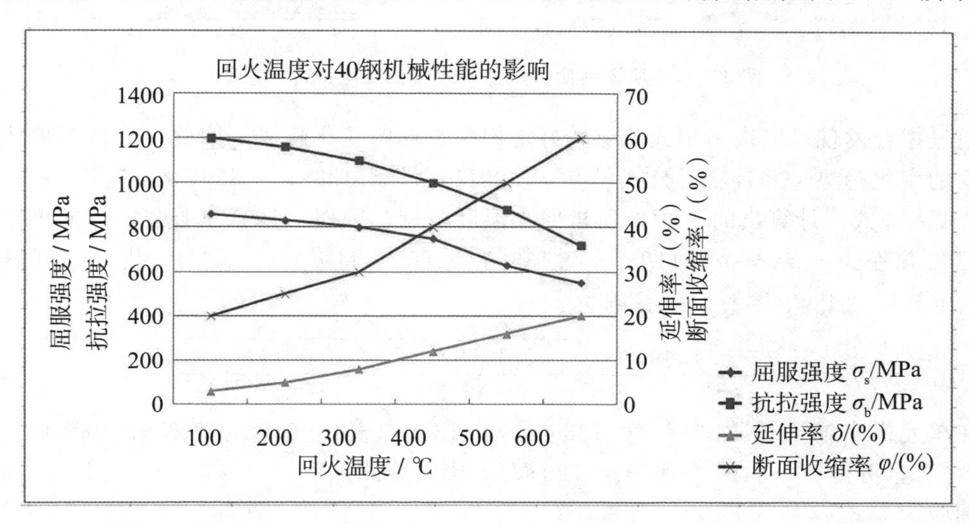

图 4－20 设置后的折线

(3) 要使 40 钢回火后的屈服强度为 700～720 MPa，需计算相应的回火温度范围。

如何解决这个问题？在实验中只得到几个已知回火温度下的屈服强度数据，能否在折线图上找到 700～720 MPa 对应的回火温度呢？显然不能。科学的方法是，先观察数据点的变化趋势，应用合适的数学模型（或公式、方程）拟合这一趋势，如果能够模拟这一过程，就说明数学模型与数据点变化

【拓展视频】

趋势的误差很小，数学模型可代表数据的变化趋势，可以通过数学模型求出要求屈服强度条件下的回火温度范围，具体操作过程如下。

以散点图的形式将回火温度与屈服强度数据绘制为曲线，采用“添加趋势线”方法得出回归方程：①单击菜单栏“插入”→“散点图”→“仅带数据标记的散点”命令；②选择曲线并右击，在弹出的快捷菜单中选择“添加趋势线”命令，弹出“设置趋势线格式”对话框，选择“趋势线选项”选项，选中“多项式”单选项，并在“顺序”编辑框中输入“2”，勾选“显示公式”和“显示 R 平方值”复选框，如图 4－21 所示。

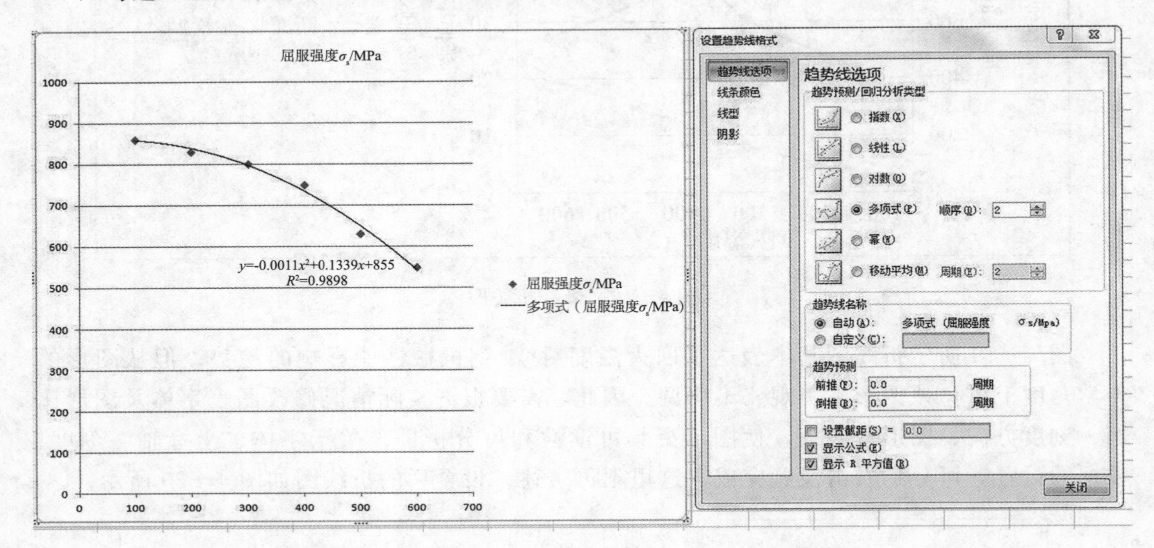

图 4－21　屈服强度参数的拟合结果图与拟合设置图

通过拟合发现，二次多项式能够较好地模拟数据的变化趋势。因此，二次多项式可代表数据的变化趋势，并且获得公式 $y=-0.0011x^2+0.1339x+855$，分别将 $y=700$、$y=720$ 代入公式，计算出的 x 值即所求回火温度范围。因而，计算屈服强度与回火温度之间的回归方程为 $\sigma_s=-0.0011T^2+0.1339T+855$，将 $\sigma_s=700$ MPa 代入，可得方程 $0.0011T^2-0.1339T-155=0$，则有

$$T=\frac{-(-0.1339)+\sqrt{(-0.1339)^2-4\times0.0011\times(-155)}}{2\times0.0011}$$

在单元格中输入公式“=（0.1339＋（0.1339^2＋4＊0.0011＊155）^0.5）/（2＊0.0011）”，可得 $T\approx441$℃。将 $\sigma_s=720$ MPa 代入公式，可得 $T\approx416$℃。因而，回火温度范围应为 416～441 ℃。

思考：（1）如果使 40 钢经回火处理后的屈服强度为 700～720 MPa 且伸长率 $\delta>13\%$，那么应该如何控制回火温度范围？

（2）在前述分析过程中采用二次多项式分析数据，能否用其他多项式对数据变化趋势进行拟合，并计算回火温度范围？比较其差异。

4.5 Excel 软件的数据统计与分析

使用 Excel 软件可以完成数据统计与分析工作，如方差分析、直方图、相关系数、协方差、概率分布、抽样与动态模拟、总体均值判断、均值推断、线性回归与非线性回归、多元回归分析、时间序列等。下面介绍常用的数据统计与分析工具。所有操作都通过 Excel 软件的“分析数据库”工具完成。如果没有安装该工具，则选择菜单栏“文件”→“选项”命令，弹出“Excel 选项”对话框，在左侧选择“加载项”选项，单击“转到”按钮，弹出“加载项”对话框，选中“可用加载宏”列表中的所有复选项后，单击“确定”按钮，即可在“数据”下拉菜单中看到“数据分析”按钮。单击“数据分析”按钮，弹出“数据分析”对话框，如图 4－22 所示。下面通过实例说明运用 Excel 软件统计与分析数据的方法。

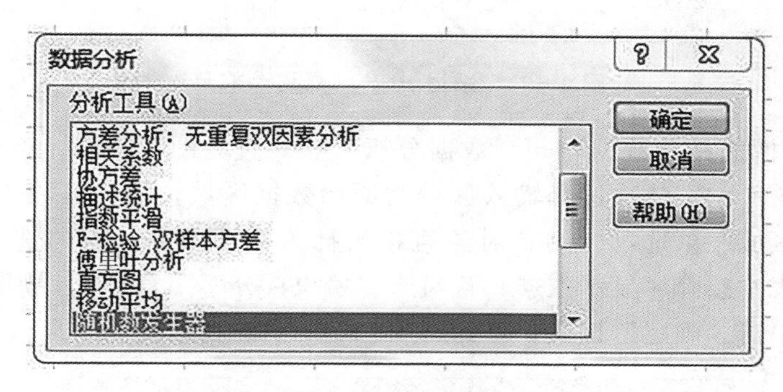

图 4－22 “数据分析”对话框

4.5.1 直方图

某高校某班期中考试后，需统计各分数段人数，并显示频率和累积频率表的直方图以供分析。使用 Excel 软件中的“数据分析”功能可以完成此任务，具体操作步骤如下。

（1）打开原始数据表格，将所有学生的成绩输入成一列，确认数据范围。本实例为数学成绩，分数范围为 0～100。

【拓展视频】

（2）在右侧输入数据接收序列。数据接收序列是分数段统计的数据间隔，包含一组可选的用来定义接收区域的边界值，这些值应当按升序排列。在本实例中，以分数段为统计单元，可采用拖动方法生成，也可根据需要自行设置。本实例采用 10 分间隔统计单元，如图 4－23 所示。

	A	B	C	D	E	F
1	X高校X班期中考试数学成绩表					
2	学号	成绩		分段数（接收区域）		
3	X001	86			0	
4	X002	76			10	
5	X003	92			20	
6	X004	56			30	
7	X005	86			40	
8	X006	45			50	
9	X007	96			60	
10	X008	74			70	
11	X009	79			80	
12	X010	82			90	
13	X011	62			100	
14	X012	89				
15	X013	69				
16	X014	94				
17	X015	89				
18	X016	81				
19	X017	88				
20	X018	77				
21	X019	75				
22	X020	60				
23	X021	98				
24	X022	90				
25	X023	54				

图 4－23　采用 10 分间隔统计单元

（3）在菜单栏选择“数据”→“数据分析”→“直方图”命令，弹出“直方图”对话框，如图 4－24 所示。依次选择输入区域为原始数据区域，接收区域为数据接收序列。如果选择“输出区域”单选项，则新对象直接被插入当前表格。若勾选“柏拉图”复选框，则可在输出表中按降序显示数据。若勾选“累积百分率”复选框，则在直方图上叠加累积频率曲线。单击“确定”按钮，得到图 4－25 所示的数据统计结果。

	A	B	C	D	E	F
1	X高校X班期中考试数学成绩表					
2	学号	成绩		分段数（接收区域）		
3	X001	86			0	
4	X002	76			10	
5	X003	92			20	
6	X004	56			30	
7	X005	86			40	
8	X006	45			50	
9	X007	96			60	
10	X008	74			70	
11	X009	79			80	
12	X010	82			90	
13	X011	62			100	
14	X012	89				
15	X013	69				
16	X014	94				
17	X015	89				
18	X016	81				
19	X017	88				
20	X018	77				
21	X019	75				
22	X020	60				
23	X021	98				
24	X022	90				
25	X023	54				
26	X024	70				
27	X025	83				
28	X026	75				
29	X027	99				
30	X028	67				

图 4－24　“直方图”对话框

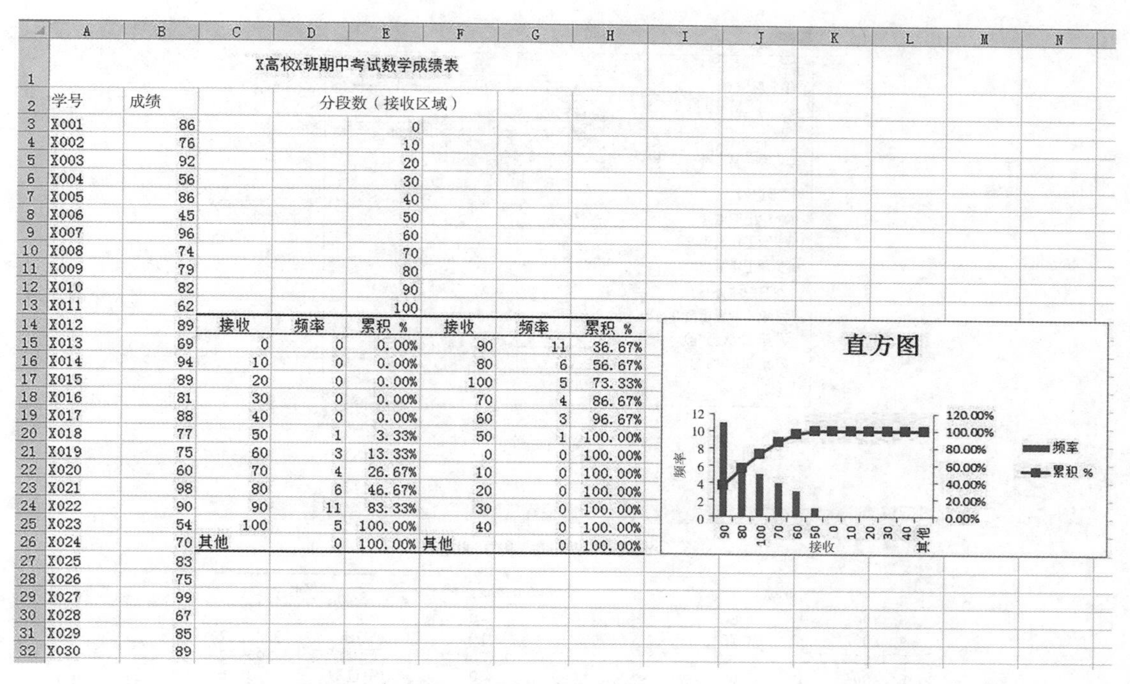

X高校X班期中考试数学成绩表

学号	成绩		分段数（接收区域）				
X001	86			0			
X002	76			10			
X003	92			20			
X004	56			30			
X005	86			40			
X006	45			50			
X007	96			60			
X008	74			70			
X009	79			80			
X010	82			90			
X011	62			100			
X012	89	接收	频率	累积 %	接收	频率	累积 %
X013	69	0	0	0.00%	90	11	36.67%
X014	94	10	0	0.00%	80	6	56.67%
X015	89	20	0	0.00%	100	5	73.33%
X016	81	30	0	0.00%	70	4	86.67%
X017	88	40	0	0.00%	60	3	96.67%
X018	77	50	1	3.33%	50	1	100.00%
X019	75	60	3	13.33%	0	0	100.00%
X020	60	70	4	26.67%	10	0	100.00%
X021	98	80	6	46.67%	20	0	100.00%
X022	90	90	11	83.33%	30	0	100.00%
X023	54	100	5	100.00%	40	0	100.00%
X024	70	其他	0	100.00%	其他	0	100.00%
X025	83						
X026	75						
X027	99						
X028	67						
X029	85						
X030	89						

图 4—25　直方图的数据统计结果

4.5.2 描述统计

在前述题目的基础上，统计成绩的平均值区间，给出班级学生成绩差异的量化标准，并作为解决班级与班级之间学生成绩参差不齐的依据。这里使用 Excel 软件的“描述统计”功能实现，具体操作过程如下。

在菜单栏选择“数据”→“数据分析”→“描述统计”命令，弹出“描述统计”对话框，如图 4—26 所示。选择输入区域为原始数据区域，可以选中多个行或多个列，注意选择相应的分组方式。如果数据有标志，就勾选“标志位于第一行”复选框；如果输入区域没有标志项，就取消勾选该复选框，在输出表中将生成适宜的数据标志。输出区域可以为本表、新工作表组或新工作簿。汇总统计包括平均值、标准误差（相对于平均值）、中值、众数、标准偏差、方差、峰值、偏斜度、极差、最小值、最大值、总和、总个数和置信度等相关项目。其中，中值表示排序后中间数据的值；众数表示出现次数最多的值；峰值表示衡量数据分布起伏变化的指标，以正态分布为基准，比其平缓时值为正，反之值为负；偏斜度表示衡量数据峰值偏移的指数，根据峰值在均值左侧或者右侧分别为正值或负值；极差表示最大值与最小值的差。第 K 大（小）值表示输出表的某行中包含每个数据区域中的第 K 个最大（小）值。平均数置信度表示数值 95％可用来计算在显著性水平为 5％时的平均值置信度。设置完成后，单击“确定”按钮，得到图 4—27 所示的描述统计结果。

【拓展视频】

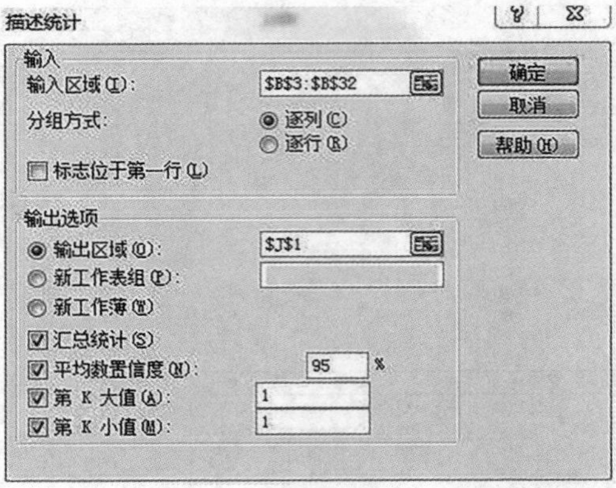

描述统计

输入
输入区域(I): $B$3:$B$32
分组方式: ◉ 逐列(C) ○ 逐行(R)
☐ 标志位于第一行(L)
输出选项
◉ 输出区域(O): $J$1
○ 新工作表组(P):
○ 新工作薄(W)
☑ 汇总统计(S)
☑ 平均数置信度(N): 95 %
☑ 第 K 大值(A): 1
☑ 第 K 小值(M): 1
确定
取消
帮助(H)

图 4－26 “描述统计”对话框

	A	B	C	D	E	F	G	H
1	X高校X班期中考试数学成绩表							
2	学号	成绩		分段数（接收区域）			列1	
3	X001	86			0			
4	X002	76			10		平均	78.86667
5	X003	92			20		标准误差	2.505962
6	X004	56			30		中位数	81.5
7	X005	86			40		众数	89
8	X006	45			50		标准差	13.72572
9	X007	96			60		方差	188.3954
10	X008	74			70		峰度	-0.05885
11	X009	79			80		偏度	-0.70042
12	X010	82			90		区域	54
13	X011	62			100		最小值	45
14	X012	89					最大值	99
15	X013	69					求和	2366
16	X014	94					观测数	30
17	X015	89					最大(1)	99
18	X016	81					最小(1)	45
19	X017	88					置信度(95	5.125268
20	X018	77						
21	X019	75						

图 4－27 描述统计结果

4.5.3 相关系数与协方差

利用 Excel 软件可以求得相关系数与协方差，如在化学合成实验中经常需要考查压力随温度变化的情况。在两个反应器中进行相同条件下的实验，得到两组温度与压力的相关数据，试分析其关系，并对反应结果的可靠性给出依据。

相关系数是描述两个测量值变量离散程度的指标，用于判断两个测量值变量的变化是否相关，即一个变量的较大值是否与另一个变量的较大值相关（正相关）一个变量的较小值是否与另一个变量的较大值相关（负相关）或两个变量的值互不相关（相关系数近似于零）。设（X，Y）为二元随机变量，则 $\rho=\frac{\mathrm{Cov}(X,Y)}{\sqrt{DX}\sqrt{DY}}$ 为随机变量 X 与 Y 的相关系数，ρ 用于度量随机变量 X 与 Y 的线性相关密切程度，具体操作过程如下。

在菜单栏选择“数据”→“数据分析”→“相关系数”命令，弹出“相关系数”对话框，如图 4—28 所示。选择输入区域为原始数据区域，至少需要两组数据，如果有数据标志，就勾选“标志位于第一行”复选框；分组方式表示输入区域中的数据按行或按列考虑，根据原数据格式选择；输出区域可以为本表、新工作表组或新工作簿。设置完成后，单击“确定”按钮即可看到生成的结果，如图 4—29 所示。

	A	B	C	D	E
1	化学合成实验压力随温度变化变				
2	温度（°C）	压力A（MPa）	压力B（MPa）		
3	70	0	0		
4	75	0.1	0.1		
5	80	0.15	0.15		
6	85	0.2	0.21		
7	90	0.23	0.25		
8	95	0.26	0.28		
9	100	0.31	0.33		
10	105	0.34	0.38		
11	110	0.4	0.45		
12	115	0.58	0.56		

相关系数

输入

输入区域(I)：$A$3:$C$24

分组方式： ◉ 逐列(C) ○ 逐行(R)

☑ 标志位于第一行(L)

输出选项

◉ 输出区域(O)：$D$7

○ 新工作表组(P)：

○ 新工作薄(W)

确定 取消 帮助(H)

图 4—28 “相关系数”对话框

	A	B	C	D	E	F	G
1	化学合成实验压力随温度变化表						
2	温度（°C）	压力A（MPa）	压力B（MPa）				
3	70	0	0				
4	75	0.1	0.1				
5	80	0.15	0.15				
6	85	0.2	0.21				
7	90	0.23	0.25		温度（℃）	压力A（MPa）	压力B（MPa）
8	95	0.26	0.28	温度（℃）	1		
9	100	0.31	0.33	压力A（MPa）	0.974965	1	
10	105	0.34	0.38	压力B（MPa）	0.958241	0.994161	1
11	110	0.4	0.45				
12	115	0.58	0.56				
13	120	0.63	0.64				
14	125	0.65	0.69				
15	130	0.71	0.76				
16	135	0.82	0.9				
17	140	0.85	1.04				
18	145	1.12	1.24				
19	150	1.25	1.46				
20	155	1.41	1.7				
21	160	1.52	1.82				
22	165	1.63	1.98				
23	170	1.76	2.12				
24	175	1.86	2.56				
25							

图 4—29 利用相关系数所得结果

从图 4－29 可以看到，在相应区域生成一个 3×3 的矩阵，数据项目的交叉处就是相关系数。显然，相同条件的交叉是相关的，相关系数在对角线上显示为 1；两组数据在矩阵上有两个位置，它们是相同的，故右上侧重复部分不显示数据。左下侧相应位置分别是温度与压力 A、压力 B 和两组压力数据的相关系数。

从数据统计结果可以看出，温度与压力 A、压力 B 的相关系数分别为 0.974965 和 0.958241，说明它们具有良好的正相关性；两组压力数据的相关性达到 0.994161，说明在不同反应器中相同条件下实验的一致性很好，可以忽略由更换反应器造成的系统误差。

协方差的统计方法与相关系数的统计方法相似，统计结果同样返回一个输出表和一个矩阵，分别表示每对测量值变量的相关系数和协方差；不同之处在于相关系数的取值为－1～1，而协方差没有限定的取值范围。相关系数和协方差都是描述两个变量离散程度的指标。

4.5.4 移动平均

移动平均的原理是对一系列变化的数据按照指定的数据数量依次求取平均值，并以此为数据变化的趋势供分析人员参考。气象意义上的四季界定就应用了移动平均。下面举例说明移动平均的应用。如某化工反应过程，每隔 2 min 对系统测量一次压力数据。该反应具有特殊性，需要考查每 8 min 的压力平均值，如果该压力平均值高于 15 MPa，就认为该压力平均值计算范围内的第一个压力数据出现时进入反应阶段，请使用 Excel 软件给出反应阶段的时间区间，具体操作过程如下。

在菜单栏选择“数据”→“数据分析”→“平均移动”命令，弹出“移动平均”对话框，如图 4－30 所示。依次选择输入区域为原始数据区域，如果有数据标签，就勾选“标志位于第一行”复选框；输出区域为移动平均数值显示区域；间隔表示使用几组数据得出平均值；若勾选“图表输出”复选框，则以图表形式显示原始数据和移动平均数值，以供比较；标准误差表示实际数据与预测数据（移动平均数据）的标准差，用以显示预测与实际值的差距，数字越小，预测的情况越好。设置完成后，单击“确定”按钮即可看到生成的结果，如图 4－31 所示。

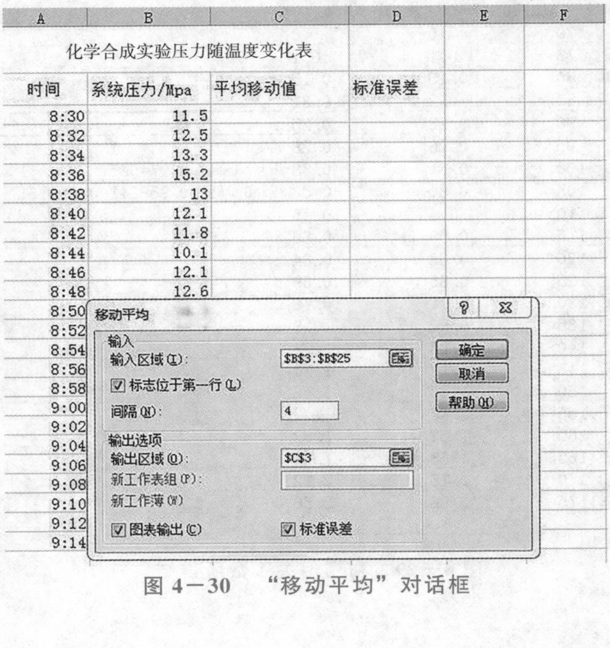

化学合成实验压力随温度变化表

时间	系统压力/Mpa	平均移动值	标准误差
8:30	11.5		
8:32	12.5		
8:34	13.3		
8:36	15.2		
8:38	13		
8:40	12.1		
8:42	11.8		
8:44	10.1		
8:46	12.1		
8:48	12.6		
8:50			
8:52			
8:54			
8:56			
8:58			
9:00			
9:02			
9:04			
9:06			
9:08			
9:10			
9:12			
9:14			

移动平均
输入
输入区域(I): $B$3:$B$25
☑标志位于第一行(L)
间隔(N): 4
输出选项
输出区域(O): $C$3
新工作表组(P):
新工作薄(W)
☑图表输出(C)　☑标准误差
确定　取消　帮助(H)

图 4－30 “移动平均”对话框

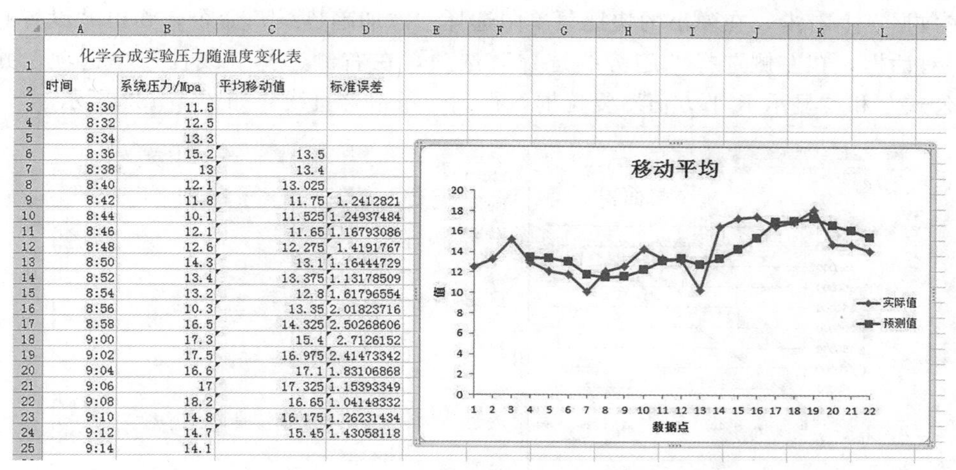

化学合成实验压力随温度变化表			
时间	系统压力/Mpa	平均移动值	标准误差
8:30	11.5		
8:32	12.5		
8:34	13.3		
8:36	15.2	13.5	
8:38	13	13.4	
8:40	12.1	13.025	
8:42	11.8	11.75	1.2412821
8:44	10.1	11.525	1.24937484
8:46	12.1	11.65	1.16793086
8:48	12.6	12.275	1.4191767
8:50	14.3	13.1	1.16444729
8:52	13.4	13.375	1.13178509
8:54	13.2	12.8	1.61796554
8:56	10.3	13.35	2.01823716
8:58	16.5	14.325	2.50268606
9:00	17.3	15.4	2.7126152
9:02	17.5	16.975	2.41473342
9:04	16.6	17.1	1.83106868
9:06	17	17.325	1.15393349
9:08	18.2	16.65	1.04148332
9:10	14.8	16.175	1.26231434
9:12	14.7	15.45	1.43058118
9:14	14.1		

图 4－31　利用移动平均所得结果

从生成的图表可以得到一些信息。根据要求，生成的移动平均数值在 9:00 时达到 15.4，即包含本次数据的四个数据前就达到 15 MPa，说明在 8 min 前（8:54 时），系统进入反应阶段；采用相同分析方法可以知道，反应阶段结束于 9:02，即反应阶段的时间区间为 8:54—9:02，共持续 8 min。

4.5.5　回归分析

在数据分析中，经常遇到成对成组数据的拟合，涉及线性描述、趋势预测和残差分析等。很多读者遇到此类问题时都想到专业软件（如 Origin 软件和 MATLAB 软件等）。但实际上，Excel 软件自带的数据库中也有线性拟合工具，可以对数据进行分析处理。下面举例说明 Excel 软件的数据处理过程。例如：某溶液浓度正比于色谱仪器中的峰面积，要求建立不同浓度下对应峰面积的标准曲线，以测试未知样品的实际浓度。已知 8 组数据，建立标准曲线，并且对此标准曲线进行评价，给出残差等分析数据。

【拓展视频】

这是一个典型的线性拟合问题，手工计算时采用最小二乘法求出拟合直线的待定参数，可以得出 R 值，即相关系数。在 Excel 软件中，可以采用先绘图再添加趋势线的方法解决该问题。首先，选择成对数据列，并用散点图的形式展示，如图 4－32 所示。

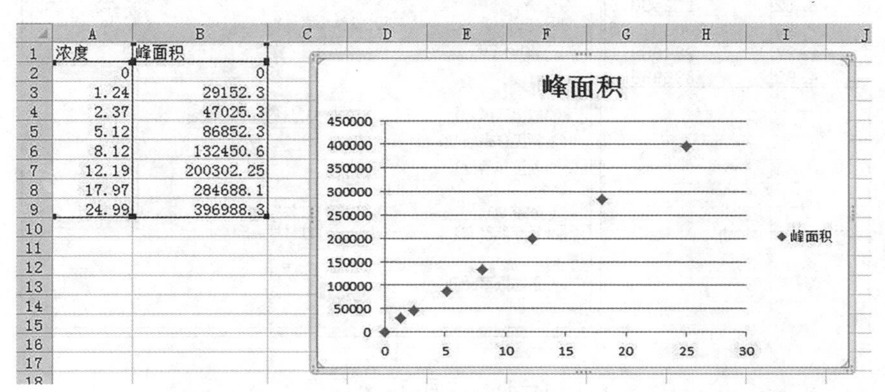

浓度	峰面积
0	0
1.24	29152.3
2.37	47025.3
5.12	86852.3
8.12	132450.6
12.19	200302.25
17.97	284688.1
24.99	396988.3

图 4－32　溶液浓度与峰面积关系的散点图

在数据点上右击，在弹出的快捷菜单中选择“添加趋势线”命令，弹出“设置趋势线格式”对话框，在左侧选择“趋势线选项”选项，在右侧选择“线性”单选项，并勾选“显示公式”和“显示 R 平方值”复选框，得到一条拟合直线，如图 4－33 所示。

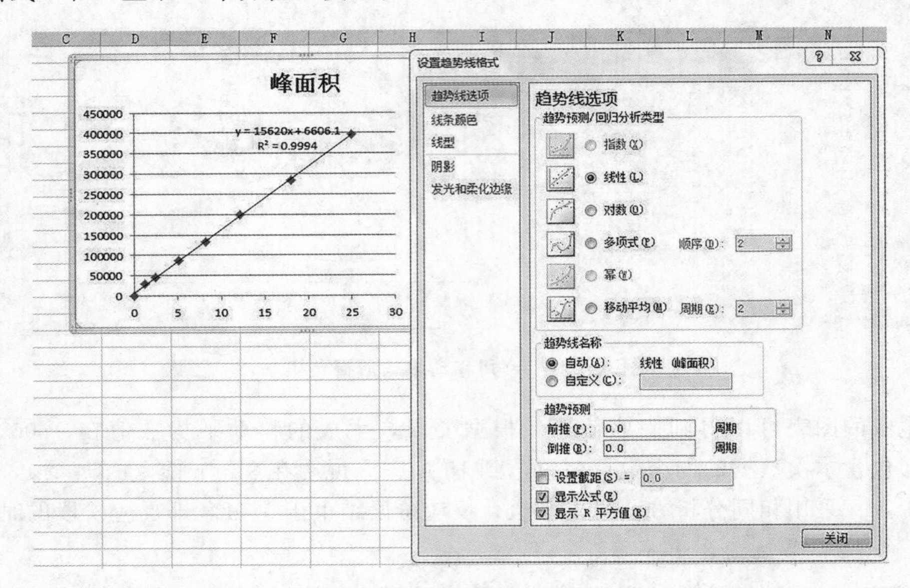

图 4－33　数据拟合形式的设置界面及拟合直线

由图 4－33 可知，拟合直线是 $y=15620x+6606.1$，$R^2=0.9994$。因为 $R^2>0.99$，所以这是一个线性特征非常明显的实验模型，即拟合直线能够以大于 99.99％的概率解释、涵盖实测数据，具有很好的一般性，可以在测量其他未知浓度溶液时作为标准工作曲线。为了使用更多指标描述该模型，我们使用数据分析中的“回归”工具详细分析这组数据。在菜单栏选择“数据”→“数据分析”→“回归”命令，弹出“回归”对话框，如图 4－34 所示。单击“确定”按钮，得到图 4－35 所示的结果。

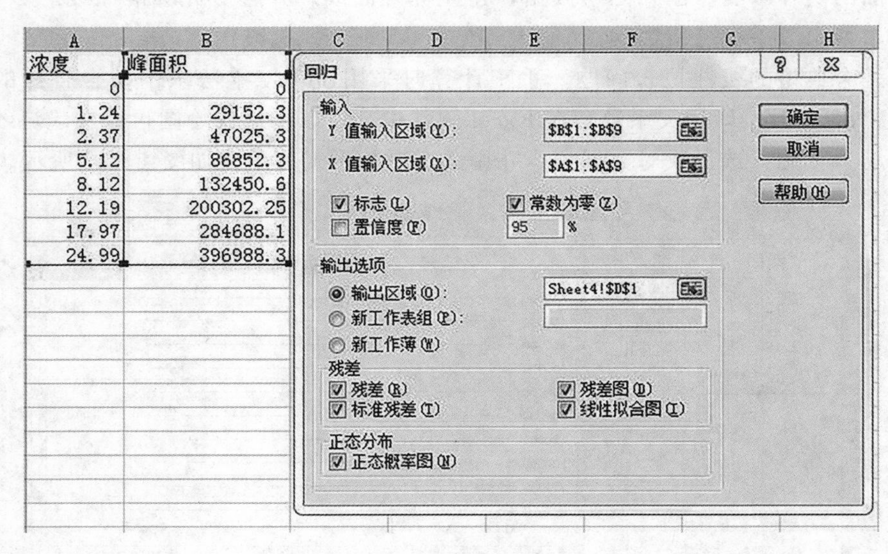

图 4－34　“回归”对话框

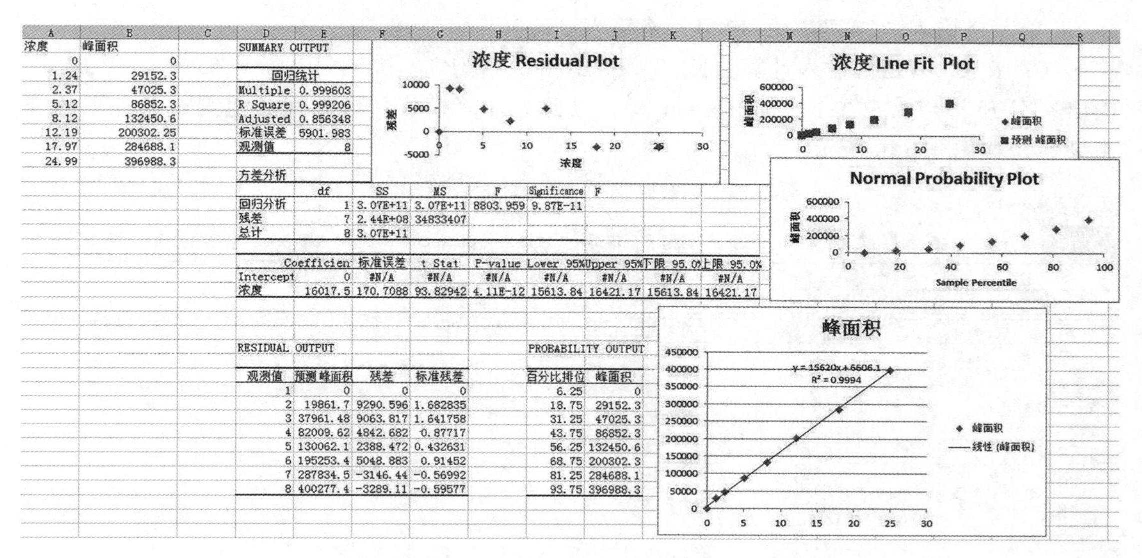

图 4—35 回归分析所得结果

图 4—35 中不但有根据要求生成的数据点，而且有经过拟合处理的预测数据点，拟合直线的参数显示在数据表格中。残差图是表示实际值与预测值差距的图表，如果残差图中的散点在中轴（零点）上下两侧凌乱分布，那么拟合直线是合理的，否则需要重新处理。

4.6 Excel 软件在计算与数据分析领域的应用

〔**例 4—2**〕利用 Excel 软件计算维氏硬度和采用压痕法测量陶瓷材料的断裂韧性，其公式如下。

$$HV_p = 1.8544\ P/d^2 \tag{4.1}$$

$$K_{IC} = 0.016\ (E/HV_p)^{0.5}\ P(c')^{-3/2} \tag{4.2}$$

式中：P 为载荷质量（10 kg）；d 为压痕对角线长度（1 mm）；HV 为维氏硬度（kg/mm^2）；E 为弹性模量（对于陶瓷材料，$E \approx 300$ GPa）；c' 为压痕裂纹长度（0.05 m）；K_{IC} 为断裂韧性（$MPa \cdot m^{1/2}$）。

【拓展视频】

〔解析〕从题目可以看出，先将参数代入公式（4.1）求出 HV_p，再将相关参数代入公式（4.2）求出 K_{IC}，过程简单，但比较费时。若利用 Excel 软件，则需要按下述步骤求解。

（1）打开 Excel 软件。

（2）在 A1 单元格输入“P=”，在 A2 单元格输入“d=”，在 A3 单元格输入“HV_p=”，在 B1 单元格输入“10”，在 B2 单元格输入“1”。

（3）在 B3 单元格输入计算公式“=1.8544*B1/B2^2”。

（4）输出答案 $HV_p = 18.544\ kg/mm^2$。

（5）在 A5 单元格输入“E=”，在 A6 单元格输入“c=”，在 A7 单元格输入“K_{IC}=”，

在 B5 单元格输入“300”，在 B6 单元格输入“0.05”。

（6）在 B7 单元格输入计算公式“=0.016 * （B5/B3）^0.5 * B1 * （B6）^（−1.5）”，输出答案 K_{IC}=57.56041205 MPa · $m^{1/2}$。以此为计算模板，可计算其他测试条件下的断裂韧性，如图 4−36 所示。

文件 开始 插入 页面布局 公式 数据 审阅 视图 ChemOffice16 福昕PDF 特色功能 PDF工具集

B7 fx =0.016*(B5/B3)^0.5*B1*(B6)^(-1.5)

	A	B	C	D	E	F	G	H	I	J
1	P=	10								
2	d=	1								
3	HVp=	18.544								
4										
5	E=	300								
6	c'=	0.05								
7	K_{IC}=	57.56041205								
8										

图 4−36 利用 Excel 软件计算陶瓷材料的断裂韧性

〔例 4−3〕化合物在烧结过程中，单位面积上的凝聚速率正比于蒸气压差（平衡气压与大气压的差），其公式如下：

$$U_m = \alpha \Delta p (\frac{M}{2\pi RT})1/2$$

式中：U_m 为凝聚速率 [g/（cm^2 · s）]；a 为调节系数，$a \approx 1$；Δp 为蒸气压差，Δp = 0.05 MPa；M 为相对原子量，M =152；T 为温度，T =300K，R 为气体常数，R =8.314。请利用 Excel 软件做一个表格，输入相关参数及数值即可计算凝聚速率。

步骤如下。

（1）在 A1 单元格输入“a=”，在 A2 单元格输入“Δp=”，在 A3 单元格输入“M=”，在 A4 单元格输入“U_m=”。

（2）在 B1 单元格输入“1”，在 B2 单元格输入“0.05”，在 B3 单元格输入“152”。

（3）在 B4 单元格输入计算公式“=B1 * B2 * （B3/（2 * 8.314 * 3.14 * 300））^0.5”。

（4）输出答案 U_m=0.004925455 g/（cm^2 · s），如图 4−37 所示。

B4 fx =B1*B2*(B3/(2*8.314*3.14*300))^0.5

	A	B	C	D	E	F	G
1	a=	1					
2	ΔP=	0.05					
3	M=	152					
4	U_m=	0.004925455					
5							

图 4−37 利用 Excel 软件计算化合物的凝聚速率

〔例 4−4〕某陶瓷材料由复杂的氧化物复合而成，其简化的化学式为 $Pb_{0.95}Sr_{0.05}(Ti_{0.5}Zr_{0.5})O_2 + 0.5Cr_2O_3 + 0.3Fe_2O_3$。要制备这种陶瓷材料，拟选用表 4−2 所列原料配制。若需要此陶瓷材料 1 kg，则应如何配制原料呢？

表 4—2 原料的名称及纯度

名称	纯度/（%）	名称	纯度/（%）
四氧化三铅（铅丹）（Pb_3O_4）	98.0	氧化钛（TiO_2）	99.0
碳酸锶（$SrCO_3$）	97.0	氧化铁（Fe_2O_3）	98.9
氧化锆（ZrO_2）	99.5	氧化铬（Cr_2O_3）	99.0

步骤如下。

（1）将原材料的名称及纯度数据输入 Excel 工作表，如图 4—38 所示。

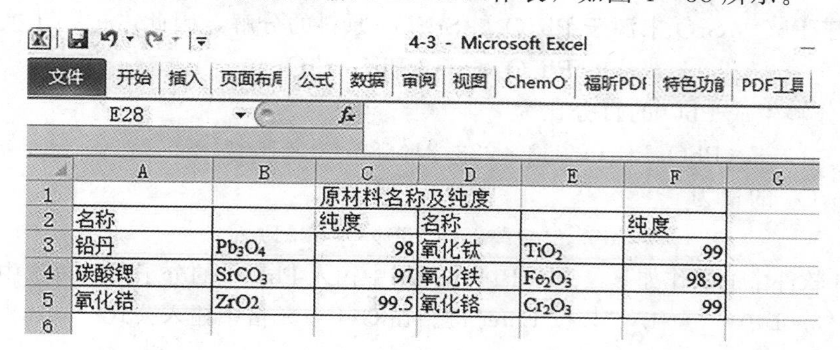

	A	B	C	D	E	F	G
1			原材料名称及纯度				
2	名称		纯度	名称		纯度	
3	铅丹	Pb_3O_4	98	氧化钛	TiO_2	99	
4	碳酸锶	$SrCO_3$	97	氧化铁	Fe_2O_3	98.9	
5	氧化锆	ZrO2	99.5	氧化铬	Cr_2O_3	99	
6							

图 4—38 将相关数据输入 Excel 工作表

（2）由于该陶瓷材料由三部分构成，分别为 $Pb_{0.95}Sr_{0.05}$（$Ti_{0.5}Zr_{0.5}$）O_2、Cr_2O_3 和 Fe_2O_3，因此，为了方便计算，可以将复合氧化物 $Pb_{0.95}Sr_{0.05}$（$Ti_{0.5}Zr_{0.5}$）O_2 看成 $(PbO)_{0.95}$ $(SrO)_{0.05}$ $(TiO_2)_{0.5}$ $(ZrO_2)_{0.5}$。先将该复合氧化物中各氧化物的物质的量、分子质量输入工作表，再利用氧化物的物质的量与分子质量的乘积关系得到各氧化物的质量。操作方法如下：以计算氧化铅质量为例，选中 B11 单元格（存放氧化铅质量的单元格）并输入公式"＝B9 * B10"，按 Enter 键。分别将该公式复制到 C11、D11、E11 单元格中，计算其他氧化物的质量。在 F11 单元格中输入"＝SUM（B11:E11）"，按 Enter 键，计算 1 mol 材料质量，如图 4—39 所示。

B18 fx

	A	B	C	D	E	F	G
7				所需材料质量			
8	氧化物	PbO	SrO	ZrO_2	TiO_2	1 mol 材料质量	
9	物质的量	0.95	0.05	0.5	0.5		
10	分子质量	223.21	103.62	123.22	79.9		
11	氧化物质量	212.0495	5.181	61.61	39.95	318.7905	
12	原料所需质量						
13							

图 4—39 $Pb_{0.95}Sr_{0.05}$（$Ti_{0.5}Zr_{0.5}$）O_2 材料的质量计算

（3）若 1 mol $Pb_{0.95}Sr_{0.05}$（$Ti_{0.5}Zr_{0.5}$）O_2 的总质量按 100% 计，则需生成的 PbO 量为 100 *（212.0495/318.7905），可在 B12 单元格中输入公式"＝B11 * 100/ $F $11"计算。分别将公式复制到 C11、D11、E11 单元格，可计算 SrO、TiO_2、ZrO_2 的质量，如图 4—40 所示。

B12	f_x =B11*100/$F$11					
	A	B	C	D	E	F
7				所需材料质量		
8	氧化物	PbO	SrO	ZrO_2	TiO_2	1 mol 材料质量
9	物质的量	0.95	0.05	0.5	0.5	
10	分子质量	223.21	103.62	123.22	79.9	
11	氧化物质量	212.0495	5.181	61.61	39.95	318.7905
12	原料所需质量	66.516882	1.6252053	19.326172	12.531741	

图 4－40　1 mol $Pb_{0.95}Sr_{0.05}$（$Ti_{0.5}Zr_{0.5}$）O_2 中各氧化物的质量计算

（4）由于 PbO、SrO 来源于 Pb_3O_4、$SrCO_3$ 原料的分解，因此需进一步换算如下。

$$Pb_3O_4 \longrightarrow 3\ PbO + 2O_2$$

Pb_3O_4 分解生成 PbO 的百分比为

$$3 \times PbO/Pb_3O_4 = 3 \times 223.21/685.63 \times 100\% \approx 97.67\%$$

所需 Pb_3O_4 的量为

$$66.52/97.67 \times 100\% \approx 68.11\%$$

在 Excel 软件中的操作如下：先在 B14 单元格中输入 Pb_3O_4 的分子量，再选中 E14 单元格并输入公式“3 * B10 * 100/B14”，按 Enter 键。在 G14 单元格中输入公式“＝B12 * 100/E14”，按 Enter 键。

同理，计算所需 $SrCO_3$ 的量。

$$SrCO_3 \longrightarrow SrO + CO_2$$

$$SrO/SrCO_3 = 103.62/147.63 \times 100\% \approx 70.18\%$$

所需 $SrCO_3$ 的量为

$$1.62/70.18 \times 100\% \approx 2.3\%$$

在 Excel 中的操作如下：先在 B15 单元格中输入 $SrCO_3$ 的分子量，再选中 E15 单元格并输入公式“C10 * 100/B15”，按 Enter 键。在 G15 单元格中输入公式“＝C12 * 100/E15”，按 Enter 键。计算结果如图 4－41 所示。

7				所需材料质量			
8	氧化物	PbO	SrO	ZrO_2	TiO_2	1 mol 材料质量	
9	物质的量	0.95	0.05	0.5	0.5		
10	分子质量	223.21	103.62	123.22	79.9		
11	氧化物质量	212.0495	5.181	61.61	39.95	318.7905	
12	$SrCO_3$的分子量	66.516882	1.6252053	19.32617189	12.531741		
13							
14	Pb_3O_4的分子量	658.63		Pb_3O_4分解%	97.67	需Pb_3O_4	68.103698
15	$SrCO_3$的分子量	147.63		$SrCO_3$分解%	70.18	需$SrCO_3$	2.315767

图 4－41　计算结果

以上是基于纯的氧化物原料的计算，由于每种原料的纯度都不是 100%，因此还要计算真实条件下的原料用量［受 Pb_3O_4 特性的影响，在烧结中过程中会损失一部分（约占 1.5%），需要加上］。在 Excel 软件中的操作如下：选中 B19 单元格并输入公式“＝G14＋1.5”，按 Enter 键；在 C19 单元格中输入“＝G15”，在 D19 单元格中输入“＝D12”，在

E19 单元格中输入“＝E12”，分别输入 $SrCO_3$、ZrO_2、TiO_2 的量。由于 Cr_2O_3、Fe_2O_3 的量已给出，因此可分别在 F19、G19 单元格中直接输入 0.5、0.3。为了方便观察数据和计算，可以在其他单元格输入各原料纯度，如图 4－40 中的 B20、C20、D20 单元格等。各实际原料用量的计算关系为“实际原料用量＝纯原料量/原料纯度”。在 Excel 软件中的操作如下：在 B21 单元格中输入公式“＝B19 * 100/B20”，按 Enter 键；再将公式复制到 C21～G21 单元格。1 kg 实际配料量的计算：B21～G21 单元格的数据正好是按 100 g 原料计算的，乘以 10 即得到 1 kg 实际配料量。在 Excel 软件中的操作如下：在 B22 单元格中输入“＝B21 * 10”，按 Enter 键；将公式复制到 C22～G22 单元格，得出结果，如图 4－42 所示。

4-3 - Microsoft Excel

文件 开始 插入 页面布局 公式 数据 审阅 视图 ChemOffice16 福昕PDF 特色功能 PDF工具集

B22 =B21*10

	A	B	C	D	E	F	G	H
1			原材料名称及纯度					
2	名称		纯度	名称		纯度		
3	铅丹	Pb_3O_4	98	氧化钛	TiO_2	99		
4	碳酸锶	$SrCO_3$	97	氧化铁	Fe_2O_3	98.9		
5	氧化锆	ZrO2	99.5	氧化铬	Cr_2O_3	99		
6								
7				所需材料质量				
8	氧化物	PbO	SrO	ZrO_2	TiO_2	1 M材料质量		
9	物质的量	0.95	0.05	0.5	0.5			
10	分子质量	223.21	103.62	123.22	79.9			
11	氧化物质量	212.0495	5.181	61.61	39.95	318.7905		
12	$SrCO_3$的分子量	66.51688178	1.625205268	19.32617189	12.53174107			
13								
14	Pb3O4的分子量	658.63		Pb3O4分解%	97.67	需Pb3O4	68.103698	
15	$SrCO_3$的分子量	147.63		SrCO3分解%	70.18	需SrCO3	2.315767	
16								
17				实际用量计算表				
18	材料	Pb3O4	SrCO3	ZrO2	TiO_2	Cr_2O_3	Fe_2O_3	
19	纯原料量（%）	69.60369794	2.315766982	19.3261719	12.53174107	0.5	0.3	
20	原料纯度（%）	98	97	99.5	99	99	98.9	
21	实际原料用量（%）	71.02418157	2.387388641	19.42328833	12.65832431	0.505050505	0.3033367	
22	1kg实际配料量（g）	710.2418157	23.87388641	194.2328833	126.5832431	5.050505051	3.033367	
23								

图 4－42 $Pb_{0.95}Sr_{0.05}(Ti_{0.5}Zr_{0.5})O_2+0.5Cr_2O_3+0.3Fe_2O_3$ 的原料计算结果

规划求解是一种假设分析工具，可以求得工作中某些假定条件下的最佳值。Excel 软件具有规划求解功能。规划求解一般有线性与非线性两种问题，可得到较优的工艺参数、最低成本、最短时间、最大盈利、最优效果等。解决这些实际问题时，一般都有约束条件，故规划求解问题一般由如下几部分实现：①一个或一组可变单元格，可变单元格称为决策变量，一组决策变量代表一个规划求解的方案；②目标函数，表示规划求解的最终目标，它是规划求解的关键，也是规划求解中可变量的函数；③约束条件，即实现目标的限制条件。规划求解的意义在于人们可为工作表目标单元格中的公式找到一个优化值，对直接或间接与目标单元格公式相关的一组单元格数值进行调整，最终在目标单元格公式中求得期望的结果。

〔**例 4－5**〕某肥料加工厂专门收集青草、树枝、花朵等有机物，利用这些有机物与不同比例的泥土、有机垃圾、矿物质、修剪物混合生产植物肥料。采用不同的用料配比，在生产与收集肥料的过程中可得到底层肥料、中层肥料、上层肥料和劣质肥料 4 种肥料。如何合理搭配原料，使产品利润最大？生产肥料的库存原料及单价见表 4—3。肥料成品的用料配比及单价见表 4—4。

表 4—3　生产肥料的库存原料及单价

库存原料	库存量/t	单价/元
泥土	4 100	0.20
有机垃圾	3 200	0.15
矿物质	3 500	0.10
修剪物	1 600	0.23

表 4—4　肥料成品的用料配比及单价

产品配比	泥土	有机垃圾	矿物质	修剪物	单价/元
底层肥料	55	54	76	23	105.00
中层肥料	64	32	45	20	84.00
上层肥料	43	32	98	44	105.00
劣质肥料	18	45	23	18	57.00

〔**解析**〕该问题的实质是求各种肥料的生产数量，以使产品利润最大，故建立规划求解，步骤如下。

（1）建立求解工作关系表（输入原始数据及相应公式），如图 4—43 所示。

	A	B	C	D	E	F	G	H
1	表一：成品用料及其价格表							
2	产品	泥土	有机垃圾	矿物质	修剪物	生产数量	单价	总价值
3	底层肥料	55	54	76	23	0	105	=F3*G3
4	中层肥料	64	32	45	20	0	84	=F4*G4
5	上层肥料	43	32	98	44	0	105	=F5*G5
6	劣质肥料	18	45	23	18	0	57	=F6*G6
7								
8	表二：材料库存及使用状况表							
9	库存情况	泥土	有机垃圾	矿物质	修剪物			
10	现有库存	4100	3200	3500	1600			
11	可用库存	=SUM(B3:B6*$F$3:$F$6)	=SUM(C3:C6*$F$3:$F$6)	=SUM(D3:D6*$F$3:$F$6)	=SUM(E3:E6*$F$3:$F$6)			
12								
13	表三：成本价格表							
14	项目	泥土	有机垃圾	矿物质	修剪物			
15	单位成本	0.2	0.15	0.1	0.23			
16	单项成本	=B15*B11	=C15*C11	=D15*D11	=E15*E11			
17								
18	表三：盈余表							
19	总收入	=SUM(H3:H6)						
20	总成本	=SUM(B16:E16)						
21	盈余额	=B19-B20						

图 4—43　求解工作关系表

（2）设置求解参数。在菜单栏选择“数据”→“规划求解”选项，在弹出的“规划求解”对话框中设置以下参数：设置目标单元格为“输入目标函数所在单元格（为总余额单元格）”；设置目标为“最大值、最小值或值的数值”，因利润要最大，即最大值；设置可变单元格“它的确定决定结果（为生产数量）”。

（3）设置约束条件。单击“添加”按钮，在弹出的对话框中输入约束条件，单击“确定”按钮，得到图 4—44 所示的结果。

	A	B	C	D	E	F	G	H
1	表一：成品用料及其价格表							
2	产品	泥土	有机垃圾	矿物质	修剪物	生产数量	单价	总价值
3	底层肥料	55	54	76	23	10.802613	105.00	1134.27
4	中层肥料	64	32	45	20	48.961736	84.00	4112.79
5	上层肥料	43	32	98	44	0	105.00	0.00
6	劣质肥料	18	45	23	18	20.683621	57.00	1178.97
7								
8	表二：材料库存及使用状况表							
9	库存情况	泥土	有机垃圾	矿物质	修剪物			
10	现有库存	4100	3200	3500	1600			
11	可用库存	4100	3080.87961	3500	1600			
12								
13	表三：成本价格表							
14	项目	泥土	有机垃圾	矿物质	修剪物			
15	单位成本	0.20	0.15	0.10	0.23			
16	单项成本	820.00	462.13	350.00	368.00			
17								
18	表三：盈余表							
19	总收入	6426.03						
20	总成本	2000.13						
21	盈余额	4425.90						

图 4—44　产品利润最大的生产结果

（4）保存求解结果。在“规划求解”对话框中单击“求解”按钮，在“规划求解结果”对话框中单击“保存规划求解结果”按钮。

〔例 4—6〕 锆含量对磁体性能有一定的影响，见表 4—5。试用 Excel 软件绘制锆含量与磁体性能的关系曲线。

表 4—5　锆含量对磁体性能的影响

锆含量/（%）	$(BH)_m$/（$kJ\cdot m^{-3}$）	Br/T	Hci/（$kA\cdot m^{-1}$）	Hk/Hci/（%）
0	57	0.642	44.7	24.6
0.5	60	0.651	52.5	25.7
1.0	77	0.675	61.6	39.9
1.5	72	0.655	73.1	36.7
2.0	71	0.647	76.6	35.4
2.5	69	0.644	77.0	35.2

（1）输入数据。不要输入“锆含量”，让第一个单元格空着；否则作图时，锆含量将作为一列数据，而不是作为横坐标。

（2）绘制曲线。在菜单栏选择“插入”→“折线图”→“带数据标记的折线图”选项。

（3）由于 Br 与 $(BH)_m$、Hci、Hk/Hci 的数值不在相似的数量级上，因此需要其他纵坐标轴展示。可以右击 Br 曲线，在弹出的快捷菜单中选择“设置数据系列格式”命令，在弹出对话框的“系列”选项组中选择“次坐标轴”单选项。

（4）生成的折线图缺少横、纵坐标轴标题等信息，需要逐步添加。下面以添加横坐标轴标题为例，单击图形的任一位置，在菜单栏中显示“图表工具”，单击“布局”→“坐标轴标题”→“主要横坐标标题”→“坐标轴下方标题”命令，输入横坐标轴名称及其单位［如“锆含量/（%）”］。同理，可以设置主、次纵坐标轴名称及其单位，如图4－45所示。

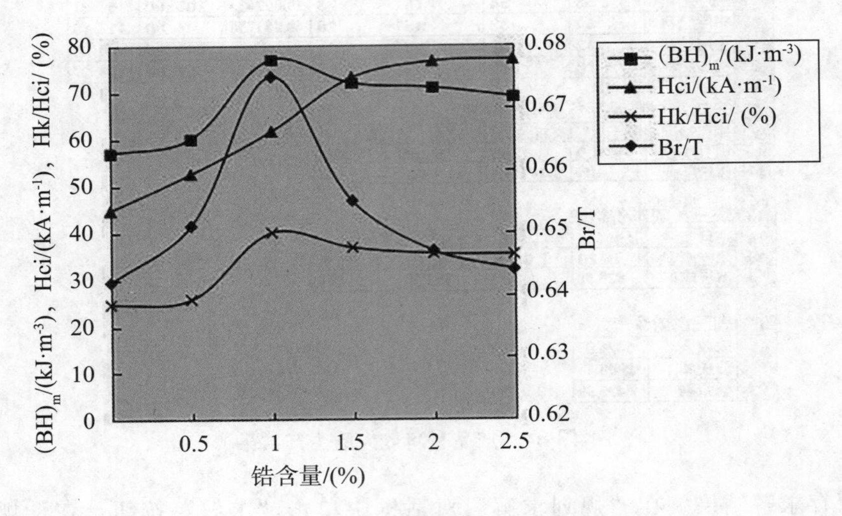

图4－45 锆含量与磁体性能的关系曲线

（5）根据实际情况修改图表字体、图形的长宽比例、刻度方向、图形背底等，使图形更具可读性、美观性和可分析性。

〔**例4－7**〕某种合成纤维的强度（y）与拉伸倍数（x）存在一定的关系，通过实验获得表4－6所列的实验数据。试用Excel软件分析其规律。

表4－6 合成纤维的强度与拉伸倍数的实验数据

编号	拉伸倍数	强度
1	1.9	1.4
2	2.0	1.3
3	2.1	1.8
4	2.5	2.5
5	2.7	2.8
6	2.7	2.5
7	3.5	3.0
8	3.5	2.7
9	4.0	4.0
10	4.0	3.5
11	4.5	4.2
12	4.6	3.5

〔**解析**〕解此题的关键在于确定描述合成纤维的强度与拉伸倍数关系的数学模型。为

了找出合适的数学模型，首先观察在平面坐标系中 y 随 x 变化的趋势；然后用一个与之相近的数学模型拟合；最后分析拟合结果，判断该数学模型是否合适。具体操作过程如下。

（1）将实验数据输入 Excel 工作表，以拉伸倍数为横坐标轴、以强度为纵坐标轴。选中数据后，在菜单栏选择“插入”→“散点图”选项，得到图 4－46 所示的结果。

文件 开始 插入 页面布局 公式 数据 审阅 视图 ChemOffice16 福昕PDF 特色功能 PDF工具集 设计 布局 格式

图表 5 fx

	A	B	C
1		拉伸倍数	强度
2	1	1.9	1.4
3	2	2	1.3
4	3	2.1	1.8
5	4	2.5	2.5
6	5	2.7	2.8
7	6	2.7	2.5
8	7	3.5	3
9	8	3.5	2.7
10	9	4	4
11	10	4	3.5
12	11	4.5	4.2
13	12	4.6	3.5

强度

4.5 4 3.5 3 2.5 2 1.5 1 0.5 0

0 1 2 3 4 5

◆强度

图 4－46 强度与拉伸倍数的关系图

（2）从图 4－46 可以观察到，随着拉伸倍数的增大，合成纤维的强度有增大趋势，在一定程度上二者呈线性关系（$y=ax+b$），因而可用线性模型拟合。右击数据点，在弹出的快捷菜单中选择“添加趋势线”选项，在弹出的对话框中勾选“线性”“显示公式”“显示 R 平方值”复选框，得到图 4－47 所示的结果。

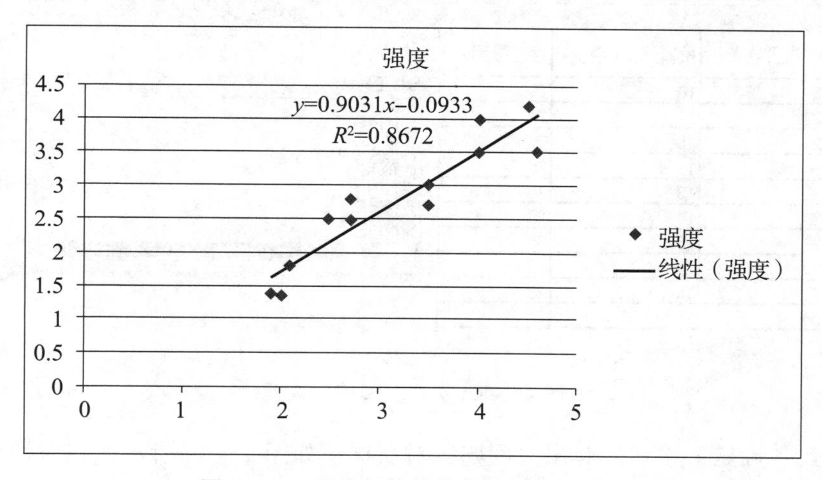

图 4－47 强度与拉伸倍数的拟合关系图

（3）从图 4－47 可以看出拟合趋势较好，合成纤维的强度与拉伸倍数的关系基本可以用线性关系描述。

〔**例 4-8**〕某材料加工厂需评估每月管理费用 y，用工人劳动日数 x_1 与机器开工台数 x_2 做自变量。现搜集当年 10 个月的数据，见表 4-7。试用 Excel 软件估计 y 与 x_1、x_2 的线性回归方程（$\alpha=0.05$）。

表 4-7　某材料加工厂工人劳动日数、机器开工台数与管理费用的数据统计

月份	劳动日数 x_1	机器开工台数 x_2	管理费用 y
1	30	16	29
2	28	14	24
3	28	15	27
4	30	13	25
5	31	13	26
6	28	14	28
7	29	16	30
8	30	16	28
9	29	15	28
10	26	15	27

（1）将实验数据输入 Excel 工作表。为找出关系 $y=ax_1+bx_2+c$，在菜单栏中选择“数据”→“数据分析”选项，在弹出的“数据分析”对话框中选择“回归”选项，如图 4-48 所示。

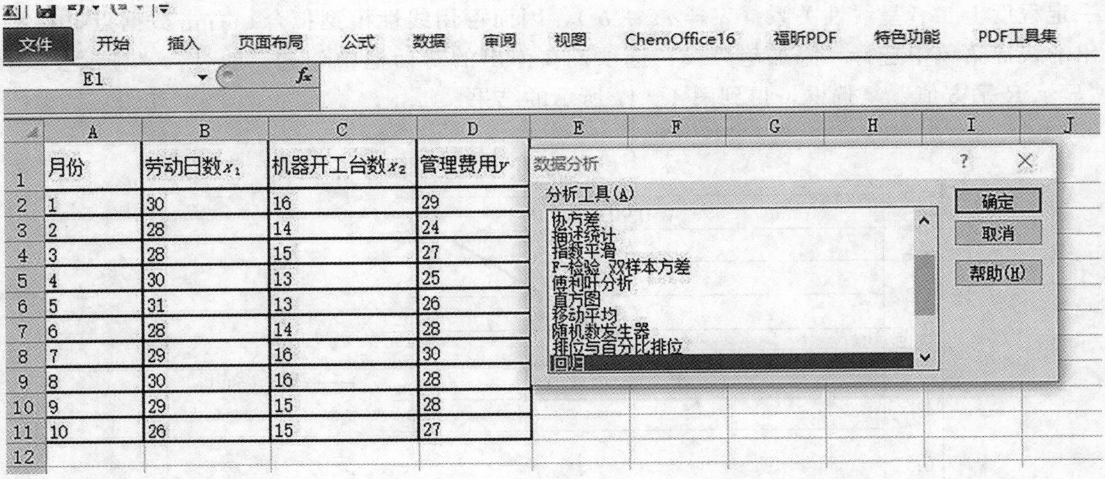

图 4-48　选择“回归”选项

（2）单击“确定”按钮，弹出“回归”对话框，如图 4-49 所示。在对话框中设置 X 值输入区域和 Y 值输入区域，根据实际情况设置“输入”“输出选项”“残差”“正态分布”选项组。

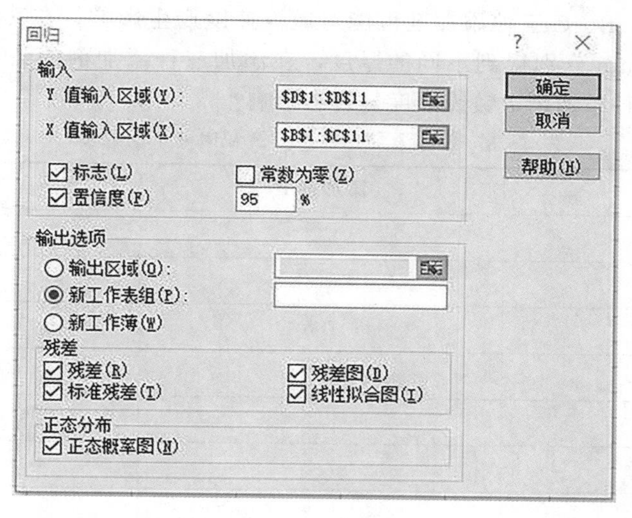

图 4－49 “回归”对话框

(3) 单击“确定”按钮，输出回归分析结果，如图 4－50 所示。可以看到回归拟合的系数、方差分析结果和各图表信息。

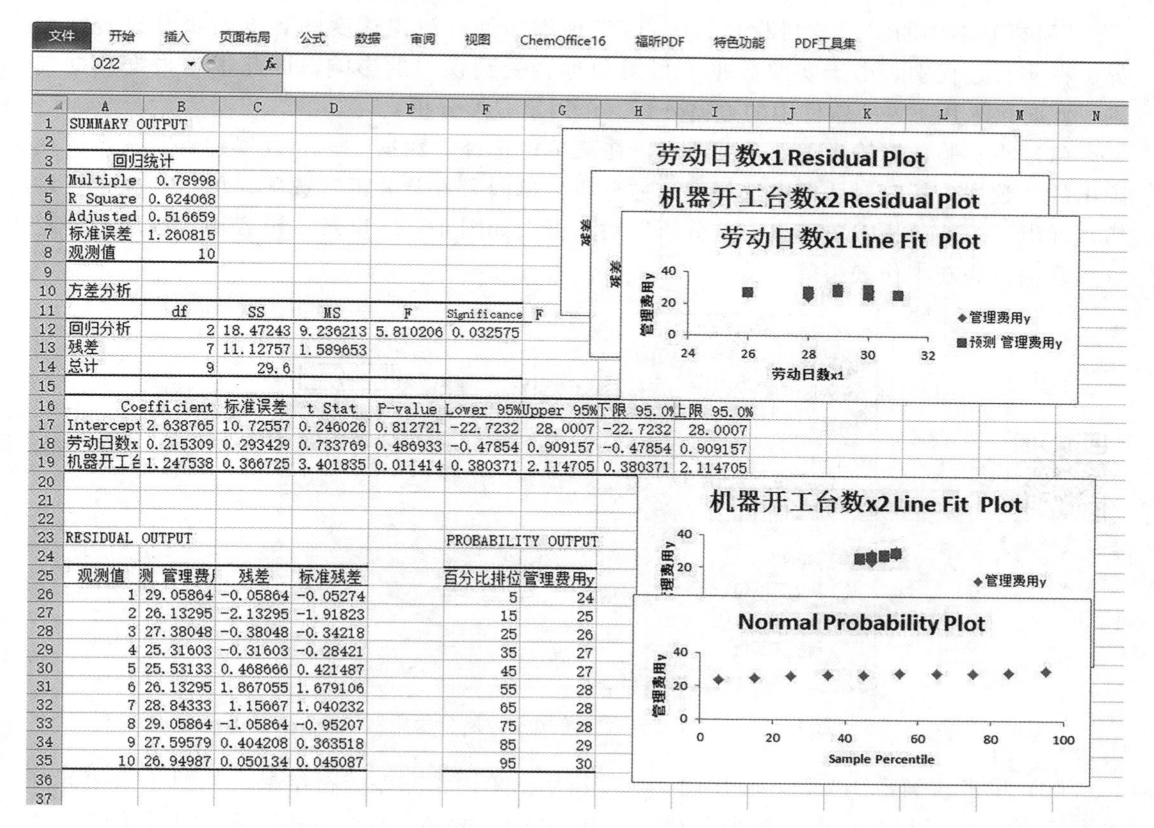

SUMMARY OUTPUT

回归统计	
Multiple	0.78998
R Square	0.624068
Adjusted	0.516659
标准误差	1.260815
观测值	10

方差分析

	df	SS	MS	F	Significance F
回归分析	2	18.47243	9.236213	5.810206	0.032575
残差	7	11.12757	1.589653		
总计	9	29.6			

	Coefficient	标准误差	t Stat	P-value	Lower 95%	Upper 95%	下限 95.0%	上限 95.0%
Intercept	2.638765	10.72557	0.246026	0.812721	-22.7232	28.0007	-22.7232	28.0007
劳动日数x	0.215309	0.293429	0.733769	0.486933	-0.47854	0.909157	-0.47854	0.909157
机器开工台	1.247538	0.366725	3.401835	0.011414	0.380371	2.114705	0.380371	2.114705

RESIDUAL OUTPUT

观测值	测 管理费/	残差	标准残差
1	29.05864	-0.05864	-0.05274
2	26.13295	-2.13295	-1.91823
3	27.38048	-0.38048	-0.34218
4	25.31603	-0.31603	-0.28421
5	25.53133	0.468666	0.421487
6	26.13295	1.867055	1.679106
7	28.84333	1.15667	1.040232
8	29.05864	-1.05864	-0.95207
9	27.59579	0.404208	0.363518
10	26.94987	0.050134	0.045087

PROBABILITY OUTPUT

百分比排位	管理费用y
5	24
15	25
25	26
35	27
45	27
55	28
65	28
75	28
85	29
95	30

图 4－50 回归分析结果

〔**例 4—9**〕A、B、C 三种添加剂可能对镀镍速度产生影响，在其他工艺条件相同的情况下，电沉积 1 min 分别得到不同的厚度，在添加三种添加剂的条件下重复 9 次实验（表 4—8）。试问三种添加剂对镀镍速度是否有影响？

表 4—8　三种添加剂在相同沉积时间下的厚度　　单位：μm

添加剂 A	添加剂 B	添加剂 C
8.1	8.3	8.5
9.2	6.6	9.4
8.2	7.5	9.1
9.1	8.7	8.3
8.6	8.2	8.3
8.4	7.8	8.8
9.5	8.3	6.6
8.8	8.4	9.4
7.7	9.2	9.1

〔**解析**〕本例的实质是判断 A、B、C 三种添加剂对镀镍速度的影响是否有显著性差异。在实验过程中，由于实验数据不可避免地会受到误差的影响，因此很难根据数据判别，此时可采用 Excel 软件中的方差分析（单因素方差分析）。

（1）将实验数据输入 Excel 工作表，在菜单栏选择“数据”→“数据分析”选项，在弹出的“数据分析”对话框中选择“方差分析：单因素方差分析”选项，单击“确定”按钮，弹出“方差分析：单因素方差分析”对话框，如图 4—51 所示，设置输入区域、分组方式、输出为新工作表组等。

【拓展视频】

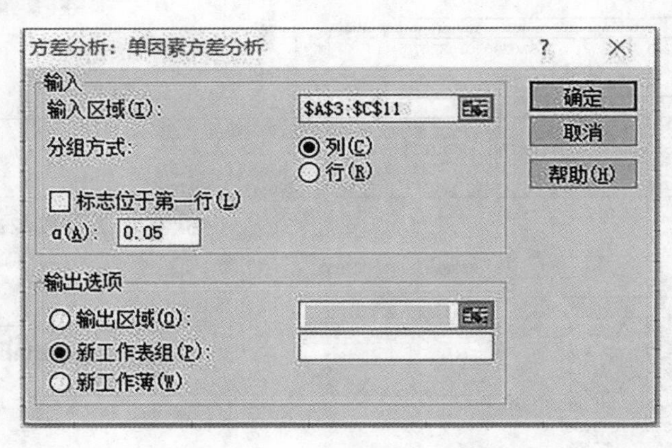

图 4—51　“方差分析：单因素方差分析”对话框

（2）单击“确定”按钮，输出图 4—52 所示的单因素方差分析结果。从图 4—52 可以看到 F 值（1.397436）小于 F 临界值（3.402826），故 A、B、C 三种添加剂对镀镍速度的影响无显著性差异。

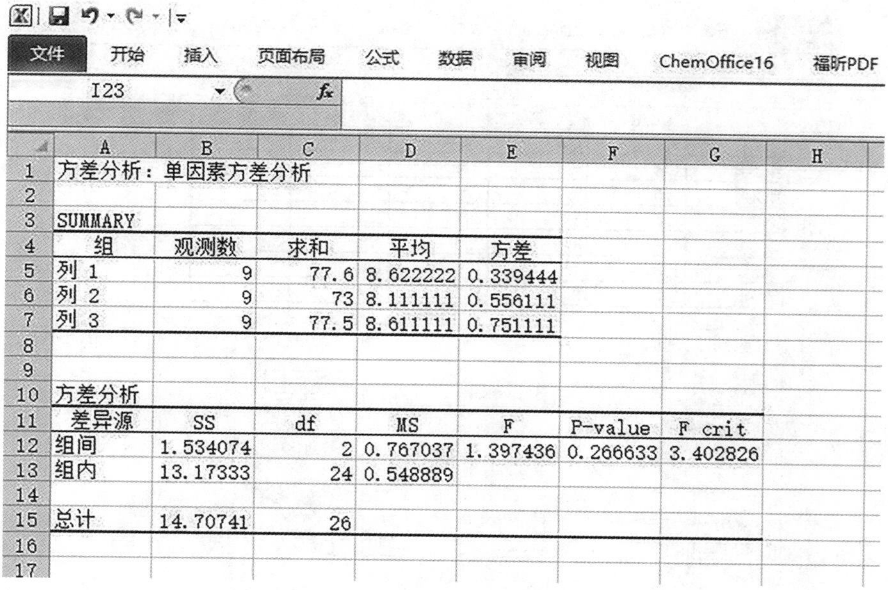

文件 开始 插入 页面布局 公式 数据 审阅 视图 ChemOffice16 福昕PDF

I23

	A	B	C	D	E	F	G	H
1	方差分析：单因素方差分析							
2								
3	SUMMARY							
4	组	观测数	求和	平均	方差			
5	列 1	9	77.6	8.622222	0.339444			
6	列 2	9	73	8.111111	0.556111			
7	列 3	9	77.5	8.611111	0.751111			
8								
9								
10	方差分析							
11	差异源	SS	df	MS	F	P-value	F crit	
12	组间	1.534074	2	0.767037	1.397436	0.266633	3.402826	
13	组内	13.17333	24	0.548889				
14								
15	总计	14.70741	26					
16								
17								

图 4—52 单因素方差分析结果

〔**例 4—10**〕某实验室按照体重将 30 只相同性别的老鼠分成 6 组，每 5 只一组，分别用 5 种方法染尘，测得老鼠全肺湿重数据（表 4—9）。试用 Excel 软件分析不同处理方法对老鼠全肺湿重的影响。

表 4—9 不同处理方法下的老鼠全肺湿重数据

组别	对照组	A 组	B 组	C 组	D 组
第 1 组	1.4	4.1	1.9	1.5	2
第 2 组	1.5	3.6	1.9	2.4	2.3
第 3 组	1.5	4.3	2.1	2.3	2.6
第 4 组	1.8	3.3	2.3	2.5	2.6
第 5 组	1.8	4.2	1.8	1.8	2.4
第 6 组	1.5	3.3	1.7	2.4	2.1

〔**解析**〕本例的实质是判断分组和处理方法对老鼠全肺湿重是否有显著性差异，可采用 Excel 软件中的方差分析（无重复双因素分析）判别。

【拓展视频】

(1) 将实验数据输入 Excel 工作表，以组别为行、以不同处理方法为列。在菜单栏选择“数据”→“数据分析”命令，在弹出的“数据分析”对话框中选择“方差分析：无重复双因素分析”选项，单击“确定”按钮，弹出“方差分析：无重复双因素分析”对话框，如图 4—53 所示，设置输入区域、分组方式、输出为新工作表组等。

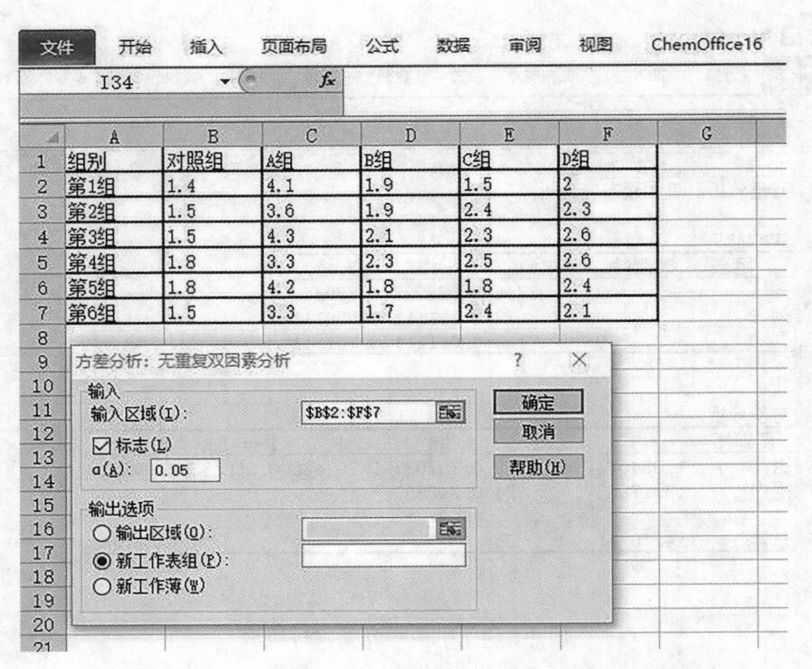

图 4－53 “方差分析：无重复双因素分析”对话框

（2）单击“确定”按钮，输出图 4－54 所示的无重复双因素分析结果。从图 4－54 可以看到行的 F 值（1.112863）小于 F 临界值（3.259167），而列的 F 值（30.73029）大于 F 临界值（3.490295），说明分组对老鼠全肺湿重无显著性区别，而处理方法对老鼠全肺湿重有显著性区别。

文件 开始 插入 页面布局 公式 数据 审阅 视图 ChemOffice16 福昕PDF

F31

	A	B	C	D	E	F	G
1	方差分析：无重复双因素分析						
2							
3	SUMMARY	观测数	求和	平均	方差		
4	1.5	4	10.2	2.55	0.536667		
5	1.5	4	11.3	2.825	1.009167		
6	1.8	4	10.7	2.675	0.189167		
7	1.8	4	10.2	2.55	1.29		
8	1.5	4	9.5	2.375	0.4625		
9							
10	4.1	5	18.7	3.74	0.233		
11	1.9	5	9.8	1.96	0.058		
12	1.5	5	11.4	2.28	0.077		
13	2	5	12	2.4	0.045		
14							
15							
16	方差分析						
17	差异源	SS	df	MS	F	P-value	F crit
18	行	0.447	4	0.11175	1.112863	0.395131	3.259167
19	列	9.2575	3	3.085833	30.73029	6.5E-06	3.490295
20	误差	1.205	12	0.100417			
21							
22	总计	10.9095	19				
23							

图 4－54 无重复双因素分析结果

〔**例 4－11**〕在某合金表面涂覆 A、B 两种涂层，其对硬度产生影响，测试数据见表 4－10。试考查相同厚度条件下，如何使用涂层使合金表面的硬度更高。

表 4－10　不同条件下的硬度数据　　单位：GPa

A 涂层	**B 涂层**	
	含	不含
含	15.1	14.6
	14.5	15.3
	13.8	14.2
不含	13.3	8.1
	14.6	8.3
	13.2	9.1

若同时使用 A、B 两种涂层，则可能二者存在交互作用，可采用 Excel 软件中的方差分析（可重复双因素分析）判别。

（1）将实验数据输入 Excel 工作表，以组别为行、以不同处理方法为列。在菜单栏选择“数据”→“数据分析”命令，在弹出的“数据分析”对话框中选择“方差分析：可重复双因素分析”选项，单击“确定”按钮，弹出“方差分析：可重复双因素分析”对话框，如图 4－55 所示，设置输入区域、每一样本的行数、输出为新工作表组等。

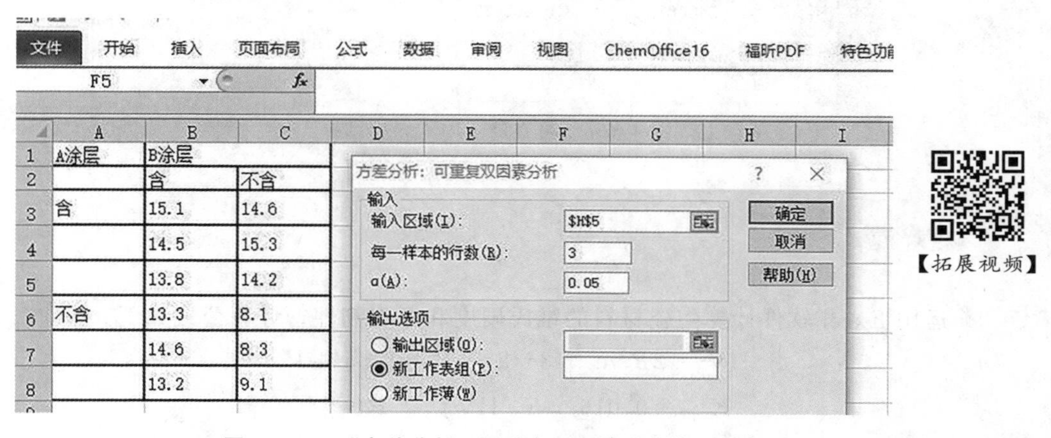

【拓展视频】

图 4－55　“方差分析：可重复双因素分析”对话框

（2）单击“确定”按钮，输出图 4－56 所示的可重复双因素分析结果。从图 4－56 可以看到所有 *F* 值都大于 *F* 临界值，说明 A、B 两种涂层结合使用效果更佳。

文件 开始 插入 页面布局 公式 数据 审阅 视图 ChemOffice16 福昕P

L13

	A	B	C	D	E	F	G
1	方差分析：可重复双因素分析						
2							
3	SUMMARY	含	不含	总计			
4	含						
5	观测数	3	3	6			
6	求和	43.4	44.1	87.5			
7	平均	14.46667	14.7	14.58333			
8	方差	0.423333	0.31	0.309667			
9							
10	不含						
11	观测数	3	3	6			
12	求和	41.1	25.5	66.6			
13	平均	13.7	8.5	11.1			
14	方差	0.61	0.28	8.468			
15							
16	总计						
17	观测数	6	6				
18	求和	84.5	69.6				
19	平均	14.08333	11.6				
20	方差	0.589667	11.768				
21							
22							
23	方差分析						
24	差异源	SS	df	MS	F	P-value	F crit
25	样本	36.40083	1	36.40083	89.69405	1.27E-05	5.317655
26	列	18.50083	1	18.50083	45.58727	0.000145	5.317655
27	交互	22.14083	1	22.14083	54.55647	7.72E-05	5.317655
28	内部	3.246667	8	0.405833			
29							
30	总计	80.28917	11				
31							

图 4－56 可重复双因素分析结果

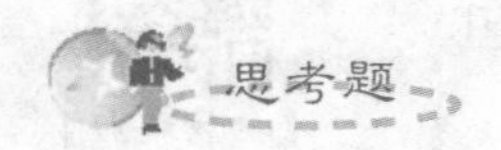

1. 运用 Excel 软件计算陶瓷材料的维氏硬度和断裂韧性，计算公式如下。

$$HV_p = 2P\sin(136/2)^\circ/d^2 \approx 1.8544\ P/d^2$$

$$K_{IC} = 0.016\ (E/HV_p)^{0.5}\ P(c')^{-3/2}$$

其中：$P=10$ kg，$d=0.3$ mm，$E=300$ GPa，$c'=0.02$ m。

2. 运用 Excel 软件绘制某电池的放电电压（V）和极化电流（i）随时间变化的曲线。

i/mA	10	9.51	9.11	8.45	7.8	6	4.5	3
V/V	1.711	1.29	1.256	1.201	1.141	1.101	1.03	1.000

3. 为比较新、旧两种肥料对产量的影响，以决定是否采用新肥料，研究者选择了面积相等、土壤条件相同的 40 块田地，分别对其施用新、旧两种肥料，得到的产量数据如图 4－57 所示。试问新、旧肥料的平均产量是否相等？

	A	B	C
1	旧肥料	新肥料	
2	99	112	
3	102	106	
4	97	106	
5	109	110	
6	101	109	
7	94	111	
8	88	118	
9	101	111	
10	97	110	
11	98	112	
12	108	99	
13	102	102	
14	98	118	
15	99	100	
16	102	107	
17	104	110	
18	99	109	
19	104	113	
20	106	118	
21	101	120	

图 4－57 产量数据

4. 某工厂会计部门估计每月管理费用 y 时，用工人的劳动日数 x_1 与机器开工台数 x_2 作自变量。现搜集当年 10 个月的数据，见表 4－11，估计 y 对 x_1 与 x_2 的线性回归方程($\alpha = 0.05$)。

表 4－11 管理费用与劳动日数和机器开工台数的关系

月份	劳动日数 x_1	机器开工台数 x_2	管理费用 y
1	45	16	29
2	42	14	24
3	44	15	27
4	45	13	25
5	43	13	26
6	46	14	28
7	44	16	30
8	45	16	28
9	44	15	28
10	43	15	27

5. 对水稻施加 3 种药剂，得到水稻苗高，如图 4－58 所示。试用 Excel 软件考查 3 种药剂对水稻苗高的影响是否有显著性差异。

表：水稻不同药剂处理的苗高（cm）

药剂	苗高观察值			
A	18	21	20	13
B	20	24	26	17
C	10	15	17	14
D	28	27	29	32

图 4－58 不同药剂与水稻苗高的关系数据

第5章 SPSS软件与数据处理

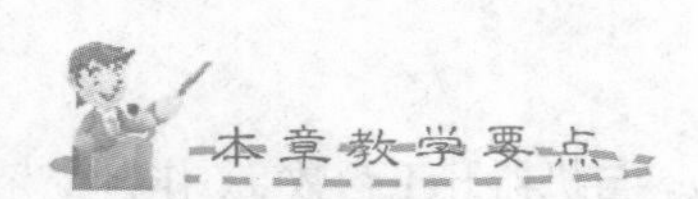

知识要点	掌握程度	相关知识
SPSS软件简介	了解SPSS软件	SPSS软件
SPSS软件的主界面与功能	了解SPSS软件的主界面；了解SPSS软件主界面的区域功能	SPSS软件的主界面及其区域功能
SPSS软件的常用菜单	了解SPSS软件的菜单及其功能	数据菜单、转换菜单、分析菜单、图形菜单
SPSS软件的数据编辑	掌握SPSS软件的数据编辑	插入观测量、查找指定观测量、观测量排序、在数据中选择子集、选择个案、数据的分类汇总、替换缺失值、确定数据秩（序）
SPSS软件的变量编辑	掌握SPSS软件的变量编辑	已有变量生成新变量、产生计数变量、变量分组（编码）与自动分组（编码）
SPSS软件的描述统计	掌握SPSS软件的描述统计	数据的描述、频率分析、探索分析、交叉表分析
SPSS软件的方差分析	掌握SPSS软件的方差分析	SPSS软件的方差分析
SPSS软件的相关分析与回归分析	掌握SPSS软件的相关分析；掌握SPSS软件的回归分析	SPSS软件的相关分析与回归分析

课程导入

SPSS软件是较早的统计分析软件，经过多年的产品升级与更新，广泛用于自然科学、技术科学、社会科学等领域。SPSS软件具有数据管理、统计分析、图表分析、输出管理等功能，其中统计分析（如描述性统计、线性模型、均值比较、回归分析、相关分析、对数线性模型、聚类分析、生存分析、数据简化、时间序列分析、多重响应等）功能十分强大。因此，SPSS软件在数据处理领域占有十分重要的地位。

5.1　SPSS 软件简介

统计产品与服务解决方案（statistical product and service solutions，SPSS）是常用的统计分析软件。经过多年升级与更新，SPSS 软件在自然科学、技术科学、社会科学等领域应用广泛。SPSS 软件具有数据管理、统计分析、图表分析、输出管理等功能。其中，统计分析（如描述性统计、线性模型、均值比较、回归分析、相关分析、对数线性模型、聚类分析、生存分析、数据简化、时间序列分析、多重响应等）功能强大。每种统计分析都包含诸多统计过程，如回归分析又分为线性回归分析、曲线估计、Probit 回归、Logistic 回归、两阶段最小二乘法、加权估计、非线性回归等，且用户可以在每个统计过程中选择不同的方法与参数，灵活度较高。此外，SPSS 软件还有绘图系统，用户可以绘制各类图形。

5.2　SPSS 软件的主界面与功能

SPSS 软件有 3 种运行方式，即程序运行方式、混合运行方式、窗口菜单运行方式。程序运行方式与混合运行方式基于用户的实际需要，编写 SPSS 命令程序运行，是比较高级的运行方式。窗口菜单运行方式与 Windows 软件的操作风格相似，操作方式简单、明了，大部分操作命令、统计分析方法都可以通过菜单、图标按钮、对话框实现，适合普通统计分析人员分析数据。在 SPSS 软件的窗口菜单运行方式中，对话框主要有两类，一类是文件操作对话框，其操作方式简单；另一类是统计分析对话框，它可分为主窗口和下级窗口，主要用于选择参与分析的变量及统计方法。汉化版 SPSS 软件（IBM SPSS Statistics 26）的主界面如图 5－1 所示。

图 5－1　汉化版 SPSS 软件（IBM SPSS Statistics 26）的主界面

SPSS 软件的主界面有数据编辑窗口和结果输出窗口。数据编辑窗口与 Excel 工作表类似，可以将数据文件保存为 Excel 工作表，也可以直接打开一个 Excel 工作表，因此安装 Excel 软件是必要的。结果输出窗口用于显示统计分析的结果，以 .spo 的形式保存文件。此外，一些数据保存于数据库中，如 SQL _ Server、Oracle、FoxBase 等，应安装相应的数据库系统，以方便获取数据。SPSS 软件可以对一些基本模块中的统计提供帮助，单击 Help→Statistics Coach 命令即可查看统计指导。

SPSS 软件的主界面包含标尺栏、标题栏、菜单栏、工具栏、数据输入区、数据编辑区、窗口标签、状态栏、滚动条等。数据编辑窗口可以显示两张表——数据视图和变量视图，单击窗口标签按钮可以实现切换。数据编辑区是主要操作窗口，用于对数据进行编辑与处理。标尺栏由横向标尺栏和纵向标尺栏构成，其中横向标尺栏显示数据变量，纵向标尺栏显示数据顺序。可以在数据视图表中直接输入观测数据或存储数据，其左端列边框显示观测个体的序号，最上端行边框显示变量名。变量视图表用于定义和修改变量的名称、类型及其他属性等，如图 5－2 所示。

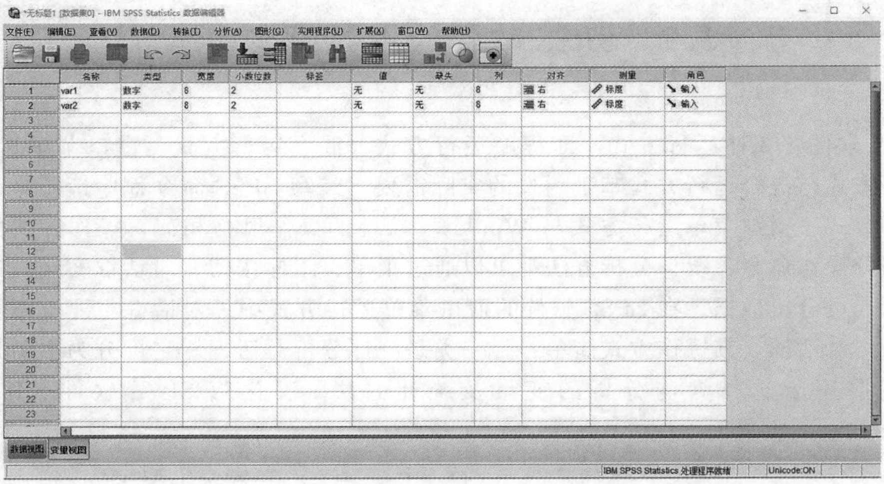

*无标题1 [数据集0] - IBM SPSS Statistics 数据编辑器

文件(F)　编辑(E)　查看(V)　数据(D)　转换(T)　分析(A)　图形(G)　实用程序(U)　扩展(X)　窗口(W)　帮助(H)

	名称	类型	宽度	小数位数	标签	值	缺失	列	对齐	测量	角色
1	var1	数字	8	2		无	无	8	右	标度	输入
2	var2	数字	8	2		无	无	8	右	标度	输入

数据视图　变量视图

IBM SPSS Statistics 处理程序就绪　Unicode:ON

图 5－2　SPSS 软件的变量视图

在图 5－2 中，每行都有对所有变量的描述，依次是名称（其命名可以以英文字母或汉字开头，总长度不超过 8 个字符，名称中不能有不符合规则的符号）、类型（有数字、逗号、点、科学记数法、日期、字符串、货币等 9 种，其中数值型变量最常用）、宽度（变量所占的宽度）、小数位数（变量数值保留的位数）、标签（对变量含义的详细说明）、值（通过统计分析得出数值，用于解释、描述数据集的特征和关系）、缺失（对缺失值的处理方式）、列（在数据视图中显示的列宽，默认为 8）、对齐（数据在工作表中的对齐方式）、测量（数据的测量方式）、角色（对变量的设定，包括输入、目标、分区、拆分等）。定义变量，即可回到数据视图（图 5－3），在表中输入数据后，可对数据进行分析与处理。

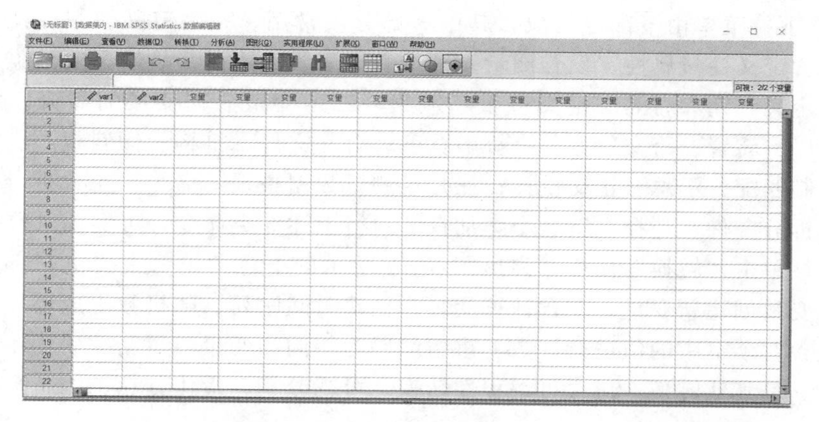

图 5—3 定义变量后的数据视图

5.3 SPSS 软件的常用菜单

数据的分析与处理基本都是在数据视图中完成的。菜单栏包括文件、编辑、查看、数据、转换、分析、图形、实用程序、扩展、窗口、帮助菜单。在数据统计分析过程中，最常用的功能是数据转换、数据分析、统计图形的建立与编辑等。

在菜单栏单击“数据”命令，弹出图 5—4 所示的下拉菜单，包括定义变量属性、定义日期和时间、定义多重响应集、标识重复个案、标识异常个案、比较数据集、个案排序、变量排序、转置、合并/拆分文件、重构、倾斜权重、汇总、正交设计、拆分为文件、拆分文件、个案加权等选项。

图 5—4 “数据”下拉菜单

“数据”下拉菜单由5部分构成，其中3部分较常用。一是定义和编辑变量、观测量的命令，包含定义变量属性、设置测量级别未知的字段的测量级别、复制数据属性、新建定制属性、定义日期和时间、定义多重响应集；二是变量数据变换的命令，包含个案排序、变量排序、转置、跨文件调整字符串宽度、合并文件、重构、倾斜权重、倾向得分匹配、个案控制匹配、汇总、正交设计；三是观测量数据整理的命令，包含拆分为文件、复制数据集、拆分文件、选择个案、个案加权。执行上述3类命令，可实现对数据的编辑。

在菜单栏单击“转换”命令，弹出图5－5所示的下拉菜单，主要由3部分构成。一是通过基本变量创建新变量，包含计算变量、创建时间序列、随机数生成器；二是创建参数变量，包含对个案中的值进行计数、重新编码为相同的变量、重新编码为不同变量、替换缺失值；三是其他转换，包含可编程性转换、可视分箱、最优分箱、准备数据以进行建模等。

通常，通过“数据”下拉菜单和“转换”下拉菜单可实现对原始数据的编辑与变换。

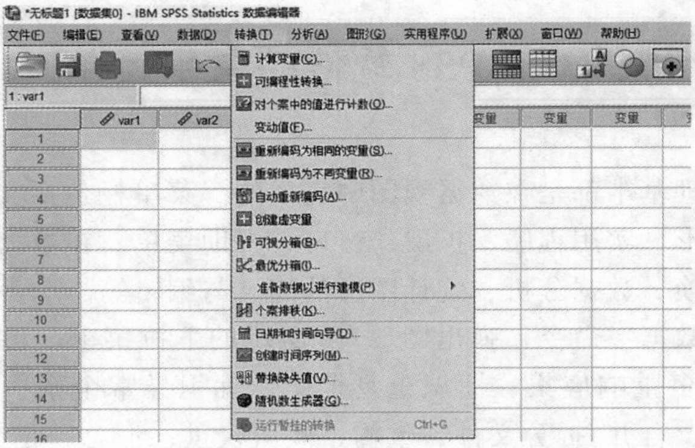

图5－5　“转换”下拉菜单

在菜单栏单击“分析”命令，弹出图5－6所示的下拉菜单，包含描述统计、比较平均值、一般线性模型、广义线性模型、混合模型、相关、回归、对数线性、神经网络、分类、非参数检验、生存分析、多重响应、缺失值分析、质量控制、空间和时间建模等选项。

图5－6　“分析”下拉菜单

在菜单栏单击“图形”命令，弹出图5—7所示的下拉菜单，用户可以基于SPSS软件绘制不同图形，如条形图、三维条形图、折线图、面积图、饼图、盘高一盘低图、箱图、误差条形图、人口金字塔、散点图/点图、直方图等，绘图功能强大。

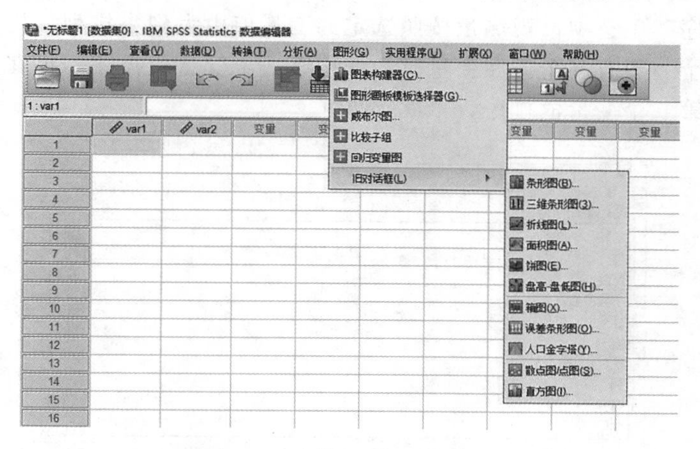

图5—7 “图形”下拉菜单

5.4 SPSS软件的数据编辑

在数据编辑区，单击数据表中的观测个体序号，该行值即被选中；同理，单击变量名，该列即被选中。与Excel软件中的一些操作类似，可以按住鼠标左键选中部分单元格。选中行、列或单元格后右击，即可对选中的数据进行复制、删除、插入、剪切等操作。此外，如果需要修改已有数据，就要对其进行编辑。下面介绍常用的数据编辑功能。

插入观测量：插入观测量有两种方法，一种是确定插入位置后，单击菜单栏“编辑”→“插入变量”命令；另一种是右击，在弹出的快捷菜单中选择“插入变量”命令，即可在确定位置的前一行插入观测量，从而输入新的观测数据。

查找指定观测量：单击菜单栏“编辑”→“转到变量”命令，弹出“转到”对话框，如图5—8所示，选择要查找的观测量，单击“跳转”按钮，光标就会在数据表中指到选定的观测量。同理，可以查找个案。

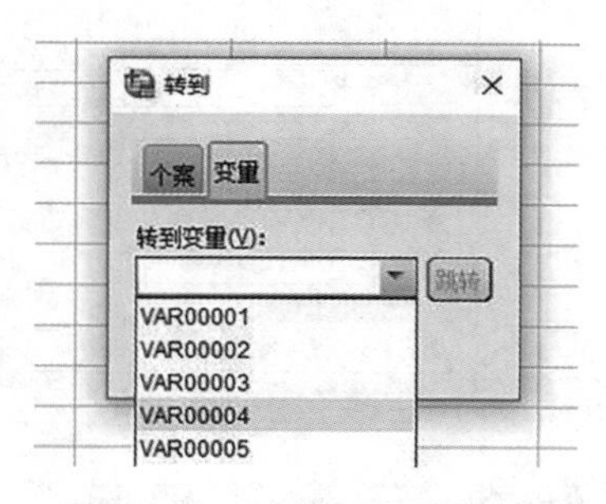

图5—8 “转到”对话框

观测量排序：要对观测量排序，单击菜单栏“数据”→“变量排序”命令，弹出“变量排序”对话框，如图 5－9 所示。从“变量视图列”列表框中选择变量，然后在“排列顺序”选项组中选择排列方式。选择“升序”单选项，观测量按照选定的变量值由小到大排列；选择“降序”单选项，观测量按照选定的变量值由大到小排列。排序变量可以是一个，也可以是多个。当有多个排序变量时，先按第一个变量值排序，再在第一个变量取值相同的个体中按第二个变量值排序，依此类推。

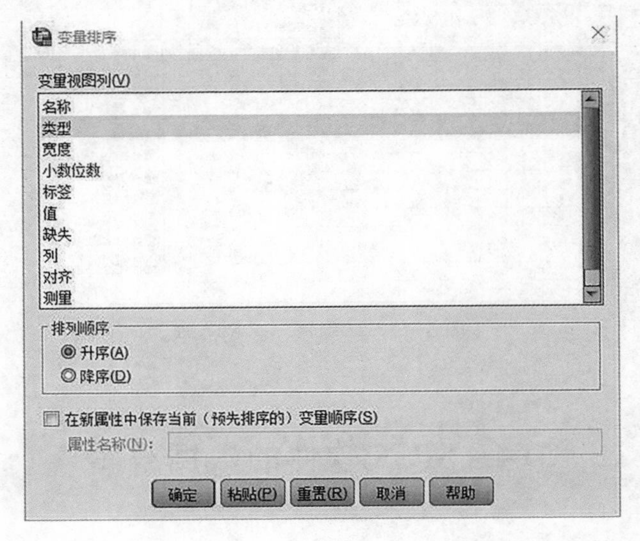

图 5－9　“变量排序”对话框

在数据中选取子集：要从数据文件中选取部分数据，单击菜单栏“数据”→“选择个案”命令，弹出“选择个案”对话框，如图 5－10 所示。

图 5－10　“选择个案”对话框

在“选择”选项组中有多种挑选数据子集的方式，其中“所有个案”是指选择所有数据；“如果条件满足”是指按指定条件选择数据，选择此单选项后单击“如果”按钮，弹出图 5－11 所示的“选择个案：if”对话框。在此对话框中，可以先选择变量，再定义选择的条件。

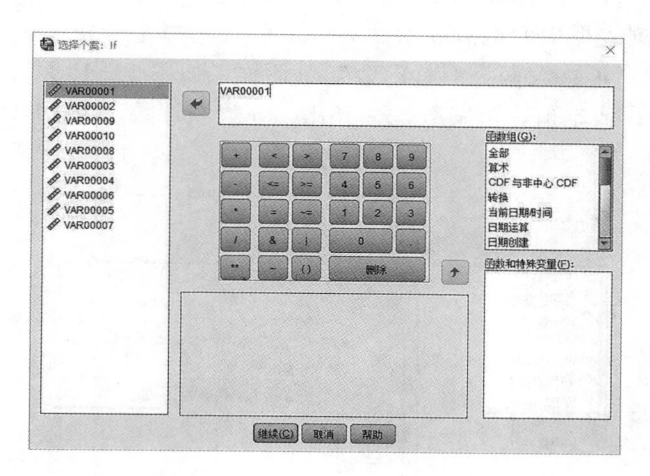

图 5－11　“选择个案：if”对话框

“随机个案样本”是对观察值进行随机抽样，单击“样本”按钮，弹出图 5－12 所示的“选择个案：随机样本”对话框，有两种选择方式，一种是大约抽样，输入抽样比率后系统随机抽样；另一种是精确抽样，要求输入从第几个个案起抽取多少数据。

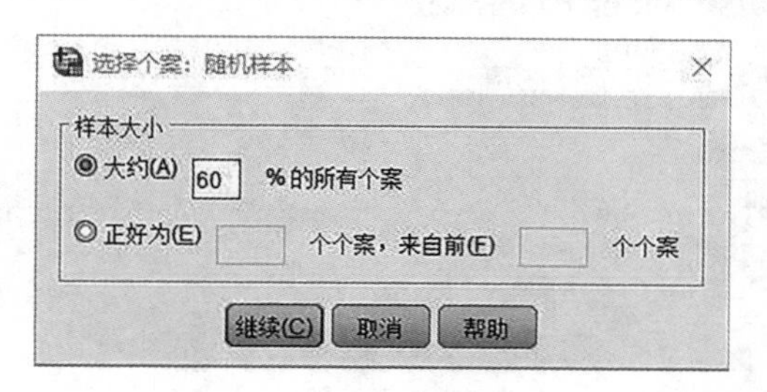

图 5－12　“选择个案：随机样本”对话框

选择“基于时间或个案范围”单选项，单击“范围”按钮，弹出图 5－13 所示的“选择个案：范围”对话框，根据需要设定范围即可。

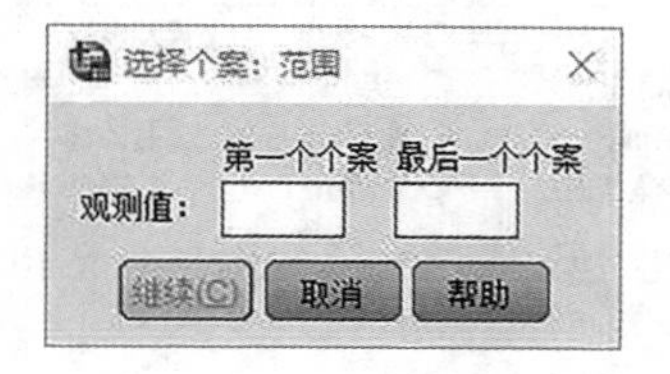

图 5－13　“选择个案：范围”对话框

选择“使用过滤变量”单选项，双击图 5－10 左边的变量即可过滤变量，此时系统自动在数据管理器中去掉该变量，之后将不分析标有删除记号的变量。当要取消过滤某变量时，再次双击变量即可。

数据的分类汇总：用户可以根据需要按指定变量数值对数据进行分类汇总。单击菜单栏“数据”→“汇总”命令，弹出图5－14所示的“汇总数据”对话框。下面以某种材料的性能为例，先将变量名列表框中的分界变量（如“电学性能”）选择至“分界变量”列表框，再将变量名列表框中的汇总变量“VAR0007”选择至“变量摘要”列表框。单击“函数”按钮，弹出“汇总数据：汇总函数”对话框，如图5－15所示。在此对话框中，可以设置摘要统计，特定值，个案数，百分比、分数和计数。单击“继续”按钮，返回“汇总数据”对话框。

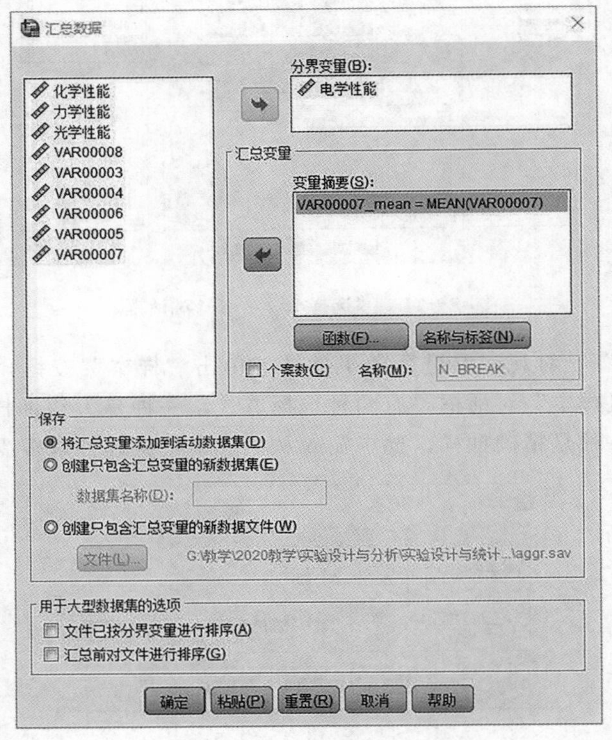

图5－14 “汇总数据”对话框

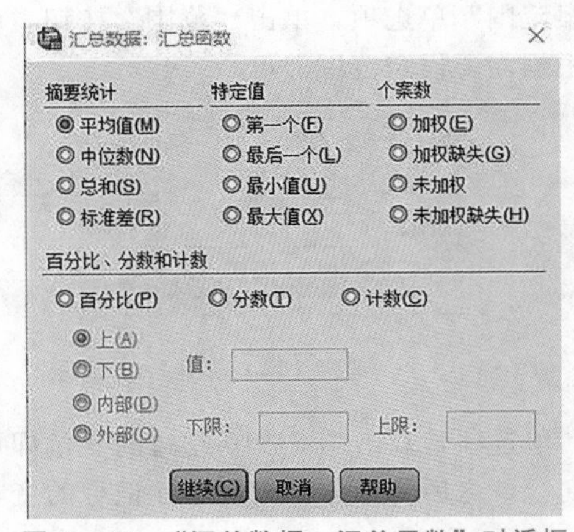

图5－15 “汇总数据：汇总函数”对话框

在“汇总数据”对话框中指定汇总文件有 3 种保存路径：一是将汇总变量添加到活动数据集，二是创建只包含总变量的新数据集，三是创建只包含汇总变量的新数据文件。用户可以通过实际情况选择汇总文件的保存路径，得到相应的数据文件。

替换缺失值：要定义缺失值，单击菜单栏“转换”→“替换缺失值”命令，弹出图 5－16 所示的“替换缺失值”对话框。将左侧变量名列表中具有缺失值的变量选择至“新变量”列表框，系统自动产生替代缺失值的新变量。在“方法”下拉列表框中选择替换缺失值的方式，如序列平均值、临近点的平均值、临近点的中间值、线性插值和邻近点的线性趋势。

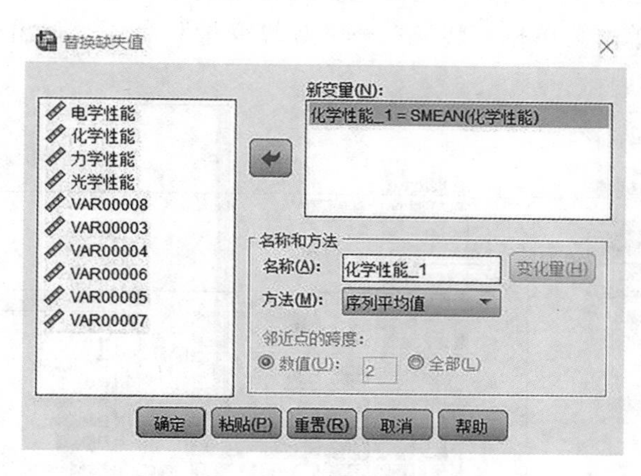

图 5－16　“替换缺失值”对话框

确定数据秩（序）：要对已有数据变量进行排秩（序），单击菜单栏“转换”→“个案排秩”命令，弹出图 5－17 所示的“个案排秩”对话框。仍然以某类聚合物材料的性能参数为例，将左侧变量名列表框中的“光学性能”（可多选）选择至“变量”列表框，将变量“聚合物”选择至“依据”列表框，系统按进入依据的变量“聚合物”分别排序。单击“类型排秩”按钮，可以选择数据的排秩类型，如秩、百分比分数秩、个案权重总和、分数排序、萨维奇得分、Ntiles、比例估算、正态得分等，也可以多选。单击“绑定值”按钮，包含平均值、高值、低值、顺序秩到唯一值选项。用户设置类型排秩和绑定值后，单击“确定”按钮，可以在数据窗口中看到结果。

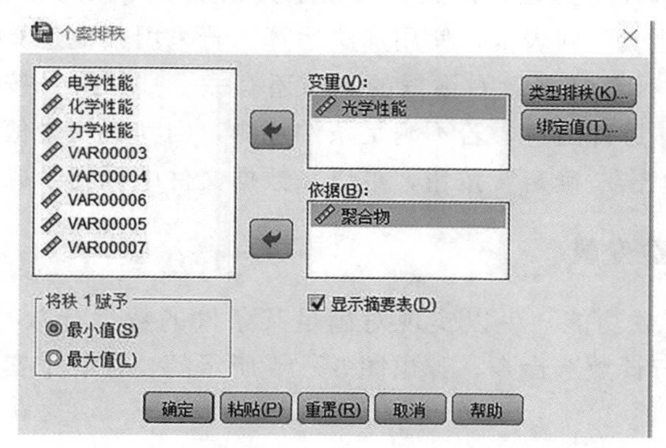

图 5－17　“个案排秩”对话框

5.5 SPSS 软件的变量编辑

5.5.1 已有变量生成新变量

第 3 章介绍了在 Origin 软件中由已知列参数生成新列参数的计算方式，SPSS 软件也具有类似功能——将已有变量通过一定的运算规整生成新的变量。下面以两电池的电流一电压测量数据为例，单击菜单栏“转换”→“计算变量”命令，弹出图 5－18 所示的“计算变量”对话框。

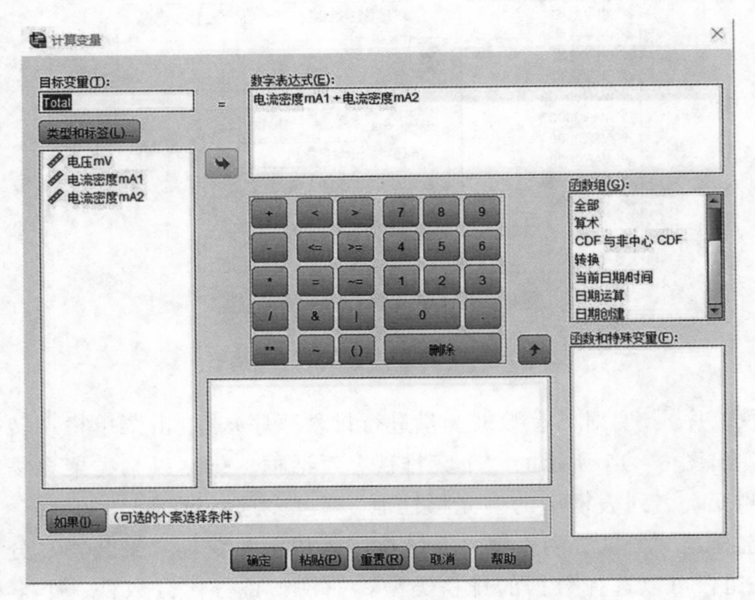

图 5－18　“计算变量”对话框

为生成一个新的变量（两电池的总电流密度），在“目标变量”文本框中命名新变量的名称（如 Total），选择“类型和标签”按钮下方列表框中要计算的变量，单击■按钮，将其添加至“数字表达式”列表框，使用加法运算。若采用其他运算方式，则可从“函数组”列表框中选取。“计算变量”对话框的下面还有一个“如果”按钮，可以选择部分满足某种条件的观测个体进行运算，若不满足条件观测，则其新变量值缺失。选择新变量名称和数字表达式后，单击“确定”按钮，可以在数据文件中看到生成的新变量 Total。

5.5.2 产生计数变量

SPSS 软件具有计数功能，可以实现对满足某条件的数据计数。单击菜单栏“转换”→“对个案中的值进行计数”命令，弹出图 5－19 所示的“计算个案中值的出现次数”对话框。

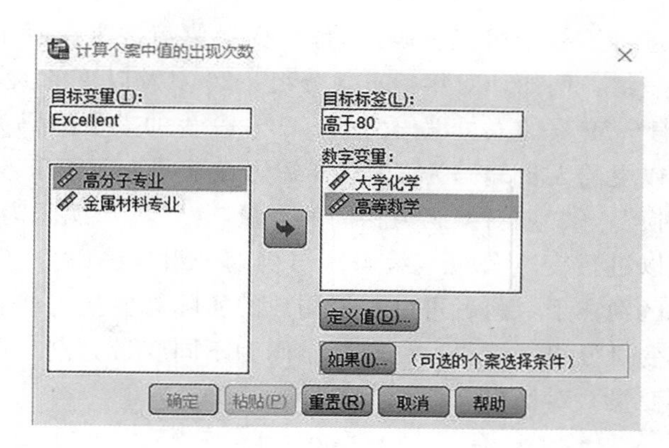

图 5－19　“计数个案中值的出现次数”对话框

下面以某大学专业课程的学生成绩为例，对高于 80 分的数据计数。在“目标变量”文本框中设定一个变量（如 Excellent），并定义此变量的目标标签（如高于 80），然后将其添加至“数字变量”列表框。单击“定义值”按钮，弹出“对个案中的值进行计数：要计数的值”对话框，如图 5－20 所示。在该对话框中有多种对计数值的统计方式，如“值”（以输入的值为清点对象）、“系统缺失值”（以系统缺失值为清点对象）、“系统缺失值或用户缺失值”（以系统或用户指定的缺失值为清点对象）、“范围”（指定数值的计数区域）、“范围，从最低到值”及“范围：从值到最高”。

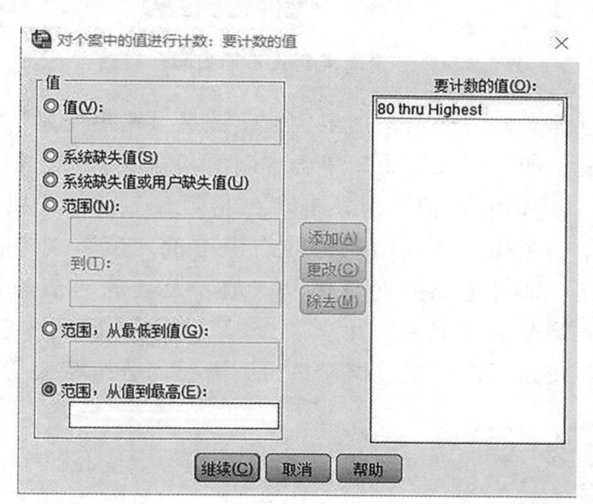

图 5－20　“对个案中的值进行计数：要计数的值”对话框

在本例中，“大学化学”与“高等数学”两门课程的分数均高于 80 的学生为优秀，即选择“范围，从值到最高”单选项，单击“添加”按钮，将其添加至“要计数的值”列表框。单击“继续”按钮，返回“计算个案中值的出现次数”对话框。如果有其他需要，就可单击“如果”按钮，设定计数条件。最后，单击“确定”按钮，得到结果。

5.5.3　变量分组（编码）与自动分组（编码）

SPSS 软件的“转换”下拉菜单中有“变量分组（编码）”与“自动分组（编码）”

命令，可对变量数据进行重新分组（编码），每个变量值都被重新赋予一个码来描述部分属性，码数相同的为一组。例如，对年龄重新分组，20 岁及以下的人员编码为 1，21～30 岁的人员编码为 2，31～39 岁的人员编码为 3，41～49 岁的人员编码为 4，51～59 岁的人员编码为 5，60 岁及以上的人员编码为 6。这样编码在某些方面便于数据统计等。

单击菜单栏"转换"→"重新编码为相同的变量"/"重新编码为不同变量"/"自动重新编码"命令，可以进行变量分组（编码）与自动分组（编码）。变量分组（编码）与自动分组（编码）的区别在于，前者可以根据用户的实际需要指定特别的码值，后者自动设定码为正整数。以变量分组（编码）的重新编码为不同变量为例，可得到图 5－21 所示的"重新编码为不同变量"对话框。

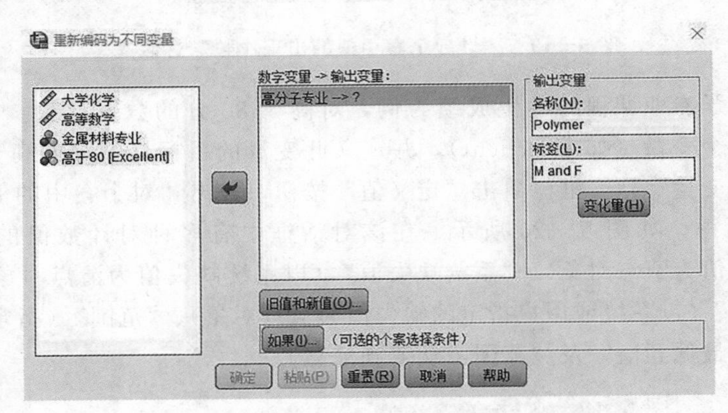

图 5－21 "重新编码为不同变量"对话框

将需要重新分组（编码）的变量添加至"数字变量→输出变量"列表框，在"输出变量"选项组中输入新变量的名称及标签。单击"旧值和新值"按钮，弹出图 5－22 所示的"重新编码为不同变量：旧值和新值"对话框，在左侧有 7 个单选项，用来确定旧值的取值区间，它们将被赋予一个相同的新编码。在右上方的"值"文本框中输入新编码的数值，单击"添加"按钮，即可把旧的变量区间（值）及新的码值添加至"旧→新"列表框。重复此步骤，输入剩余的区间后，单击"继续"按钮，回到"重新编码为不同变量"对话框，单击"确定"按钮，即可在数据窗口得到需要的分组赋值变量。

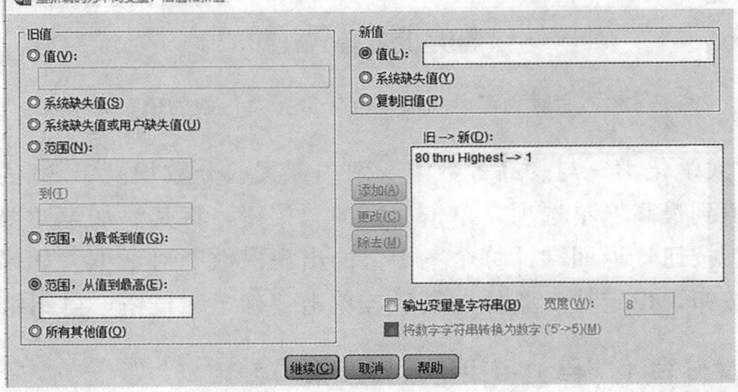

图 5－22 "重新编码为不同变量：旧值和新值"对话框

5.6　SPSS 软件的描述统计

5.6.1　数据的描述

为更好地分析与理解数据，初步认识数据的基本特征和分布形态显得十分必要。SPSS 软件具有强大的数据描述统计功能，如数据的均值、标准差、四分位点，方差、极值、误差、数据的分布形态等。

〔**例 5—1**〕三元活性层光伏策略是提高有机光伏器件质量的重要手段。在某 Donor：Acceptor 二元活性层的基础上加入不同百分比的 $PC_{71}BM$，可使有机光伏器件获得不同的能量转换效率，数据如图 5—23 所示。试对这些数据进行描述统计。

文件(F)　编辑(E)　查看(V)　数据(D)　转换(T)　分析(A)　图形(G)　实用程序(U)　扩展(X)　窗口(

21：

	是否退火	WithoutPC71BM	WithPC71BM10percent	WithPC71BM20percent	WithPC71BM50percent	WithPC71BM100percent
1	否	10.20	11.02	13.21	12.02	9.20
2	否	10.13	10.84	12.59	11.84	9.13
3	是	11.01	10.92	12.89	12.12	11.01
4	是	10.45	10.75	12.95	11.75	10.05
5	否	10.26	11.12	13.02	11.52	9.23
6	是	10.56	10.56	13.11	11.56	9.51
7	是	10.42	10.89	12.76	11.89	9.46
8	否	10.26	10.65	12.96	11.65	9.29
9	否	10.36	10.92	13.12	11.92	9.36
10	是	10.65	11.25	12.98	12.25	9.62
11						

图 5—23　有机光伏器件的能量转换效率数据

（1）单击菜单栏“分析”→“描述统计”→“描述”命令，弹出“描述”对话框，如图 5—24 所示。

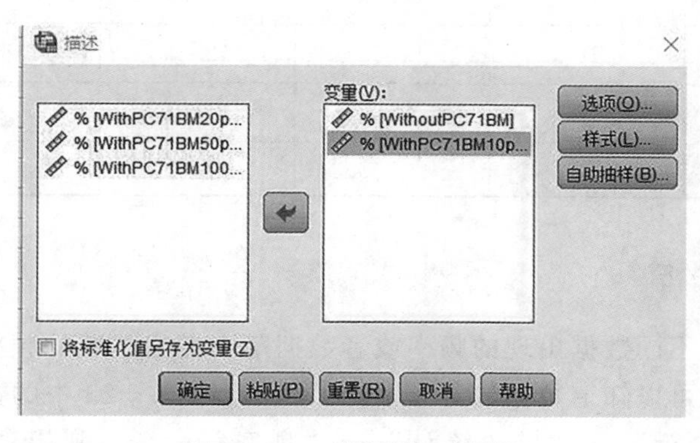

图 5—24　“描述”对话框

（2）将左侧源变量列表框中的一个或多个变量添加至右侧“变量”列表框，单击“选项”按钮，弹出“描述：选项”对话框，如图 5－25 所示，可以设定数据的平均值、总和、离散（标准差、方差、范围、最小值、最大值、标准误差平均值）、表示后验分布的特征（峰度、偏度）、显示顺序（变量列表、字母、按平均值的升序排序、按平均值的降序排序）。设置后，单击“继续”按钮，返回“描述”对话框。单击“确定”按钮，输出描述统计结果，见表 5－1。

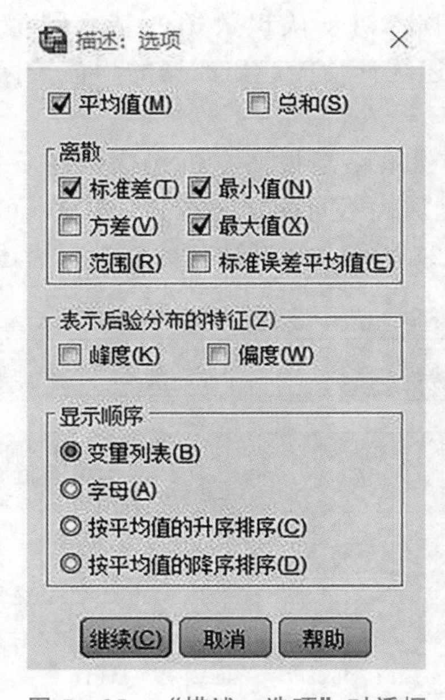

图 5－25 “描述：选项”对话框

表 5－1 描述统计结果

$PC_{71}BM$ 类型	N	最小值	最大值	均值	标准偏差
0% $PC_{71}BM$	10	10.13	11.01	10.427 0	0.262 21
10% $PC_{71}BM$	10	10.56	11.25	10.892 0	0.208 10
20% $PC_{71}BM$	10	12.59	13.21	12.959 0	0.181 50
50% $PC_{71}BM$	10	11.52	12.25	11.852 0	0.238 36
100% $PC_{71}BM$	10	9.13	11.01	9.586 0	0.566 49
有效个案数（成列）	10				

5.6.2 频率分析

考查一组数据中不同数据出现的频率或者数据落入指定区域的频率，称为数据的频率分析。频率分析后，可以知道数据的分布情况。仍然以图 5－23 中的数据为例进行频率分析，单击菜单栏“分析”→“描述统计”→“频率”命令，弹出“频率”对话框，如图 5－26 所示。

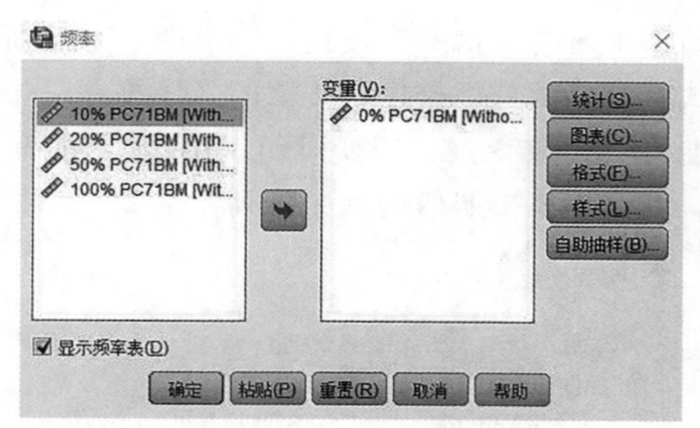

图 5－26 “频率”对话框

（1）将要分析的变量添加至右侧“变量”列表框，并勾选“显示频率表”复选框。

（2）单击“统计”按钮，弹出图 5－27 所示的“频率：统计”对话框，可以设置百分位值（四分位数、分割点、百分位数）、离散（标准差、方差、范围、最小值、最大值、标准误差平均值）、集中趋势（平均值、中位数、众数、总和）、表示后验分布的特征（偏度、峰度）。用户可根据实际需求勾选相应复选框。

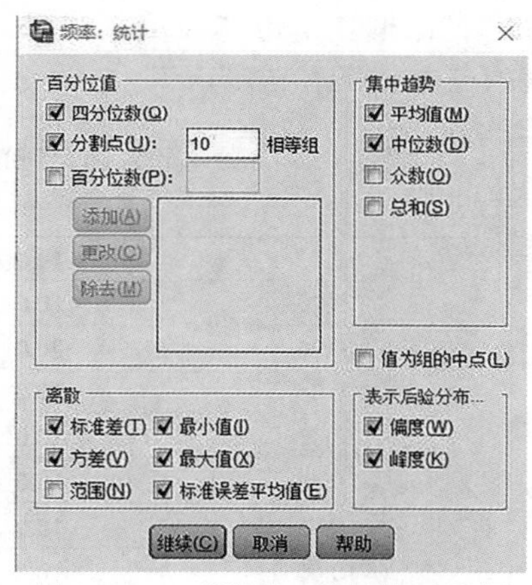

图 5－27 “频率：统计”对话框

（3）在“频率”对话框中单击“图表”按钮，弹出“频率：图表”对话框，如图 5－28 所示，可以设置图表类型（无、条形图、饼图、直方图）和图表值（频率、百分比）。用户选择相应单选项即可绘制数据的频率图形。

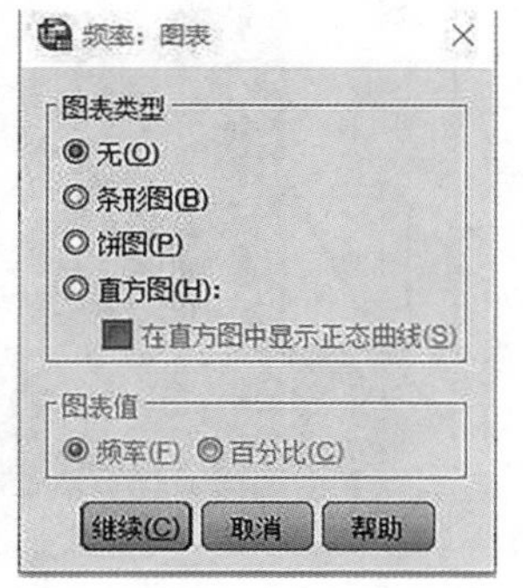

图 5－28 “频率：图表”对话框

(4) 在“频率”对话框中单击“格式”按钮，弹出图 5－29 所示的“频率：格式”对话框，可以设置排序方式（按值的升序排序、按值的降序排序、按计数的升序排序、按计数的降序排序）和多个变量（比较变量、按变量组织输出），通常系统默认按值的升序排列。如果设置了直方图，频率表就按照值的顺序排列。

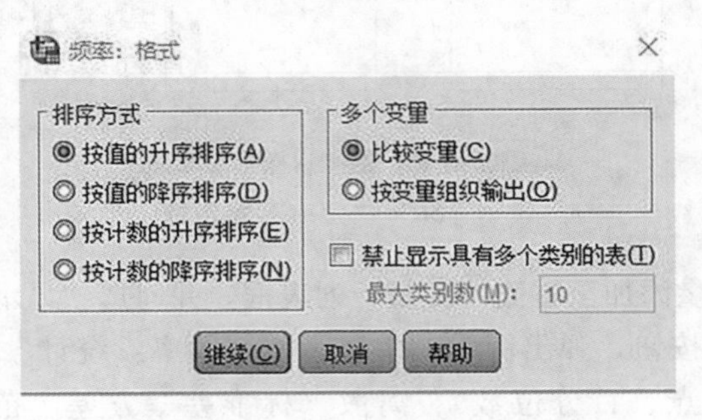

图 5－29　“频率：格式”对话框

(5) 在“频率”对话框中单击“样式”和“自助抽样”按钮，可以设置样式和自助抽样。设置完成后，返回“频率”对话框，单击“确定”按钮，输出数据的频率分析结果，如图 5－30 所示，可以对数据的分布特征有初步认识。

统计

0% PC71BM

个案数	有效	10
	缺失	0
平均值		10.4300
平均值标准误差		.08218
中位数		10.3900
标准 偏差		.25987
方差		.068
偏度		1.255
偏度标准误差		.687
范围		.88
最小值		10.13
最大值		11.01
百分位数	10	10.1370
	20	10.2120
	25	10.2450
	30	10.2600
	40	10.3000
	50	10.3900
	60	10.4380
	70	10.5270
	75	10.5825
	80	10.6320
	90	10.9740

0% PC71BM

		频率	百分比	有效百分比	累积百分比
有效	10.13	1	10.0	10.0	10.0
	10.20	1	10.0	10.0	20.0
	10.26	2	20.0	20.0	40.0
	10.36	1	10.0	10.0	50.0
	10.42	1	10.0	10.0	60.0
	10.45	1	10.0	10.0	70.0
	10.56	1	10.0	10.0	80.0
	10.65	1	10.0	10.0	90.0
	11.01	1	10.0	10.0	100.0
	总计	10	100.0	100.0	

直方图

平均值 = 10.43
标准差 = .26
个案数 = 10

频率

0% PC71BM

图 5－30　数据的频率分析结果

5.6.3 探索分析

SPSS 软件的探索功能可用于初步分析数据，如数据的正态分布检验、数据的分布特征、方差齐性的检验等。下面以例 5－1 中的数据为例，单击菜单栏“分析”→“描述统计”→“探索”命令，弹出“探索”对话框，如图 5－31 所示。

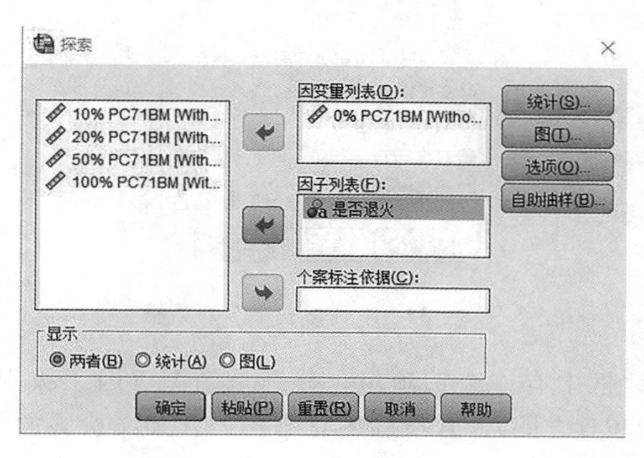

图 5－31 “探索”对话框

（1）将要探索的数据添加至“因变量列表”列表框，将“是否退火”选项作为因子添加至“因子列表”列表框，系统会把所有观测个体按照因子变量的取值分组，并分组考查因变量列表中的变量。可根据实际情况设置“个案标注依据”。在“显示”选项组中选择输出项，如两者、统计、图。

（2）单击“统计”按钮，弹出“探索：统计”对话框，如图 5－32 所示，可根据需要选择统计输出量，包括描述（平均值的置信区间默认为 95%）、M-估计量（计算时对所有观测量赋予权重，随观测量与分布中心的距离变化）、离群值（默认输出数据中的五个最大值和五个最小值）、百分位数（输出百分数）。这里只勾选“描述”复选框。

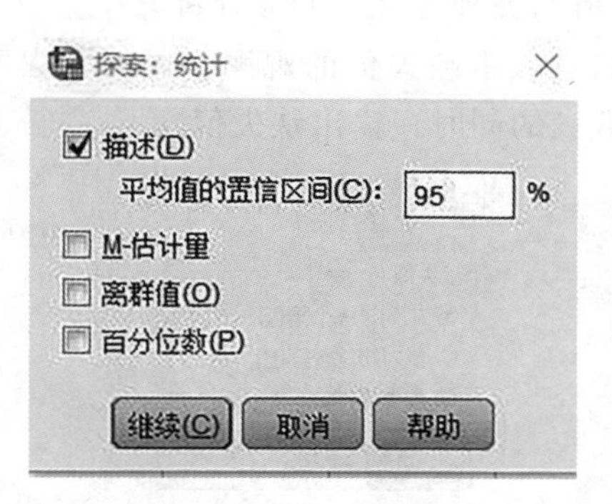

图 5－32 “探索：统计”对话框

（3）在“探索”对话框中单击“图”按钮，弹出“探索：图”对话框，如图 5－33 所示。

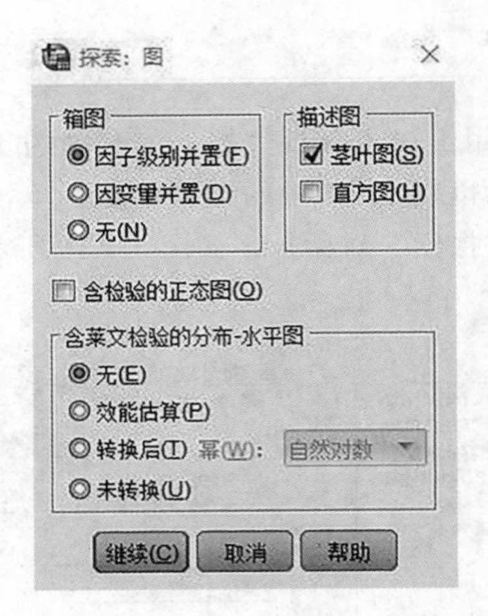

图 5－33 “探索：图”对话框

在“探索：图”话框中有 4 个选项组，分别是箱图（因子级别并置、因变量并置、无）、描述图（茎叶图和直方图）、含检验的正态图、含莱文检验的分布-水平图（无、效能估算、转换后、未转换）。在箱图中，最底部的水平线段是数据的最小值（除奇异点），最顶部的水平线段是数据的最大值（除奇异点），中间箱子底部所在位置是数据的第一个四分位数（25%分位数），箱子顶部所在位置是数据的第三个四分位数据（75%分位数），箱子中间的水平线段表示数据的中位数（50%分位数）。如果勾选“含检验的正态图”复选框，就进行正态分布检验并输出 Q－Q 图。在“含莱文检验的分布－水平图”选项组中，若选择“无”单选项，则不产生回归直线的斜率和方差齐性检验；若选择“效能估算”单选项，则对每组数据产生一个中位数自然对数及四个分位数的自然对数的散点图；若选择“转换后”单选项，则变换原始数据，具体可在“幂”下拉列表框中选择数据变换类型；若选择“未转换”单选项，则不变换原始数据。

（4）在“探索”对话框中单击“选项”按钮，弹出“探索：选项”对话框，如图 5－34 所示，可设置缺失值的处理方式，如成列排除个案（去除带缺失值的观测量，系统默认）、成对排除个案（在去除带缺失值的观测量同时，去除与缺失值有成对关系的观测量）、报告值（在输出频数表的同时，输出缺失值）。

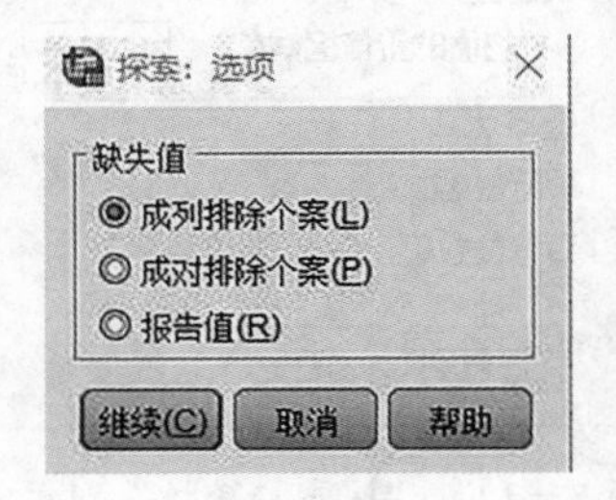

图 5－34 “探索：选项”对话框

（5）设置完成后，返回“探索”对话框，单击“确定”按钮，得到数据的探索分析结果，如图 5－35 所示。

是否退火

个案处理摘要

	是否退火	个案					
		有效		缺失		总计	
		N	百分比	N	百分比	N	百分比
0% PC71BM	否	5	100.0%	0	0.0%	5	100.0%
	是	5	100.0%	0	0.0%	5	100.0%

描述

	是否退火			统计	标准误差
0% PC71BM	否	平均值		10.2420	.03800
		平均值的 95% 置信区间	下限	10.1365	
			上限	10.3475	
		5% 剪除后平均值		10.2417	
		中位数		10.2600	
		方差		.007	
		标准偏差		.08497	
		最小值		10.13	
		最大值		10.36	
		范围		.23	
		四分位距		.14	
		偏度		.119	.913
		峰度		.502	2.000
	是	平均值		10.6180	.10618
		平均值的 95% 置信区间	下限	10.3232	
			上限	10.9128	
		5% 剪除后平均值		10.6072	
		中位数		10.5600	
		方差		.056	
		标准偏差		.23742	
		最小值		10.42	
		最大值		11.01	
		范围		.59	
		四分位距		.40	
		偏度		1.481	.913
		峰度		2.212	2.000

图 5－35 数据的探索分析结果

正态性检验

	是否退火	柯尔莫戈洛夫-斯米诺夫(V)[a] 统计	自由度	显著性	夏皮洛-威尔克 统计	自由度	显著性
0% PC71BM	否	.216	5	.200*	.970	5	.873
	是	.246	5	.200*	.860	5	.229

*. 这是真显著性的下限。

a. 里利氏显著性修正

0% PC71BM

茎叶图

0% PC71BM 茎叶图：
是否退火= 否

```
频率      Stem & 叶

  1.00     101 . 3
   .00     101 .
  1.00     102 . 0
  2.00     102 . 66
  1.00 极值     (>=10.36)

主干宽度：     .10
每个叶：       1 个案
```

0% PC71BM 茎叶图：
是否退火= 是

```
频率      Stem & 叶

  2.00     104 . 25
  1.00     105 . 6
  1.00     106 . 5
  1.00 极值     (>=11.01)

主干宽度：     .10
每个叶：       1 个案
```

图 5—35　数据的探索分析结果（续）

正态Q-Q图

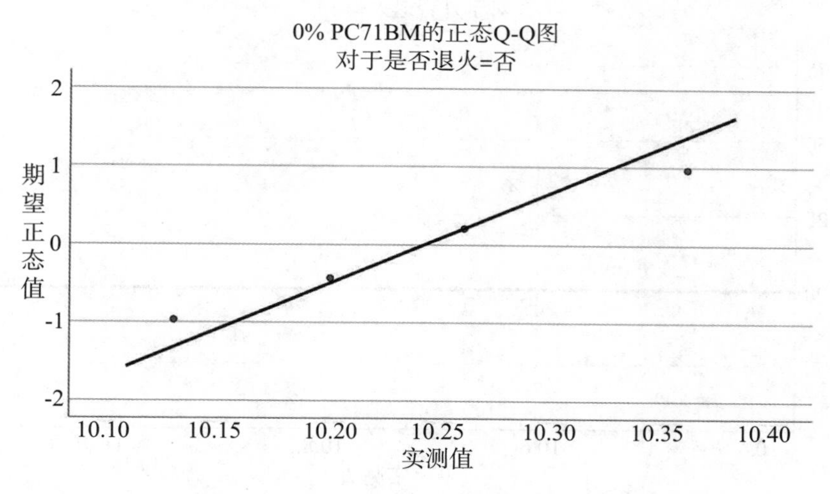

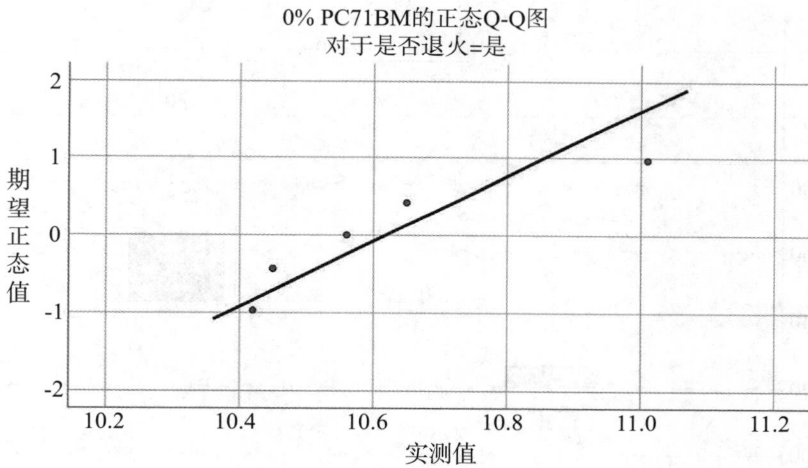

去趋势正态Q-Q图

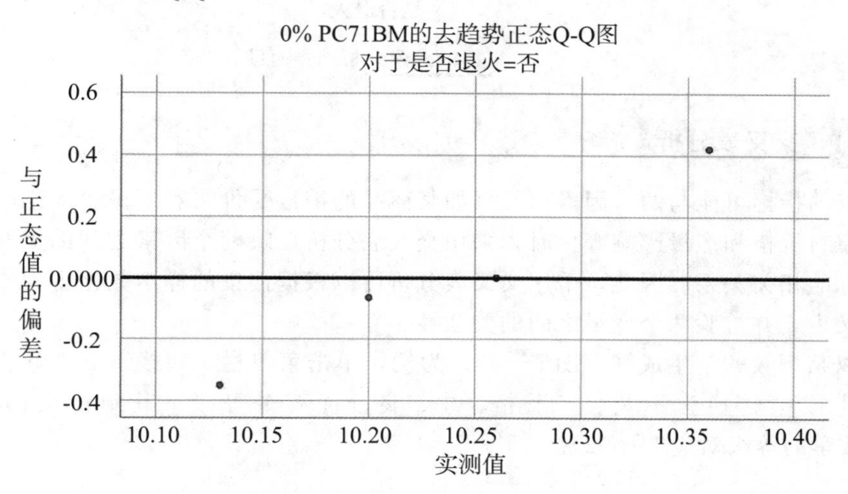

图 5—35 数据的探索分析结果（续）

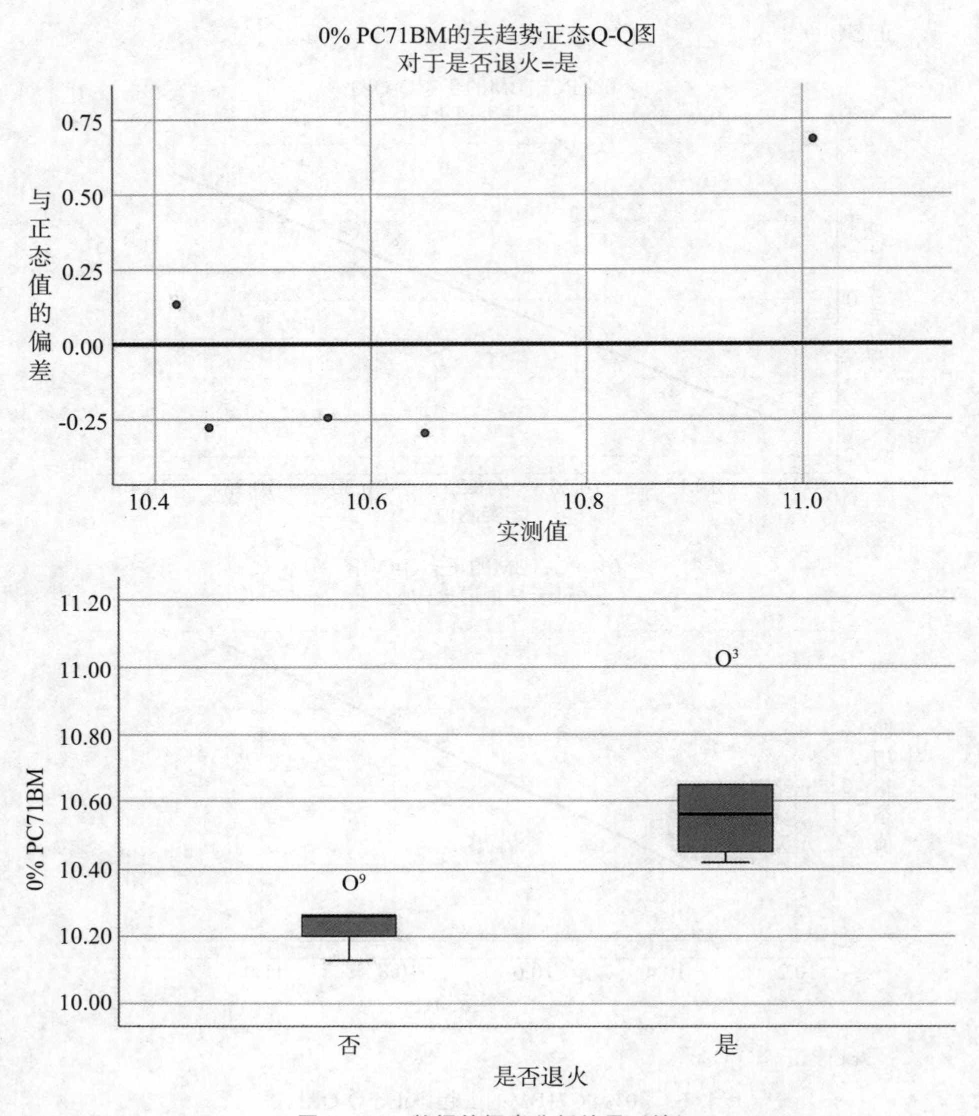

图 5－35　数据的探索分析结果（续）

5.6.4　交叉表分析

当考查的指标可能与两个因素相关（如某商品的销量受价格和居民收入影响、某产品的成本受原料价格和产量影响等）时，采用交叉表分析反映两个因素之间的关联性、两个因素与指标的相关关系。因此，采用交叉表分析可以根据搜集的样本数据得到二维交叉表或多维交叉表，并检验两个变量之间的关联性。

下面以某班级的学生成绩（图 5－36）为例，单击菜单栏“转换”→“计算变量”命令，将学生成绩转换为不及格、及格、中、良、优五个等级（其中语文的等级对应 Level1，数学的等级对应 Level2）。

	学号	语文	数学
1	1	80.00	75.00
2	2	85.00	84.00
3	3	75.00	96.00
4	4	60.00	72.00
5	5	90.00	90.00
6	6	81.00	75.00
7	7	70.00	64.00
8	8	82.00	88.00
9	9	65.00	71.00
10	10	89.00	75.00
11	11	81.00	95.00
12	12	75.00	54.00
13	13	56.00	89.00
14	14	83.00	77.00
15	15	86.00	84.00
16	16	91.00	90.00
17	17	63.00	58.00
18	18	87.00	78.00

图 5－36　某班级的学生成绩表

单击菜单栏“分析”→“描述统计”→“交叉表”命令，弹出图 5－37 所示的“交叉表”对话框。

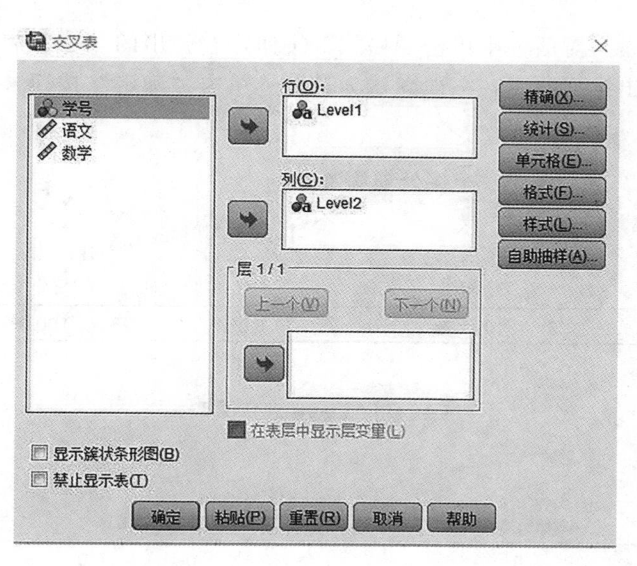

图 5－37　“交叉表”对话框

（1）为考查“语文”和“数学”两门课程成绩的关联性，在二维交叉表中将行变量添加至“行”列表框（Level1），将列变量添加至“列”列表框（Level2）。如果是三维以上的交叉表，就可将其他变量作为控制变量添加至“层”列表框。多控制变量可以是相同层次的，也可以是逐层叠加的。勾选“显示簇状条形图”复选框，可以指定绘制各变量交叉频率分布柱形图。勾选“禁止显示表”复选框，表示不输出列联表。

(2) 在“交叉表”对话框中单击“单元格”按钮，弹出“交叉表：单元格显示”对话框，如图 5—38 所示，可以设置计数（实测、期望、隐藏较小的计数）、z—检验（比较列比例、调整 p 值）、百分比（行、列、总计）、残差（未标准化、标准化、调整后标准化）、非整数权重（单元格计数四舍五入、截断单元格计数、不调整、个案权重四舍五入、截断个案权重），用户可根据实际情况设置。

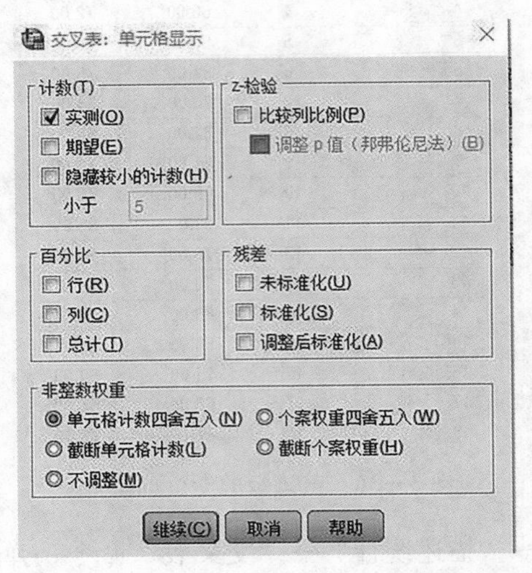

图 5—38 “交叉表：单元格显示”对话框

(3) 在“交叉表”对话框中单击“格式”按钮，在弹出的“交叉表：格式”对话框中可指定交叉表的输出排列顺序，一般默认为升序。单击“确定”按钮，交叉表的输出结果如图 5—39 所示。

个案处理摘要

	个案					
	有效		缺失		总计	
	N	百分比	N	百分比	N	百分比
Level1 * Level2	23	100.0%	0	0.0%	23	100.0%

Level1 * Level2 交叉表

统计计数

		Level2						
		不及格	及格	良	优	优秀	中	总计
Level1	不及格	0	0	1	0	0	0	1
	及格	1	1	1	0	0	3	6
	良	0	0	3	0	0	6	9
	优	0	0	0	3	1	0	4
	中	1	1	0	0	0	1	3
总计		2	3	5	3	1	10	23

图 5—39 交叉表的输出结果

为进一步考查语文成绩与数学成绩的关联性，可得到两种结果：H_0（语文成绩与数学成绩相互独立）和 H_1（语文成绩与数学成绩关联显著）。按照前述操作进入图 5－37 所示的“交叉表”对话框，单击“精确”按钮，弹出图 5－40 所示的“精确检验”对话框，有“仅渐进法”“蒙特卡洛法”“精确”三个单选项。

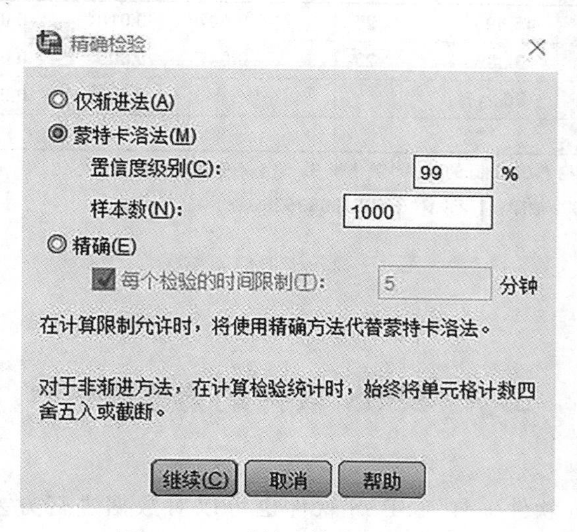

图 5－40 “精确检验”对话框

在“交叉表”对话框中单击“统计”按钮，弹出“交叉表：统计”对话框，如图 5－41 所示，勾选“卡方”复选框。设置完成后，单击“继续”按钮，回到“交叉表”对话框，单击“确定”按钮，输出卡方检验结果，如图 5－42 所示。将卡方检验输出的 p 值结果与 0.01 相比，可初步判定二者关系的显著性。

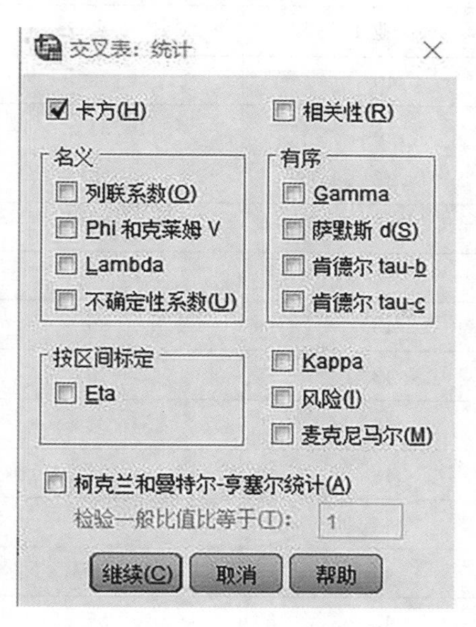

图 5－41 “交叉表：统计”对话框

卡方检验

	值	自由度	渐进显著性（双侧）	蒙特卡洛显著性（双侧）显著性	99% 置信区间 下限	上限
皮尔逊卡方	45.693[a]	25	0.007	0.010[b]	0.002	0.018
似然比	37.899	25	0.047	0.005[b]	0.000	0.011
费希尔精确检验	36.217			0.003[b]	0.000	0.007
有效个案数	23					

a. 36 个单元格 (100.0%) 的期望计数小于 5。最小期望计数为 0.04。

b. 基于 1000 个抽样表，起始种子为 299883525。

图 5－42　卡方检验结果

5.7　SPSS 软件的方差分析

与 Excel 和 Origin 软件一样，SPSS 软件也可以对数据进行方差分析。利用 SPSS 软件可检验不同总体数据均值差异的显著性。

〔**例 5－2**〕三家企业生产同一种电池，将其使用寿命记录于表 5－2 中。试考查三家企业生产的电池是否存在显著性差异。

表 5－2　样本电池的使用寿命　　单位：月

样本	电池的使用寿命		
	企业 1	企业 2	企业 3
1	40	26	39
2	48	31	41
3	38	30	40
4	42	34	42
5	45	34	41
6	43	35	42
7	42	29	47
8	39	28	50
9	48	37	43
10	44	32	50
11	47	37	48
12	43	35	43

首先假设 H_0 为三家企业生产的电池的使用寿命无显著性差异；H_1 为三家企业生产

的电池的使用寿命有显著性差异。然后将表 5－2 中的数据导入 SPSS 软件。由于此例中只有一个因素，因此利用单因素方差分析检验其显著性差异。单击菜单栏“分析”→“比较平均值”→“单因素 ANOVA 检验”命令，弹出图 5－43 所示的“单因素 ANOVA 检验”对话框。

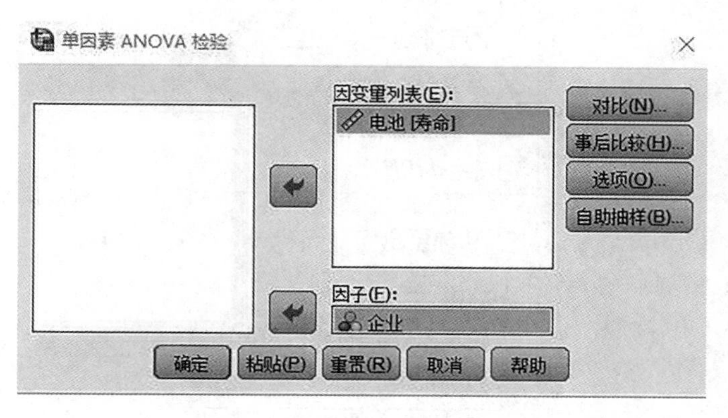

【拓展视频】

图 5－43　“单因素 ANOVA 检验”对话框

将左侧列表框中的“电池［寿命］”添加至“因变量列表”列表框，将“企业”添加至“因子”列表框，单击“确定”按钮，得到单因素 ANOVA 检验结果，如图 5－44 所示。从检验结果可知，计算出的 F 值（38.771）大于 $F_{0.05}$ 临界值（3.28），故拒绝假设 H_0，即三家企业生产的电池的使用寿命存在显著性差异。

ANOVA

电池

	平方和	自由度	均方	F	显著性
组间	1007.056	2	503.528	38.771	0.000
组内	428.583	33	12.987		
总计	1435.639	35			

图 5－44　单因素 ANOVA 检验结果

如果需要对三家企业生产的电池的使用寿命作进一步的对比和分析，就可以通过在图 5－43 中单击“对比”“事后比较”“选项”“自助抽样”按钮实现。在“单因素 ANOVA 检验”对话框中单击“选项”按钮，弹出图 5－45 所示的“单因素 ANOVA 检验：选项”对话框，可以设置统计（描述、固定和随机效应、方差齐性检验、布朗-福塞斯、韦尔奇）、平均值图、缺失值（按具体分析排除个案、成列排除个案）。若勾选“方差齐性检验”复选框并选择“按具体分析排除个案”单选项，则可得到方差齐性检验结果，如图 5－46 所示。

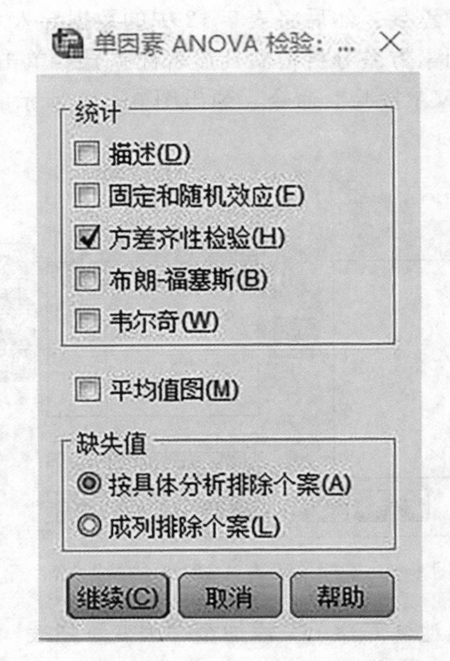

图 5－45 “单因素 ANOVA：选项”对话框

方差齐性检验

		莱文统计	自由度 1	自由度 2	显著性
电池	基于平均值	0.390	2	33	0.680
	基于中位数	0.143	2	33	0.867
	基于中位数并具有调整后自由度	0.143	2	29.528	0.867
	基于剪除后平均值	0.351	2	33	0.706

图 5－46 方差齐性检验结果

在“单因素 ANOVA 检验”对话框中单击“对比”按钮，弹出图 5－47 所示的“单因素 ANOVA 检验：对比”对话框，可以通过对比进一步分析随着控制变量水平的变化，观测值变化的总体趋势以及进一步比较任意指定水平间均值的显著性差异。如果要检验组间平方和检验趋势成分，则可勾选“多项式”复选框，然后在“等级”下拉列表框中选择检验多项式的阶数（1～5）。在“第 1/1 项对比”选项组中指定要对照比较两个水平的均值。在“系数”文本框中输入一个系数，单击“添加”按钮，即可将系数添加到列表框中。重复上述操作，依次输入各组均值的系数，各系数之和应等于 0。

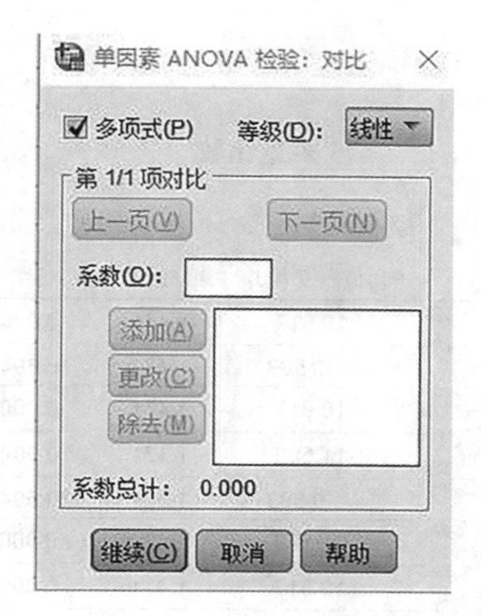

图 5－47　“单因素 ANOVA 检验：对比”对话框

如果需要对水平进行两两比较，就可以通过事后比较实现。在“单因素 ANOVA 检验”对话框中单击“事后比较”按钮，弹出图 5－48 所示“单因素 ANOVA 检验：事后多重比较”对话框，可以设置假定等方差（LSD、S-N-K、沃勒-邓肯等）和不假定等方差（塔姆黑尼 T2、邓尼特 T3、盖姆斯-豪厄尔、邓尼特 C），系统默认的显著性水平为 0.05。勾选 LSD（最小显著性差异法）复选框表示在方差相等的情况下，用 t- 检验完成各组均值的配对比较。勾选“塔姆黑尼 T2”复选框表示在方差不相等的情况下，用 t- 检验完成各组均值的配对比较。单击“继续”按钮，返回“单因素 ANOVA 检验”对话框，单击“确定”按钮输出结果，如图 5－49 所示。从图 5－49 中可以知道两两对比的差异显著，即企业 1 与企业 2、企业 2 与企业 3 的差异显著。

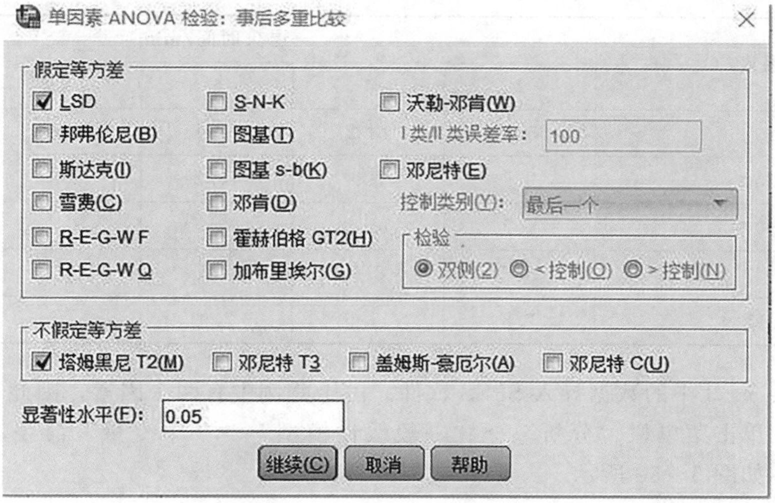

图 5－48　“单因素 ANOVA 检验：事后多重比较”对话框

事后检验

多重比较

因变量：电池

	(I) 企业	(J) 企业	平均值差值 (I-J)	标准 错误	显著性	95% 置信区间 下限	95% 置信区间 上限
LSD	1	2	10.917*	1.471	0.000	7.92	13.91
		3	-0.583	1.471	0.694	-3.58	2.41
	2	1	-10.917*	1.471	0.000	-13.91	-7.92
		3	-11.500*	1.471	0.000	-14.49	-8.51
	3	1	0.583	1.471	0.694	-2.41	3.58
		2	11.500*	1.471	0.000	8.51	14.49
塔姆黑尼	1	2	10.917*	1.411	0.000	7.27	14.56
		3	-0.583	1.477	0.972	-4.41	3.24
	2	1	-10.917*	1.411	0.000	-14.56	-7.27
		3	-11.500*	1.523	0.000	-15.44	-7.56
	3	1	0.583	1.477	0.972	-3.24	4.41
		2	11.500*	1.523	0.000	7.56	15.44

*. 平均值差值的显著性水平为 0.05。

图 5－49　事后多重比较的输出结果

〔**例 5－3**〕某有机光伏器件在不同退火温度（80℃、85℃、90℃、95℃、100℃）和退火时间（2 min、4 min、6 min、8 min、10 min）的能量转换效率见表 5－3。试分析退火温度和退火时间对有机光伏器件能量转换效率的影响是否显著。

表 5－3　某有机光伏器件的能量转换效率　　单位：%

退火温度/℃	退火时间/min				
	2	**4**	**6**	**8**	**10**
80	6.6	13.2	13.1	4.3	6.5
85	2.8	7.9	10.2	2.5	4.6
90	4.2	11.8	7.4	3.8	5.1
95	3.7	8.6	8.5	3.5	4.5
100	7.8	11.6	7.9	4.8	5.3

首先将表 5－3 中的数据导入 SPSS 软件。由于此例中有两个因素，因此采用双因素方差分析方法。单击菜单栏“分析”→“一般线性模型”→“单变量”命令，弹出“单变量”对话框，如图 5－50 所示。

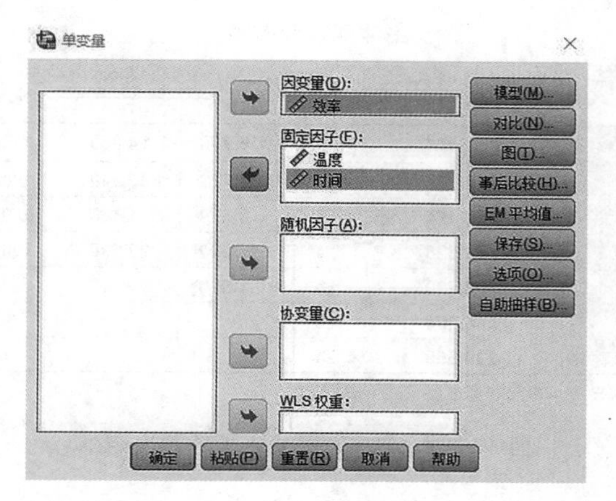

图 5－50 “单变量”对话框

将“效率”添加至“因变量”列表框，将因素变量（温度和时间）添加至“固定因子”列表框。可以通过单击“模型”“对比”“图”“事后比较”“EM 平均值”“保存”“选项”和“自助抽样”按钮进行相应设置。单击“模型”按钮，弹出图 5－51 所示的“单变量：模型”对话框，可选择数据的分析模型。在“指定模型”选项组中有“全因子”（系统默认）、“构建项”和“构建定制项”单选项。全因子中包括因素之间的交互作用，如果考虑两个因素的交互作用，就需要在每种水平组合下都取得两个以上实验数据，以得到两个因素交互作用的分析结果。如果不考虑两个因素的交互作用，就选择自定义模型。这里我们不考虑两个因素的交互作用，选择“构建项”单选项（“类型”选择“主效应”），单击“继续”按钮，返回“单变量”对话框。单击“确定”按钮，得到图 5－52 所示的输出结果。从图 5－52 中可以看出，概率 P 值都小于显著性水平 0.05，说明退火温度和退火时间对有机光仪器件能量转换效率的影响显著。

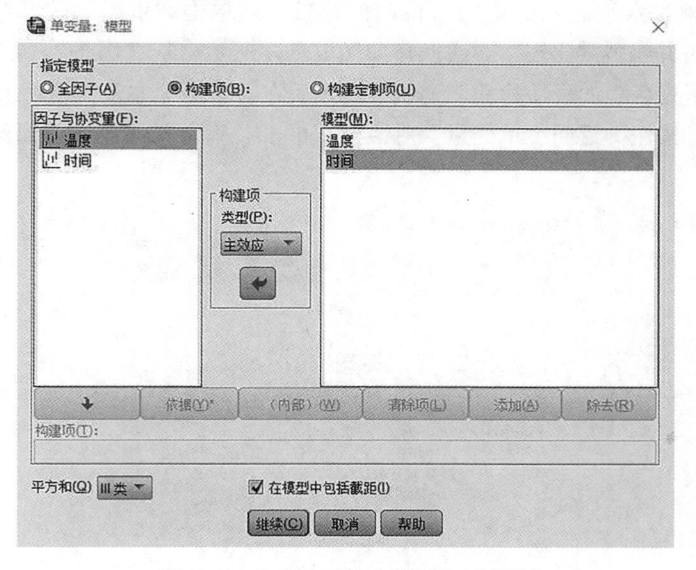

图 5－51 “单变量：模型”对话框

主体间效应检验

因变量：效率

源	Ⅲ类平方和	自由度	均方	F	显著性
修正模型	215.841[a]	8	26.980	14.053	0.000
截距	1158.722	1	1158.722	603.548	0.000
温度	34.314	4	8.579	4.468	0.013
时间	181.526	4	45.382	23.638	0.000
误差	30.718	16	1.920		
总计	1405.280	25			
修正后总计	246.558	24			

a. R 方 = .875（调整后 R 方 = .813）

图 5－52　双因素方差分析的输出结果

如果需要比较特定两水平之间的均值，就单击“对比”按钮，弹出“单变量：对比”对话框，如图 5－53 所示。在“因子”列表框中显示所有在“单变量”对话框中选择的因变量，在括号中显示比较方法。单击因变量，可以改变均值的比较方法。

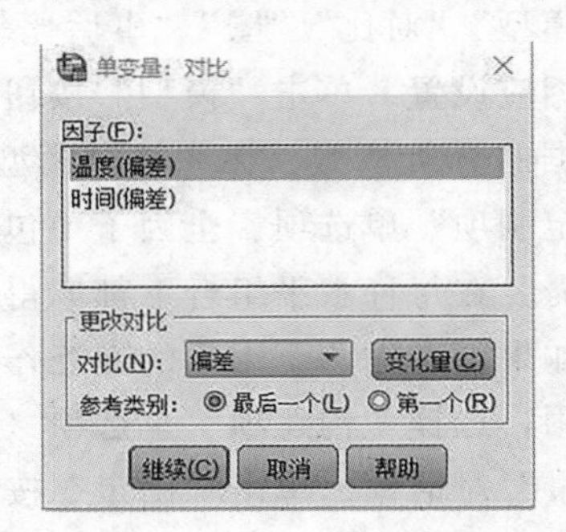

图 5－53　“单变量：对比”对话框

如果需要对因素水平之间的均值进行两两比较，就单击“事后比较”按钮，弹出“单变量：实测平均值的事后多重比较”对话框，如图 5－54 所示。从“因子”列表框中选择因变量并将其添加至“下列各项的事后检验”列表框，然后在“假定等方差”选项组中勾选 LSD 复选框。单击“继续”按钮，返回“单变量”对话框，单击“确定”按钮，得到图 5－55 所示的输出结果。

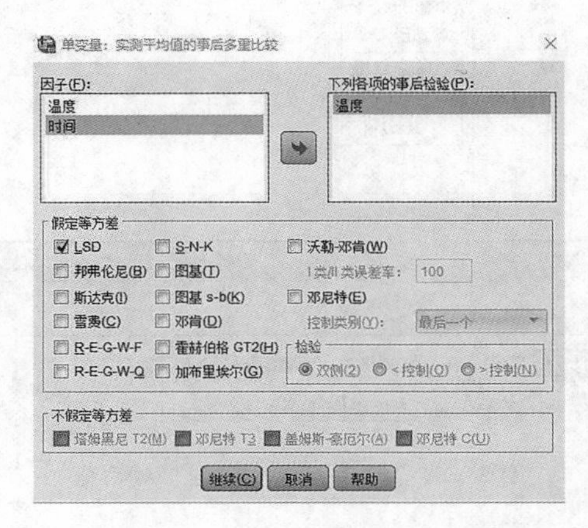

图 5－54　“单变量：实测平均值的事后多重比较”对话框

事后检验

温度

多重比较

因变量: 效率
LSD

(I) 温度	(J) 温度	平均值差值 (I-J)	标准误差	显著性	95% 置信区间 下限	95% 置信区间 上限
1	2	3.140*	0.8763	0.002	1.282	4.998
	3	2.280*	0.8763	0.019	0.422	4.138
	4	2.980*	0.8763	0.004	1.122	4.838
	5	1.260	0.8763	0.170	-0.598	3.118
2	1	-3.140*	0.8763	0.002	-4.998	-1.282
	3	-0.860	0.8763	0.341	-2.718	0.998
	4	-0.160	0.8763	0.857	-2.018	1.698
	5	-1.880*	0.8763	0.048	-3.738	-0.022
3	1	-2.280*	0.8763	0.019	-4.138	-0.422
	2	0.860	0.8763	0.341	-0.998	2.718
	4	0.700	0.8763	0.436	-1.158	2.558
	5	-1.020	0.8763	0.262	-2.878	0.838
4	1	-2.980*	0.8763	0.004	-4.838	-1.122
	2	0.160	0.8763	0.857	-1.698	2.018
	3	-0.700	0.8763	0.436	-2.558	1.158
	5	-1.720	0.8763	0.067	-3.578	0.138
5	1	-1.260	0.8763	0.170	-3.118	0.598
	2	1.880*	0.8763	0.048	0.022	3.738
	3	1.020	0.8763	0.262	-0.838	2.878
	4	1.720	0.8763	0.067	-0.138	3.578

基于实测平均值。
误差项是均方（误差）= 1.920。
*. 平均值差值的显著性水平为 0.05。

图 5—55　多重比较的输出结果

5.8 SPSS 软件的相关分析与回归分析

相关分析与回归分析是数据统计和分析的常用方法，主要用于研究和分析各变量的相关关系，找出变量关联的函数表达式，其中线性关系式是最基础的表达式，很多函数关系式都可以转换为线性关系式（参见第 2 章内容）。

在 SPSS 软件中，相关分析可以通过单击菜单栏“分析”→“相关”命令实现。当两个变量存在相关关系时，称为简单的相关关系，可以通过散点图直观地表示，也可以通过相关系数描述。

下面举例说明表达两个变量相关关系的方法。单击菜单栏“图形”→“旧对话框”→“散点图/点图”命令，绘制散点图。

〔**例 5－4**〕在某金属材料中添加一系列 Mo 元素而形成合金，其硬度发生相应的变化。试考查 Mo 元素添加量与材料硬度的关系。

将数据导入 SPSS 软件（图 5－56），单击菜单栏“图形”→“旧对话框”→“散点图/点图”命令，弹出“散点图/点图”对话框，如图 5－57 所示。

文件(F) 编辑(E) 查看(V) 数据(D) 转换(T) 分析(A)

29:

	掺杂量	硬度	变量
1	1.00	350.00	
2	3.00	365.00	
3	5.00	380.00	
4	7.00	390.00	
5	9.00	402.00	
6	10.00	410.00	
7	15.00	455.00	
8			

图 5－56　Mo 元素添加量与材料硬度数据

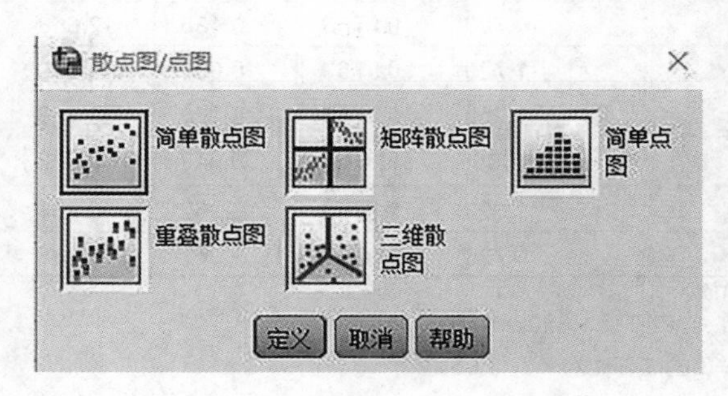

图 5－57　“散点图/点图”对话框

在图 5－57 中有 5 种图标，即简单散点图、矩阵散点图、简单点图、重叠散点图和三维散点图。因为本例中只有两个变量，所示单击“简单散点图”图标。单击“定义”按钮，弹出图 5－58 所示的“简单散点图”对话框，可以设置散点图。将“硬度”添加至“Y 轴”列表框，将“掺杂量”添加至“X 轴”列表框。此外，还可以对散点图的标题进行编辑。单击“标题”按钮，可以在弹出的对话框中编辑散点图的标题、子标题和脚注。单击“选项”按钮，可以在弹出的对话框中设置散点图的缺失值和误差条形图表示。设置完成后，单击“确定”按钮，得到散点图，如图 5－59 所示。

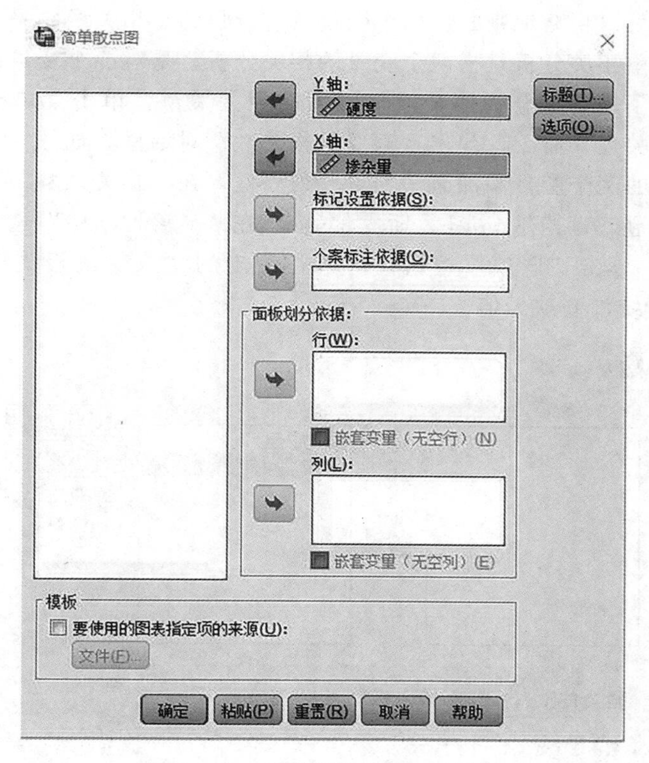

图 5－58 “简单散点图”对话框

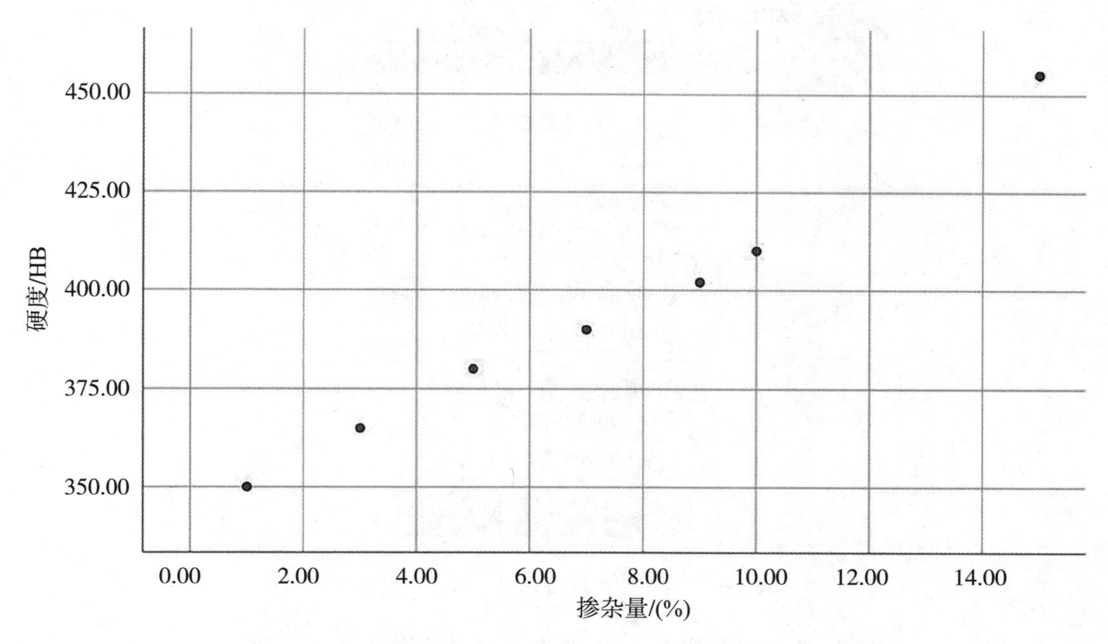

图 5－59 掺杂量与硬度的散点图

从图 5—59 中可以粗略地判断出两个变量具有较强的正相关线性关系。

前面已说明简单相关分析是指两个变量的相关分析，是对两个变量的线性相关程度作出的定量分析。为了进一步分析掺杂量与硬度的相关关系，单击菜单栏“分析”→“相关”→“双变量相关性”命令，弹出“双变量相关性”对话框，如图 5—60 所示。将左侧列表框中需要考查的两个变量添加至“变量”列表框，在“相关系数”选项组中选择相关系数的类型（皮尔逊、肯德尔 tau-b、斯皮尔曼），在“显著性检验”选项组中选择检验方式（双尾、单尾）。单击“选项”按钮，可以在弹出的“双变量相关性：选项”对话框（图 5—61）中设置统计和缺失值。

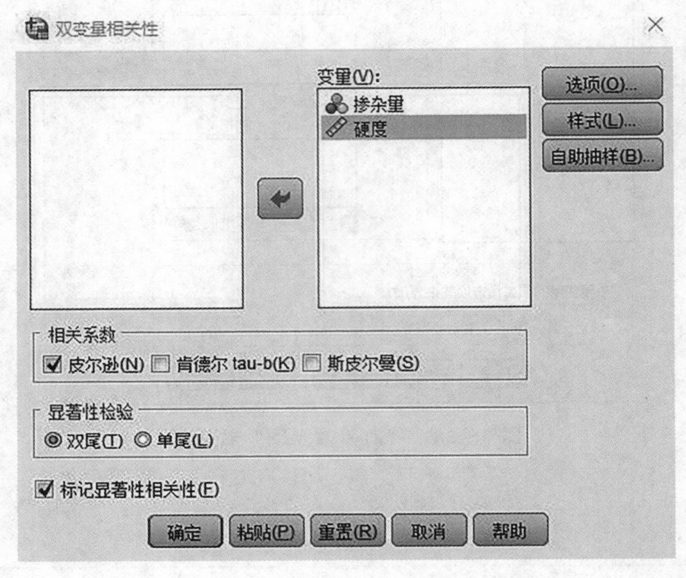

图 5—60 “双变量相关性”对话框

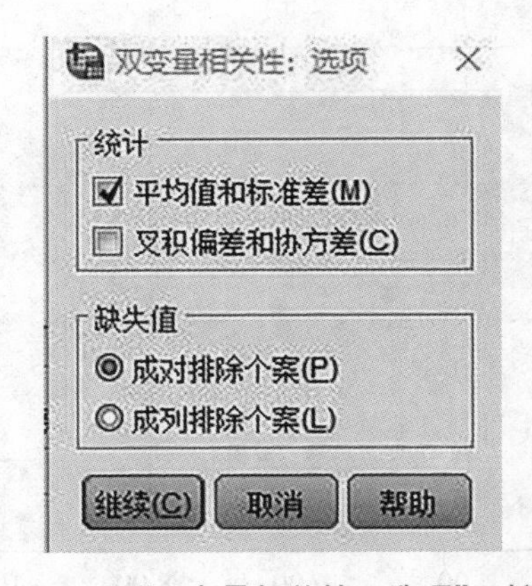

图 5—61 “双变量相关性：选项”对话框

设置完成后，单击“继续”按钮，返回“双变量相关性”对话框，单击“确定”按钮，输出相关分析结果，如图 5—62 所示。由于双尾概率小于 0.01，相关系数是 0.995，因此本例中的掺杂量与硬度存在显著线性相关性。

描述统计

	平均值	标准 偏差	个案数
掺杂量	7.1429	4.70562	7
硬度	393.1429	34.21709	7

相关性

		掺杂量	硬度
掺杂量	皮尔逊相关性	1	0.995**
	Sig.（双尾）		0.000
	个案数	7	7
硬度	皮尔逊相关性	0.995**	1
	Sig.（双尾）	0.000	
	个案数	7	7

**. 在 0.01 级别（双尾），相关性显著。

图 5－62 双变量相关性的输出结果

简单相关关系反映了两个变量的关系，但在大多数情况下，某些因变量往往受多个因素的影响，若采用简单相关关系来分析，则不能真实反映因变量与某些自变量的关系，还需要考查去除其他因素的影响后二者的相关程度，即偏相关分析。

〔**例 5－5**〕一段时期内小麦产量受降雨量、气温的影响，试考查小麦产量与降雨量的偏相关系数。

将数据导入 SPSS 软件（图 5－63），单击菜单栏“分析”→“相关”→“偏相关性”命令，弹出“偏相关性”对话框，如图 5－64 所示。从左侧列表框中选择要考查的两个变量（万吨［产量］和毫米［降雨量］），并将其添加至“变量”列表框，不考查的变量（度［气温］）作为控制变量添加至“控制”列表框。单击“选项”按钮，弹出“偏相关性：选项”对话框，可勾选“平均值”“标准差”“零阶相关性”复选框，缺失值默认为“成列排除个案”。单击“继续”按钮，返回“偏相关性”对话框，单击“确定”按钮，输出结果，如图 5－65 所示。

文件(F) 编辑(E) 查看(V) 数据(D) 转换(T) 分析(A) 图形(G) 实用

25:

	年	产量	降雨量	气温
1	2010	25.00	20.00	23
2	2011	30.00	21.00	25
3	2012	21.00	18.00	21
4	2013	40.00	28.00	26
5	2014	45.00	29.00	27
6	2015	24.00	20.00	30
7	2016	32.00	22.00	28
8	2017	50.00	30.00	29
9	2018	23.00	20.00	24
10	2019	28.00	23.00	27
11	2020	38.00	24.00	26

图 5－63 小麦产量与降雨量和气温的数据

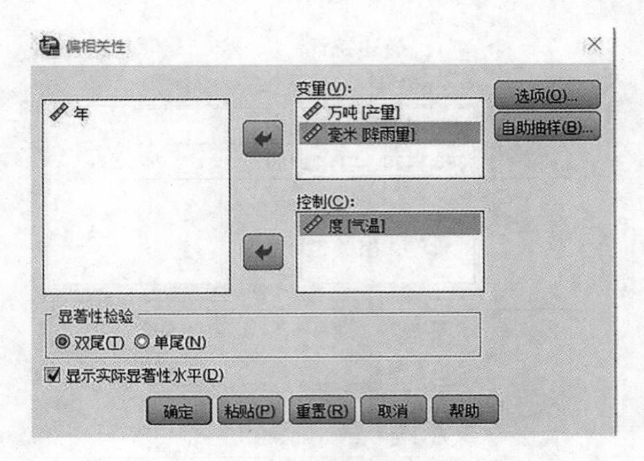

图 5－64 “偏相关性”对话框

描述统计

	平均值	标准 偏差	个案数
万吨	32.3636	9.62572	11
毫米	23.1818	4.09434	11
度	26.0000	2.64575	11

相关性

控制变量			万吨	毫米	度
-无-[a]	万吨	相关性	1.000	0.965	0.499
		显著性（双尾）	.	0.000	0.118
		自由度	0	9	9
	毫米	相关性	0.965	1.000	0.508
		显著性（双尾）	0.000	.	0.111
		自由度	9	0	9
	度	相关性	0.499	0.508	1.000
		显著性（双尾）	0.118	0.111	.
		自由度	9	9	0
度	万吨	相关性	1.000	0.953	
		显著性（双尾）	.	0.000	
		自由度	0	8	
	毫米	相关性	0.953	1.000	
		显著性（双尾）	0.000	.	
		自由度	8	0	

a. 单元格包含零阶（皮尔逊）相关性。

图 5－65 偏相关性的输出结果

由图 5－65 可知，当不控制气温时，产量与降雨量显著相关；当控制气温时，产量与降雨量也显著相关。说明降雨量对产量的影响显著。

线性回归是统计分析方法中的常用方法。若考查的指标受多个因素的影响，且这些因素对指标的综合影响呈线性，则可用线性回归方法建立指标（因变量）与影响因素（自变量）的线性函数关系式。多个因素意味着需要进行多元线性回归，计算量较大，需借助分析软件完成。SPSS 软件提供了线性回归分析方法，下面以例 5－4 为例，单击菜单栏“分析”→“回归”→“线性”命令，弹出“线性回归”对话框，如图 5－66 所示。

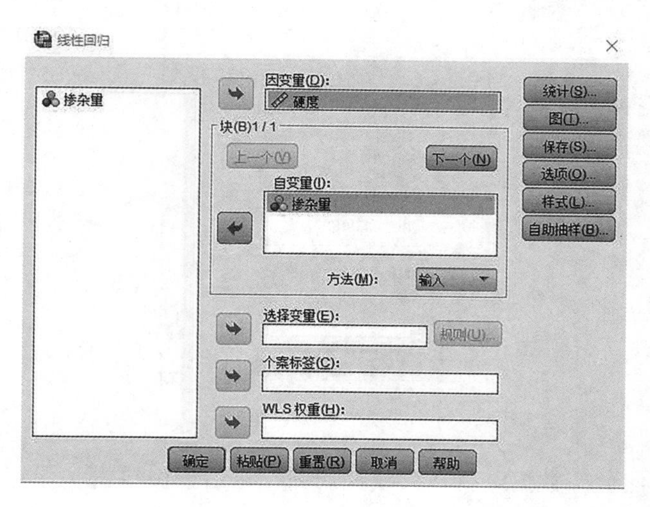

图 5－66　“线性回归”对话框

从左侧列表框中将“硬度”添加至“因变量”列表框，将“掺杂量”添加至“自变量”列表框。在“方法”下拉列表框中选择回归分析方法（输入、步进、除去、后退、前进）。单击“统计”按钮，弹出“线性回归：统计”对话框，可以设置回归系数（估计值、置信区间、协方差矩阵）、残差、拟合模型、描述、R 方变化量等。

如果需要输出图形，就单击“图”按钮，弹出“线性回归：图”对话框，如图 5－67 所示，可以选择所需图形。在左侧列表框中的 DEPENDNT 添加至 X（或 Y）列表框，将其他变量添加至 Y（或 X）列表框。其中，ZPRED 表示标准化预测值，ZRESID 表示标准化残差，DRESID 表示剔除残差，ADJPRED 表示修正后的预测值，SRESID 表示学生化残差，SDRESID 表示学生化剔除残差。

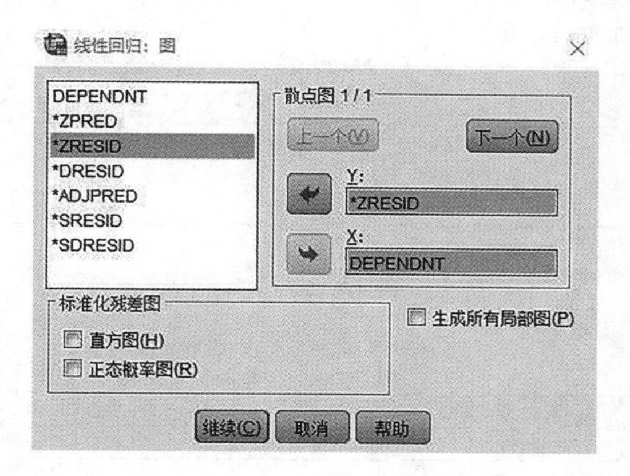

图 5－67　“线性回归：图”对话框

在“线性回归”对话框中单击“选项”按钮，弹出“线性回归：选项”对话框，如图 5－68 所示，可以设置步进法条件、在方程中包括常量、缺失值。

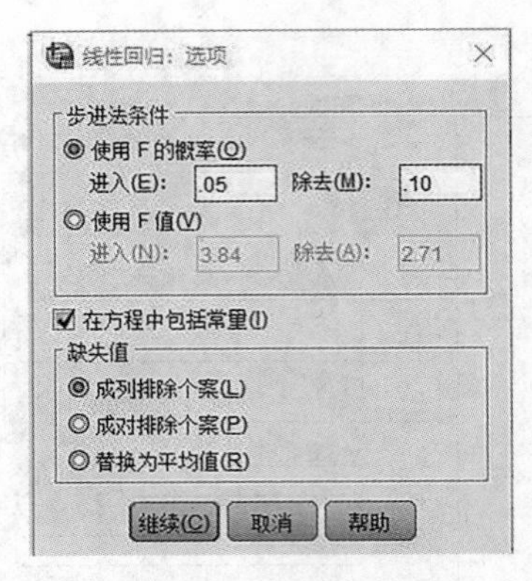

图 5－68 “线性回归：选项”对话框

如果要保存预测值等数据，就在“线性回归”对话框中单击“保存”按钮，弹出“线性回归：保存”对话框，选择需要保存的数据类型作为新变量保存在数据编辑窗口，用户根据自身情况勾选相应复选框。设置完成后，在“线性回归”对话框中单击“确定”按钮，输出结果，如图 5－69 所示。

输入/除去的变量[a]

模型	输入的变量	除去的变量	方法
1	掺杂量[b]	.	输入

a. 因变量：硬度

b. 已输入所请求的所有变量。

模型摘要[b]

模型	R	R 方	调整后 R 方	标准估算的错误
1	0.995[a]	0.989	0.987	3.89077

a. 预测变量：(常量), 掺杂量

b. 因变量：硬度

ANOVA[a]

模型		平方和	自由度	均方	F	显著性
1	回归	6949.167	1	6949.167	459.053	0.000[b]
	残差	75.690	5	15.138		
	总计	7024.857	6			

a. 因变量：硬度

b. 预测变量：(常量), 掺杂量

系数[a]

模型		未标准化系数		标准化系数		
		B	标准错误	Beta	t	显著性
1	(常量)	341.484	2.824		120.915	0.000
	掺杂量	7.232	0.338	0.995	21.426	0.000

a. 因变量：硬度

残差统计[a]

	最小值	最大值	平均值	标准偏差	个案数
预测值	348.7161	449.9677	393.1429	34.03226	7
残差	-4.57419	5.03226	0.00000	3.55177	7
标准预测值	-1.305	1.670	0.000	1.000	7
标准残差	-1.176	1.293	0.000	0.913	7

a. 因变量：硬度

图 5－69 线性回归的输出结果

图表

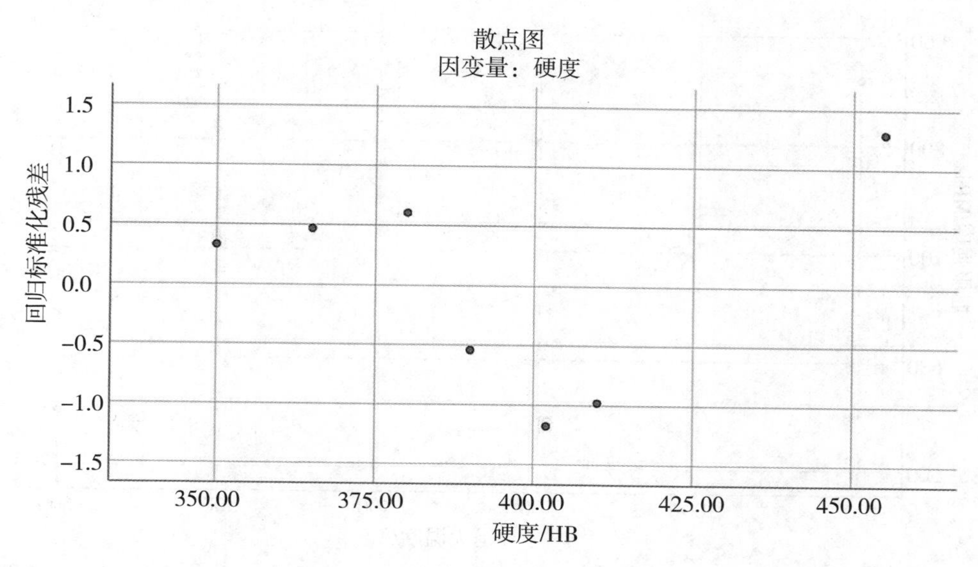

图 5－69　线性回归的输出结果（续）

最终，可得掺杂量与硬度的回归模型为 $y=341.48+7.23x$ 。

如果某对变量数据的散点图不是直线，而是某种曲线，则可以利用曲线估计方法为数据求得一条合适的曲线，也可以通过变量代换方法将曲线方程转换为直线方程（表5－4），再采用线性回归方法分析和预测。

表 5－4　曲线方程转换为直线方程

函数名称	函数方程式	转换方式
线性函数	$y=b_0+b_1x$	
二次多项式	$y=b_0+b_1x+b_2x^2$	$y=b_0+b_1x+b_2x'$，$x'=x^2$
生长曲线	$y=e^{(b_0+b_1x)}$	$y'=b_0+b_1x$，$y'=\ln y$
复合模型	$y=b_0b_1{}^x$	$\ln y=\ln b_0+x\ln b_1$
对数函数	$y=b_0+b_1\ln x$	$y=b_0+b_1x'$，$x'=\ln x$
三次多项式	$y=b_0+b_1x+b_2x^2+b_3x^3$	$y=b_0+b_1x+b_2x'+b_3x''$，$x'=x^2$，$x''=x^3$
指数函数	$y=b_0e^{b_1x}$	$y'=b'_0+b_1x$，$y'=\ln y$，$b'_0=\ln b_0$
幂函数	$y=b_0(x^{b_1})$	$y'=b'_0+b_1x'$，$y'=\ln y$，$b'_0=\ln b_0$，$x'=\ln x$
逆函数	$y=b_0+(b_1/x)$	$y=b_0+b_1x'$，$x'=1/x$

〔**例 5－6**〕分别在 100 ℃、200 ℃、300 ℃、400 ℃、500 ℃、600 ℃下对 40 钢进行退火处理，测得 40 钢的屈服强度分别为 860 MPa、830 MPa、800 MPa、750 MPa、630 MPa、550 MPa。考查退火温度与 40 钢屈服强度的函数关系。

将上述数据导入 SPSS 软件，作出退火温度与屈服强度的散点图，如图 5－70 所示。

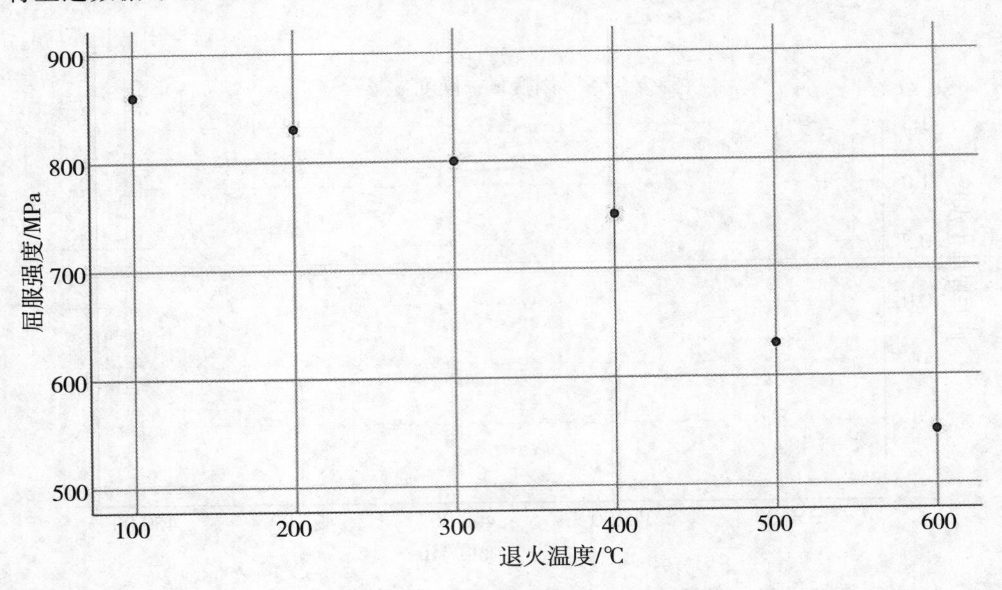

图 5－70　退火温度与屈服强度的散点图

从图 5－70 可以看出，随着退火温度的升高，屈服强度呈现衰减的变化趋势，可选择合适的函数进行曲线估计。单击菜单栏“分析”→“回归”→“曲线估算”命令，弹出“曲线估算”对话框，如图 5－71 所示。将“屈服强度”和“退火温度”分别添加至“因变量”和“变量”列表框，在“模型”选项组勾选“二次”复选框（对比二者对实际数据的回归效果），同时勾选“在方程中包括常量”和“模型绘图”复选框。单击“保存”按钮，弹出图 5－72 所示的“曲线估算：保存”对话框，可对保存变量和预测个案进行保存设置。

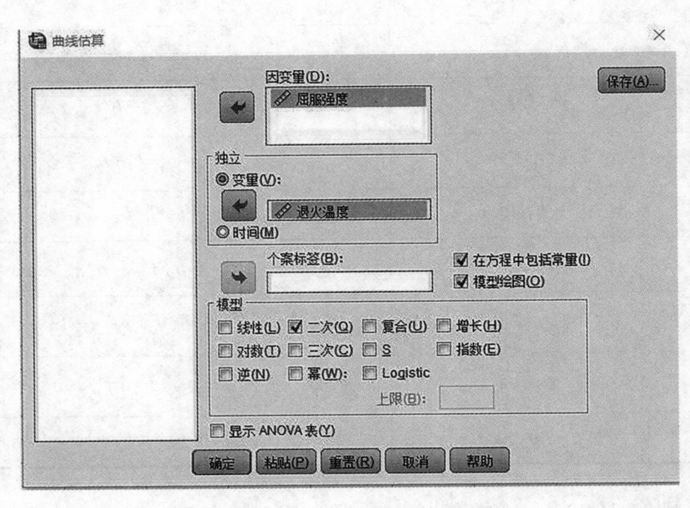

图 5－71　“曲线估算”对话框

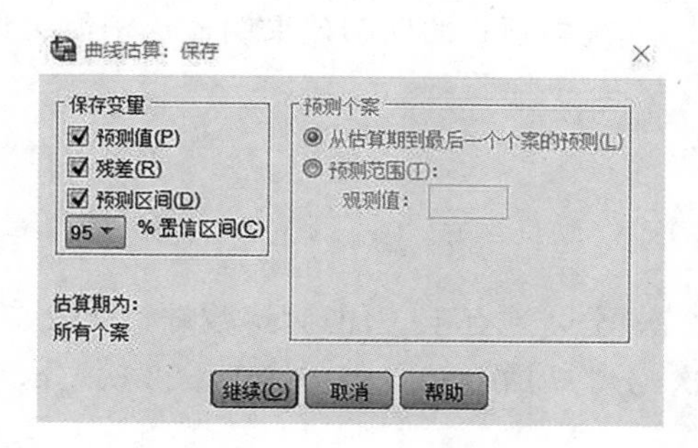

图 5－72　“曲线估算：保存”对话框

设置完成后，在“曲线估算”对话框中单击“确定”按钮，输出结果，如图 5－73 所示。

变量处理摘要

		变量	
		因变量	自变量
		屈服强度	退火温度
正值的数目		6	6
零的数目		0	0
负值的数目		0	0
缺失值的数目	用户缺失值	0	0
	系统缺失值	0	0

模型摘要和参数估算值

因变量：屈服强度

	模型摘要					参数估算值		
方程	R 方	F	自由度 1	自由度 2	显著性	常量	b1	b2
线性	0.930	53.284	1	4	0.002	956.667	-0.629	
二次	0.990	145.073	2	3	0.001	855.000	0.134	-0.001

自变量为退火温度。

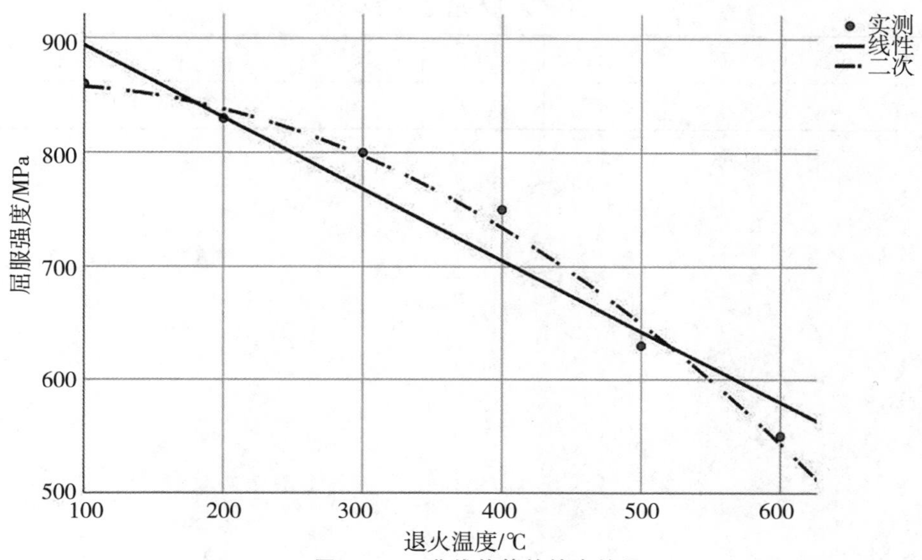

图 5－73　曲线估算的输出结果

从图5—73可以看出，二次多项式的回归效果明显优于简单线性回归，其回归方程为 $y=855+0.134x-0.01x^2$。

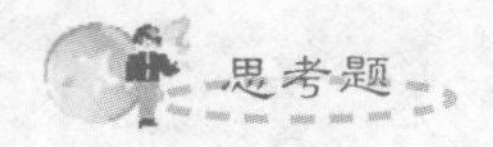

1. 正常人的脉搏为72次/分，现有10人的脉搏数据为75次/分，56次/分，78次/分，61次/分，55次/分，80次/分，79次/分，64次/分，82次/分，79次/分。试用SPSS软件分析这10人的脉搏。

2. 某添加剂X与有机光伏器件的能量转换效率Y的关系见表5—5，试考查A元素添加量与有机光伏器件能量转换效率的关系。

表5—5 A元素添加量与有机光伏器件能量转换效率的关系

X/（%）	0	1.2	2.4	3.6	4.8
Y/（%）	5.6	7.8	8.4	9.6	11.2

3. 某医生用A、B、C三种药品治疗某种疾病，试用SPSS软件分析其治疗效果（表5—6）。

表5—6 不同药品对某种疾病的治疗效果

药品	不明显	有一定效果	好转	治愈	总计
A	24	26	72	186	308
B	20	16	24	32	92
C	20	22	14	22	78

4. 某地采集了8名儿童的尿肌酐含量（Y），试用SPSS软件估算其与年龄（X）的回归方程（表5—7）。

表5—7 儿童尿肌酐含量与年龄的关系

X	6	7	8	9	10	11	12	13
Y	2.48	2.65	2.56	3.09	3.36	3.01	3.18	3.54

第6章 MATLAB与数据处理

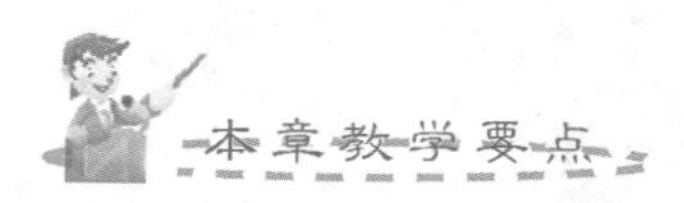

知识要点	掌握程度	相关知识
MATLAB软件简介	了解MATLAB软件	MATLAB软件
MATLAB软件的工作界面与功能	了解MATLAB软件的主界面及其区域功能	命令运行窗口、工作区、当前路径窗口、历史命令窗口、帮助命令
MATLAB软件的运行方式	掌握MATLAB软件的运行方式	命令行运行方式、m文件运行方式、变量与函数
MATLAB软件的数值计算	掌握MATLAB软件的数值计算	数值计算
MATLAB软件的矩阵运算	掌握MATLAB软件的矩阵运算	矩阵运算
MATLAB软件的符号运算	掌握MATLAB软件的符号运算	符号运算
MATLAB软件的图形处理	掌握MATLAB软件的图形绘制； 掌握MATLAB软件的绘图控制命令	绘制二维图形、绘制其他二维图形、绘图的控制命令、绘制三维图形
MATLAB软件的数理统计分析	掌握MATLAB软件的数理统计分析	单因素方差分析、双因素方差分析、线性回归分析、多项式回归分析、非线性回归分析、逐步回归分析、MATLAB软件的其他数据分析模型及命令
MATLAB软件的编程功能	掌握MATLAB软件的编程功能	顺序语句、选择语句、循环语句

课程导入

20世纪70年代，莫勒（Moler）教授以FORTRAN语言为基础，为学生编写了使用LINPACK和EISPACK的接口程序——MATLAB（由MATRIX和LABORATORY两个单词的前三个字母组成，意为矩阵实验室）软件。此后，MATLAB一直作为一款免费的教学辅助软件广泛用于美国大学，受到广大师生的欢迎。后来，利特尔（Little）使用C语言重新编写了MATLAB的核心，并在莫勒的帮助下，于1984年成立MathWorks公司，首次推出MATLAB商用版软件。MATLAB软件以高性能的数组运算（包括矩阵运算）闻名，除对大多数数学算法实现高效函数运行和数据可视化操作外，还为用户提供高效的编程语言，应用于各专业领域。经过多年发展，MATLAB软件取得了极大成功，广泛用于科学研究、工程技术、系统建模与仿真、数值计算分析等领域，提高了人们的工作效率。

6.1 MATLAB软件简介

MATLAB是MathWorks公司出品的一款商业数学软件。它可用于数据分析、深度学习、图像处理、信号处理、量化金融与风险管理、机器人以及控制系统等领域。MATLAB软件将数值分析、矩阵计算、科学数据可视化、系统建模和仿真等功能集成在一个易操作的窗口，便于用户使用。无论是科学研究还是工程设计，MATLAB都能提供全面、有效的解决方案，受到用户广泛好评。MATLAB软件具有超强的扩展能力，在无需重写代码或学习大数据编程和内存溢出技术的情况下，可实现在群集、GPU或云上运行，十分方便、灵活。此外，MATLAB软件还是科学家及工程师常用的编程和数值计算平台，用户可根据实际情况编程和分析数据。同时，MATLAB软件拥有专业且强大的工具箱以及交互式应用程序，用户能看到使用不同算法处理数据的方法。因此，MATLAB软件功能强大、应用广泛、方便灵活、易操作，为科学研究、工程设计和数值计算等领域提供了强大的支持。

6.2 MATLAB软件的主界面与功能

MATLAB软件的启动方式有多种，如在桌面上双击“MATLAB快捷方式”图标、在“开始”菜单中单击MATLAB→MATLAB选项、在“MATLAB安装目录\MATLAB”中双击“MATLAB快捷方式”、在“MATLAB安装目录\MATLAB\bin\win32”中双击MATLAB.exe图标。无论采用哪种启动方式，都可以弹出图6－1所示的主界面。若要关闭MATLAB软件，则可以单击“关闭”按钮、执行File→Exit MATLAB命令、在命令行窗口中输入exit或quit后按Enter键、使用快捷键Ctrl＋Q。

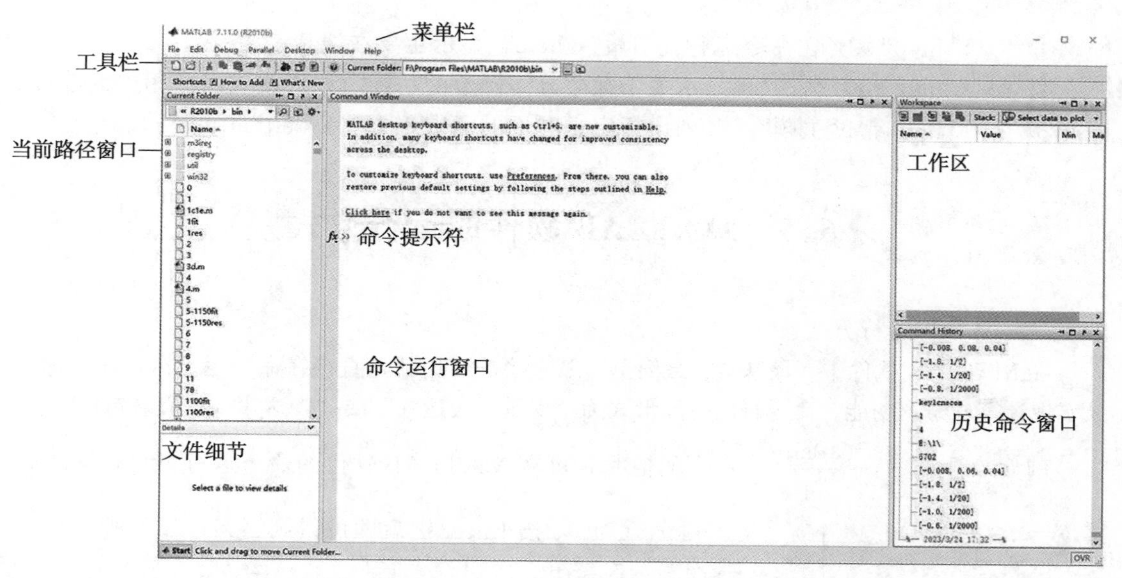

图 6－1　MATLAB 软件（2010 版）的主界面

MATLAB 软件的主界面包含菜单栏、工具栏、命令运行窗口、工作区、当前路径窗口、文件细节、历史命令窗口等。

（1）命令运行窗口（Command Window）。

MATLAB 是交互式语言，输入运行命令后给出运算结果。命令运行窗口是 MATLAB 与用户交互的主要窗口，用于输入和编辑命令行等信息，并显示结果（图形单独显示）。当命令运行窗口中出现命令提示符“> > ”时，表示 MATLAB 系统准备就绪，可以输入命令、变量或运行函数。命令提示符一直位于行首，只有在输入每个指令行后按 Enter 键才会执行相应指令。

（2）工作区（Workspace）。

工作区用于保存 MATLAB 变量的信息。在工作区，可对变量进行观察、编辑、保存和删除处理。保存在工作区中的自定义变量只有在使用 clear 命令或关闭 MATLAB 系统后才会被清除。若在命令运行窗口中输入 whos，则可以显示保存在工作区中所有变量的名称、大小、数据类型等信息；若输入 who 命令，则只显示变量的名称。

（3）当前路径窗口（Current Directory）。

当前路径窗口也称当前目录窗口，可以显示或改变当前目录。当前目录是指 MATLAB 运行文件时的工作目录。只有在当前目录或搜索路径下的文件及函数才可以被运用或调用，如果没有特殊指明，数据文件就将储存在当前目录下。如果要建立自己的工作目录，那么在运行文件前必须将该文件所在目录设置为当前目录。

（4）历史命令窗口（Command History）。

历史命令窗口记录了用户每次启动 MATLAB 的时间以及在命令运行窗口运行过的所有指令。历史命令窗口中的指令可以被复制到命令运行窗口重新运行。如果要清除这些记录，就可以单击菜单栏 Edit→Clear Command History 命令。

（5）帮助命令。

帮助命令是查询函数语法的基本方法，查询信息直接显示在命令运行窗口。帮助命令有 help、look for。三种常见的帮助形式如下。

① “> > help”（%在命令运行窗口输入 help，显示主要在线帮助主题）。

② “> > help 函数名”（%显示关于某个具体函数的功能、调用格式以及相关函数）。

③ “> > help 帮助主题”（%列出指定主题下的函数，如> > help elfun %）。

6.3 MATLAB 软件的运行方式

(1) 命令行运行方式。

在 MATLAB 软件中，最基本、最简单、最直接的应用就是直接在命令运行窗口输入命令来实现计算或绘图功能。命令行的一般形式为“变量＝表达式”或“表达式（赋值语句）”。

例如，计算 $y=\frac{0.3\sin(0.4\pi)}{1+\sqrt{7}}$ 的值时，可在 MATLAB 软件的命令运行窗口输入表达式 y＝0.3 * sin（0.4 * pi）/（1＋sqrt（7）），按 Enter 键后即可得到答案，如下所示。

```
>>y= 0.3* sin (0.4* pi) / (1+ sqrt (7))
y=
0.0783
```

如果在表达式后面加上分号“;”，那么在按 Enter 键后不会立刻显示结果，而是在输入输出变量后显示。采用分号可以关闭不必要的输出，提高程序运行速度。

MATLAB 软件具有数字运算功能，其常见运算符与函数符号的表达式见表 6－1。

表 6－1　常见运算符与函数符号的表达式

运算	数学表达式与函数符号	MATLAB 运算符与函数符号	MATLAB 表达式
加	a＋b	＋	a＋b
减	a－b	－	a－b
乘	a×b	*	a×b
除	a÷b	/（右除）或 \（左除）	a/b 或 b \ a
幂	a^b	^	a^b
开平方	$\sqrt{a}$	sqrt	sqrt（a）
指数函数	e^x	exp	exp（x）
绝对值		abs	abs（x）
正弦	sin	sin	sin（x）
余弦	cos	cos	cos（x）
反正弦	arcsin	asin	asin（x）
反余弦	arccos	acos	acos（x）
正切	tan	tan	tan（x）
反正切	arctan	atan	atan（x）
余切	cot	cot	cot（x）

（续表）

运算	数学表达式与函数符号	MATLAB 运算符与函数符号	MATLAB 表达式
反余切	arccot	acot	acot（x）
自然对数	ln	log	log（x）
常用对数	log	log10	log10（x）
双曲正弦	sinh	sinh	sinh（x）
双曲余弦	cosh	cosh	cosh（x）

（2）MATLAB 软件中的 m 文件运行方式。

m 文件是用 MATLAB 语言编写的，它是可以在 MATLAB 软件中运行的程序。因它是以普通文本格式存储的，故可以用任何文本编辑软件编辑。MATLAB 软件提供的 m 文件编辑器就是程序编辑器。具体操作过程为单击菜单栏 File→New→M-file 命令或单击“新建”图标，调出 m 文件编辑器，用户即可用此编辑器编写 m 文件。通常，m 文件有两种形式，一种称为命令文件（Script File），另一种称为函数文件（Function File），这两种文件的扩展名都是 . m。

如果经常重复执行某些命令，就可以把这些命令按执行顺序存储在一个 m 文件中。在 MATLAB 软件的命令运行窗口输入该文件的名称，系统就会调用该文件并执行其中的全部命令。该文件称为 MATLAB 软件的命令文件，使用方便、高效。

（3）MATLAB 软件中的变量与函数。

变量是在程序运行过程中数值可以基于用户需求变化的数据，它可代表一个或多个内存单元（变量地址）中的数据。为方便访问变量所在存储单元，需要为变量命名，一般遵循以下规则：①以英文字母开头，后面接字母、数字、下画线等字符；②名字长度不超过 31 个字符；③字符间不能有空格；④注意区分大小写。

MATLAB 软件自带系统变量，如 ans 表示用于存储计算结果的默认变量，pi 表示圆周率 π，inf 表示无穷大，eps 表示最小数，i 或 j 表示虚数单位。

函数用来描述自变量和因变量的关系表达式。MATLAB 软件中的函数关系有数学函数和机器函数，数学函数参见表 6－1，机器函数有 pause（程序暂时停在某函数所在位置，按任意键继续）、clock（给出日期及当前时间）等。一定要将函数书写在等式右边，对每个函数自变量的数量和格式都有一定要求，允许函数是嵌套的［如 sqrt（cos（8））］，但函数名需区分大小写。

6.4 MATLAB 软件的数值计算

MATLAB 软件运算的基本数据对象是矩阵，标量可以看作 1×1 的矩阵，向量可以看作 1× n 或 n ×1 的矩阵。因此，可以说 MATLAB 软件的数据结构就是矩阵结构，以矩阵运算为代表的基本运算功能一直是 MATLAB 软件引以为自豪的核心与基础。在 MATLAB 软件中创建矩阵应遵循以下原则：矩阵中的各元素（数值、变量、表达式或函数）必须在一个方括号“[ ]”中；矩阵内同行元素之间用空格或逗号“,”分隔；矩阵行与行之间需要用分号“;”或回车符分隔。

例如，在命令运行窗口创建一个简单的数值矩阵，执行如下命令。

```
>> A= [3 2 2; 3 6 0; 2 7 8]
```

按 Enter 键后，在命令运行窗口显示如下结果。

```
A =
        3    3    2
        3    6    0
        2    7    8
```

如果在命令运行窗口创建有运算表达式的矩阵，MATLAB 软件就会自行运算表达式并直接输出结果。例如，在命令运行窗口输入

```
>> y= [sin (pi/3) , cos (pi/6) ; log (20) , exp (2) ];
```

输入 y 并按 Enter 键，在命令运行窗口显示。

```
>> y↙
```

输出结果如下。

```
y =
       0.8660    0.8660
       2.9957    7.3891
```

MATLAB 软件中的数据矩阵除可以通过手动输入数字创建矩阵外，还可以通过创建 m 文件创建矩阵。先将矩阵数据写入一个 m 文件，再在 MATLAB 软件的命令运行窗口运行该 m 文件，即可将矩阵调入工作场。通过函数创建矩阵也是一种常见的矩阵生成方式，常见函数有 ones（m,n）（产生 $m \times n$ 的矩阵，元素都是 0 的矩阵）、ones（m,n）（产生 $m \times n$ 的矩阵，元素都是 1 的矩阵）、eye（n）（产生 n 阶的单位矩阵）。

此外，MATLAB 软件提供了一些特殊的构造方法以方便创建矩阵，如冒号法，其一般格式为“向量名=初值:步长:终值”。

例如，在命令运行窗口输入

```
>> x= 1: 0.4: 2.4
```

按 Enter 键后显示

```
x =
     1    0.4000    0.8000    1.2000    1.6000    2.0000    2.4000
```

当步长为 1 时，可以省略；当步长为负值时，初值大于终值。对于这种按等分模式构建的向量，也可以通过调用 linspace 函数实现，其调用格式为 linspace（a,b,n）。其中，a 和 b 分别为初值和始值，n 为等分数，产生的数据就成为等差数列的向量。

例如，在命令运行窗口输入

```
>> linspace (1, 5, 5)
ans =
    1.0000    2.0000    3.0000    4.0000    5.0000
```

若用冒号法创建一个 $m \times n$ 的矩阵，则可按下列格式与步骤实现。

A (: , j)：表示矩阵 **A** 的第 j 列；

A (i, :)：表示矩阵 **A** 的第 i 行。

具体示例如下。

```
> > A (1, : ) = 1: 5    %设置矩阵的第 1 行，初值和始值分别为 1 和 5，步长为 1
A =
     1     2     3     4     5
> > A (2, : ) = 6: 10   %设置矩阵的第 2 行，初值和始值分别为 6 和 10，步长为 1
A =
     1     2     3     4     5
     6     7     8     9    10
> > A (3, : ) = 11: 15  %设置矩阵的第 3 行，初值和始值分别为 11 和 15，步长为 1
A =
     1     2     3     4     5
     6     7     8     9    10
    11    12    13    14    15
```

6.5 MATLAB 软件的矩阵运算

MATLAB 软件的矩阵运算关系式见表 6－2。

表 6－2 MATLAB 软件的矩阵运算关系式

运算	加	减	乘	除	幂	转置	逆
运算符	＋	－	*	/（右除）或\（左除）	^	T	－
表达式	A＋B	A－B	A * B	A/B 或 A\B	A^p	A^T	inv（A）

利用 MATLAB 软件计算矩阵的解具有非常重要的现实意义，如可以解线性方程组。

〔**例 6－1**〕利用 MATLAB 软件计算如下方程组的解。

$$\begin{cases} 3x_1 - 2x_2 + 2x_3 = 5 \\ 5x_1 - 3x_2 - x_3 = 16 \\ 2x_1 + x_2 - 3x_3 = 5 \end{cases}$$

上述线性方程组实际上可由三个矩阵关系表示，即 AX＝B，要解 X，用 X＝A\B 即可。因此，在 MATLAB 软件中输入如下表达式求解。

```
> > A= [3, - 2, 2; 5, - 3, - 1; 2, 1, - 3];
> > B= [5; 16; 5];          %列向量
> > X= A\ B
  X=
     1
    - 3
    - 2
```

6.6 MATLAB 软件的符号运算

前面提到在 MATLAB 软件的数值运算中，只有事先为变量赋值才能出现在表达式中并参与运算。但实际上，人们在运算过程中常常会遇到带有字符的矩阵或函数参与，如函数的微分、积分等，此时需要进行符号运算。MATLAB 软件中的符号运算是利用符号数学工具箱进行的，功能包括符号表达式的创建、符号矩阵运算、符号表达式的简化与替换、符号代数方程、符号微积分、符号微分方程、符号函数的绘图等。

字符串变量的创建：用单引号界定的字符序列称为字符串。字符串是一种特殊的符号对象，在数据处理、造表和函数求值中字符串有重要应用。

符号变量与符号表达式的创建：MATLAB 软件的符号数学工具箱提供 sym 和 syms 两个基本函数，以创建符号变量、符号表达式和符号矩阵。其中，函数 sym 的格式为“变量＝sym（'表达式'），函数 syms 的格式为“Syms var1 var2 var3 … ”（变量间有空格）。

例如：

```
>>syms x y
    >> p=exp (-x/y)
    >>q=x^5+y^2+exp (-x/y)
```

创建了两个符号表达式，分别存储于变量 p 和 q 中。由于利用 syms 函数表达时意义清楚明了、书写方便，符合 MATLAB 软件的习惯与风格，因此一般用 syms 函数创建符号变量、符号表达式和符号矩阵。MATLAB 软件中的常见微积分符号见表 6－3。

表 6－3　MATLAB 软件中的常见微积分符号

微积分符号	含义
diff（f）	求表达式 f 中变量的微分
diff（f，n）	求表达式 f 中变量的 n 阶微分
diff（f，v）	求表达式 f 中变量 v 的微分
diff（f，v，n）	求表达式 f 中变量 v 的 n 阶微分
limit（f，x，a）	求表达式 f 中 $x \to a$ 时的极限
int（f）	求表达式 f 中变量的积分
int（f，v）	求表达式 f 中变量 v 的积分
int（f，v，a，b）	求表达式 f 在区间 (a, b) 上对变量 v 的定积分

〔例 6－2〕 利用 MATLAB 软件求 $f(x)=ax^2+bx+c$ 的微分和积分，定积分区间为（0，2），可采用 syms 函数定义上述变量，具体操作过程及输出结果如下。

```
> > syms a b c x
      > > f= sym ('a* x^2+ b* x+ c')
          f = a* x^2+ b* x+ c
        > > diff (f, a)
```

```
    ans =
            x^2
>> int (f)
    ans =
            1/3* a* x^3+ 1/2* b* x^2+ c* x
>> int (f, x, 0, 2)
    ans =
            8/3* a+ 2* b+ 2* c
```

6.7 MATLAB软件的图形处理

MATLAB软件与Excel软件、Origin软件、SPSS软件等一样，具有绘制图形与分析数据的功能。但MATLAB软件的优点在于数值计算高效，且能够进行符号运算，擅长处理复杂数据。MATLAB软件可以图形方式表现数据，方便用户更好地分析数据。MATLAB软件的主界面简洁、功能明确，只需记住有关命令即可；具有丰富的功能，能够满足用户的不同需求，从而帮助用户更好地分析与处理数据。

6.7.1 绘制二维图形

当绘制二维图形的命令为“plot（y）”时：若 **y** 为向量，则默认 y 为纵坐标，元素序号为横坐标，用直线依次连接数据点，即可绘制 $x-y$ 关系曲线图；若 **y** 为矩阵结构，则按列绘制每列对应的曲线，图中曲线数等于矩阵的列数（多条曲线）。

例如，以向量y=（2，3，5，6，4，3，2）的各分量为纵坐标、以各分量的序号数为横坐标绘制图形。在命令运行窗口输入如下表达式并按Enter键，即可输出图形。

```
>> y= [2 3 5 6 4 3 2];
>> plot (y)
```

当绘制二维图形的命令为“plot（x，y）”时：**y** 和 **x** 具有相同的维向量，以 x 为横坐标、以 y 为纵坐标绘制连线图。若 **x** 是向量，而 **y** 是行数或列数与 **x** 长度相等的矩阵，则绘制多条不同色彩的连线图，x 成为这些曲线的共同坐标；若 **x** 和 **y** 是同一类型矩阵，则分别以 x 和 y 对应列数值为横坐标和纵坐标绘制图形，图形数量与矩阵列数相同。

绘制二维图形的命令也可为“plot（x，y1，x，y2，…）”，以 x 元素为横坐标，以 y_1，y_2，y_3，…为纵坐标绘制多条曲线（y 通常为函数关系）。

6.7.2 绘制其他二维图形

（1）绘制饼图。绘制饼图的命令为“pix（x）”。饼图的标题名为“title（'饼图'）”，若想将某块（多块）从饼图中区分出来，则可采用［0 … 1 0 … 0］命令形式，其中1代表向量中某个要单独区分出来的部分。示例如下。

```
>> x= [7 21 34 26 13];
>> v= [1 1 0 0 0];
```

```
>> pie (x, v) ;
>> title ('饼图') ;
```

（2）绘制条形图。

①绘制条形图（竖直）。绘制条形图（竖直）的命令为“bar（y）”。创建条形图，y 中的每个元素都对应一个条形，若 $\boldsymbol{y}$ 是 $m \times n$ 矩阵，则创建每组 n 个条形的 m 个组。“bar（x，y）”表示在 x 处绘制条形；“bar（…，width）”表示设置条形的相对宽度；“bar（…，style）”表示指定条形组的样式（如'stacked'等）；“bar（…，color）”表示设置条形的颜色（如'r'红色）；“bar（…，Name，Value）”表示使用一个或多个名称－值对组参数指定条形图的属性。

②绘制条形图（水平）。绘制条形图（水平）的命令为“barh（y）”，其他语法功能与绘制条形图（竖直）的相同。

6.7.3 绘图的控制命令

曲线控制命令包括设置线的颜色、线型、记号等，其通用命令为“plot（x，y，'color line-style marker'）”。颜色、线型、记号的符号表达分别见表 6－4 至表 6－6。

表 6－4 颜色的符号表达

颜色	红色	白色	黄色	紫红色	绿色	青色	黑色	蓝色
符号	r	w	y	m	g	c	k	b

表 6－5 线型的符号表达

线型	实线	虚线	点线	点画线
符号	—	——	:	—.

表 6－6 记号的符号表达

记号符号	输出形式	记号符号	输出形式
.	实心圆点	>	大于号
o	空心圆点	<	小于号
x	叉号	s	正方形
+	加号	d	菱形
*	星号	p	五角星
v	向下的三角形	h	六角星
^	向上的三角形		

完成主体图形的绘制后，通常需要对图形进行适当的标注。常见标注的命令格式见表 6—7。

表 6－7 常见标注的命令格式

命令格式	实际含义
title（'…'）	添加图形标题
xlabel（'…'）	横坐标标记

（续表）

命令格式	实际含义
ylabel（'…'）	纵坐标标记
text（'…'）	在指定 x、y 处标注
gtext（'…'）	在鼠标指定位置标注
axis（xmin xmax ymin ymax）	指定显示范围
grid on（/of）	添加或取消网格线

〔**例6—3**〕在 $x=(0, 2\pi)$ 范围内绘制一条正弦曲线和一条余弦曲线，其具体命令过程如下。

```
> > x= 0:pi/10:2* pi;
> > y1= sin(x);
> > y2= cos(x);
> > plot(x,y1,x,y2)
> > grid on                              %添加网格
> > xlabel('x 轴')                        %横坐标名
> > ylabel('y 轴')                        %纵坐标名
> > title('正弦函数和余弦函数曲线')          %标题
> > text(1.5,0.3,'cos(x)')               %指定位置标注
> > gtext('sin(x)')                      %用鼠标选择位置标注
> > axis([0 2* pi - 1.2 1.2])            %设置坐标轴的最大值和最小值
```

完成上述命令过程后，即可输出图形，如图6－2所示。

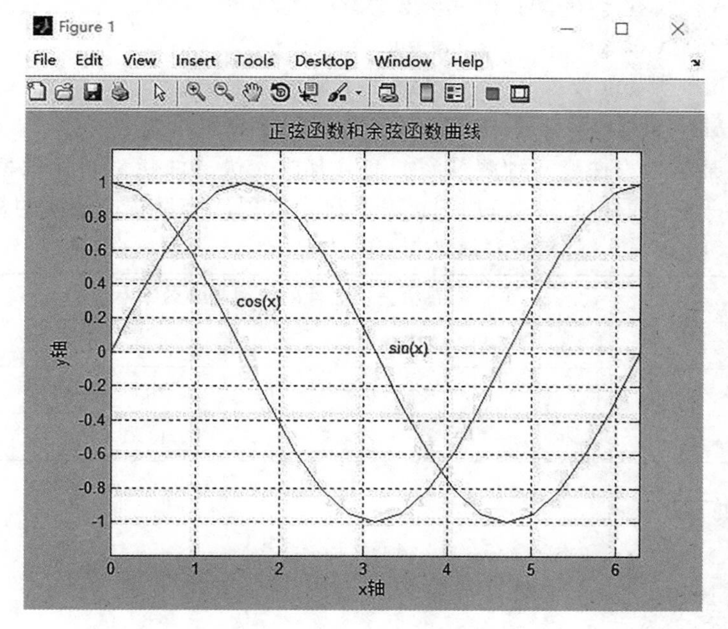

图6—2　用MATLAB软件绘制的一条正弦函数曲线和一条余弦函数曲线

6.7.4 绘制三维图形

MATLAB 软件不仅可以绘制二维图形，还可以绘制如下三维图形。

（1）三维曲线图。命令为“plot3（x，y，z，s）”，与二维要素相似，三维要素只是多了一个 z 向表达，s 可用来设置线型或颜色等。

（2）三维网格图。“mesh（x，y，z）”或“surf（x，y，z）”，二者的区别在于前者绘制的是网格近似描述的曲面，后者绘制的是真实表面图。

（3）其他三维图形。绘制三维饼状图的命令为“（pie3（x））”，绘制三维散点图的命令为“（scatter3（x））”，绘制三维柱状图的命令为“（bar3（x））”，绘制峰图的命令为“（z=peaks（n））”。

6.8 MATLAB 软件的数理统计分析

在 MATLAB 软件统计工具箱中有大量数理统计分析工具，人们能方便地进行概率分布、估计、假设检验、多变量统计、聚类分析、实验设计、创建线性模型和非线性模型、参数设计、方差分析、相关系数、回归分析等，还能以统计图的形式表达结果。

6.8.1 单因素方差分析

如果分析的对象为单因素实验，并需要判断因素对结果影响的显著性，就可以采用单因素方差分析，其相关命令如下。

（1）p=anova1（x）。

（2）p=anova1（x，group）：group 用于不均衡样本。

（3）p=anova1（x，group，displayopt）。

（4）[p，table] =anova1（…）：table 用于显示方差表。

（5）[p，table，stats] =anova1（…）：stats 用于显示箱图。

〔例 6－4〕 某学生为探究三种溶剂添加剂对有机光伏器件能量转换效率的影响进行实验，数据见表 6－8。试分析溶剂添加剂提升有机光伏器件能量转换效率的显著性。

表 6－8　溶剂添加剂对有机光伏器件能量转换效率的影响

溶剂添加剂	有机光伏器件的能量转换效率/（%）			
1	10.3	10.8	9.9	10.4
2	9.3	9.5	8.9	9.3
3	11.3	12.4	11.5	11.4

解：输入如下命令。

```
>> a1= [10.3, 10.8, 9.9, 10.4];
>> a2= [9.3, 9.5, 8.9, 9.3];
>> a3= [11.3, 12.4, 11.5, 11.4];
```

```
> > A= [a1; a2; a3];
> > p= anova1 (A)
```

完成上述命令过程后，即可输出结果，如图 6—3 所示。

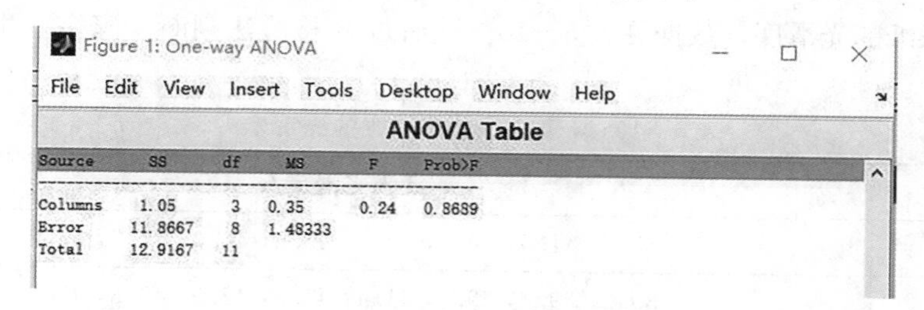

Source	SS	df	MS	F	Prob>F
Columns	1.05	3	0.35	0.24	0.8689
Error	11.8667	8	1.48333		
Total	12.9167	11			

【拓展视频】

图 6—3　单因素方差分析的输出结果

〔**例 6—5**〕为对比 3 种套餐对人员体重的影响，将 20 人随机安排为 3 组，两个月后测量其体重下降量，见表 6—9。判断 3 种套餐对人员体重变化的影响是否存在显著差异。

表 6—9　3 种套餐对人员体重变化的影响

套餐	人员体重下降量/kg
1	3.3，4.0，5.1，3.4，3.1，2.5，3.4，4.3，3.4
2	1.1，1.7，1.8，2.2，1.4
3	1.3，2.5，2.5，2.6，2.4，1.5

解：输入如下命令。

```
> > a= [3.3, 4.0, 5.1, 3.4, 3.1, 2.5, 3.4, 4.3, 3.4;
       1.1, 1.7, 1.8, 2.2, 1.4;
       1.3, 2.5, 2.5, 2.6, 2.4, 1.5];
> > group= [ones (1, 9) , 2* ones (1, 5) , 3* ones (1, 6)];
> > p= anova1 (a, group)
```

完成上述命令过程后，即可输出结果，如图 6—4 所示。

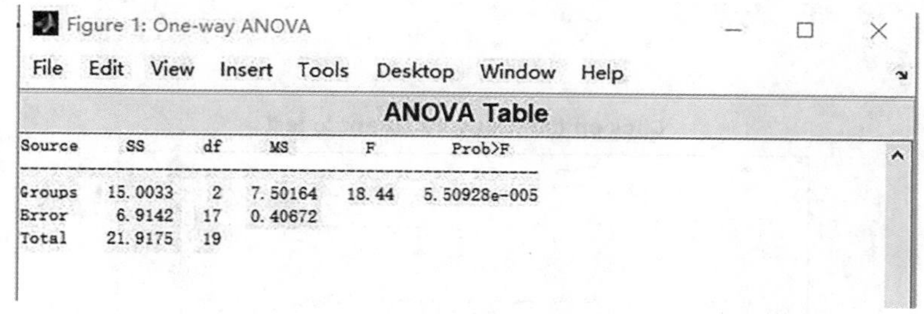

Source	SS	df	MS	F	Prob>F
Groups	15.0033	2	7.50164	18.44	5.50928e-005
Error	6.9142	17	0.40672		
Total	21.9175	19			

【拓展视频】

图 6—4　单因素方差分析的输出结果

从图 6—4 中可以看出，3 种套餐对人员体重变化的影响存在显著差异。

方差分析中的 F 检验通常用来判断因素各水平是否存在显著差异，不能说明哪些水平存在显著差异，因而需要对各水平进行进一步的比较与判断，即多重比较，常用 S 检验法。为了更加方便地解决实际中存在的问题，需要使用 MATLAB 命令，其命令格式如下。

```
c=multcompare (s)
```

其中，s 可由［p，c，s］=anova1（B）获得，用于多重比较的输入；p 为零假设成立时的概率；c 为方差分析表。

〔例 6—6〕4 家企业生产同一规格的纸张，为判断其对产品质量的保证，随机抽取 8 张纸，并测量每张纸的光滑度，数据见表 6—10。试通过 S 检验法判断 4 家企业生产的纸张是否存在显著差异。

表 6—10　4 家企业生产纸张的光滑度

企业	纸张光滑度/s
1	38.7，41.5，43.8，44.5，45.5，46.0，47.7，58.0
2	39.2，39.3，39.7，41.4，41.8，42.9，43.3，45.8
3	34.0，35.0，39.0，40.0，43.0，43.0，44.0，45.0
4	34.0，34.8，34.8，35.4，37.2，37.8，41.2，42.8

解：输入如下命令。

```
>> a= [38.7, 41.5, 43.8, 44.5, 45.5, 46.0, 47.7, 58.0;
       39.2, 39.3, 39.7, 41.4, 41.8, 42.9, 43.3, 45.8;
       34.0, 35.0, 39.0, 40.0, 43.0, 43.0, 44.0, 45.0;
       34.0, 34.8, 34.8, 35.4, 37.2, 37.8, 41.2, 42.8];
>> b= a';        %MATLAB 只分析各列
>> [p, c, s] = anova1 (b) ;      %方差分析
>> c= multcompare (s)            %多重比较
```

完成上述命令后，即可输出结果，如图 6—5 所示。

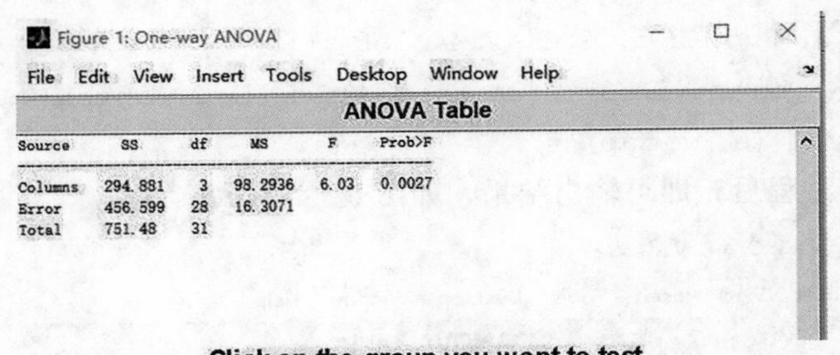

Source	SS	df	MS	F	Prob>F
Columns	294.881	3	98.2936	6.03	0.0027
Error	456.599	28	16.3071		
Total	751.48	31			

Click on the group you want to test

1
2
3
4
34 36 38 40 42 44 46 48 50
The means of groups 1 and 4 are significantly different

图 6—5　方差分析的输出结果和差异显著性

从图 6－5 可以发现，企业 1 和企业 4 存在显著差异。

6.8.2　双因素方差分析

如果分析的对象为双因素实验，并判断因素间对结果的影响是否显著，就可以采用双因素方差分析解决，其相关命令如下。

(1) p＝anova2 (x)。

(2) p＝anova2 (x，reps)。

(3) p＝anova2 (x，reps，displayopt)。

(4) [p，table] ＝anova2 (…)。

(5) [p，table，stats] ＝anova2 (…)。

〔例 6－7〕 某火箭使用 4 种燃料、3 种推进器进行射程实验。使用每种燃料与每种推进器的组合各发射两次火箭，火箭射程见表 6－11（以海里计，燃料用 A 表示，推进器用 B 表示）。试在显著性水平 $\alpha=0.05$ 下，检验不同燃料及不同推进器下的火箭射程有无显著差异？交互作用是否显著？（选自赵选民《试验设计方法》）

表 6－11　燃料与推进器对火箭射程的影响

燃料	推进器		
	B_1	B_2	B_3
	火箭射程/km		
A_1	58.2	56.2	65.3
	52.6	41.2	60.8
A_2	49.1	54.1	51.6
	42.8	50.5	48.4
A_3	60.1	70.9	39.2
	58.3	73.2	40.7
A_4	75.8	58.2	48.7
	71.5	51.0	41.4

解：输入如下命令。

```
>> a=[58.2, 56.2, 65.3;
      52.6, 41.2, 60.8;
      49.1, 54.1, 51.6;
      42.8, 50.5, 48.4;
      60.1, 70.9, 39.2;
      58.3, 73.2, 40.7;
      75.8, 58.2, 48.7;
      71.5, 51.0, 41.4];
>> p= anova2 (a, 2)
```

【拓展视频】

p =

0.0035 0.026 0.0001

完成上述命令后，即可输出结果，如图 6－6 所示。

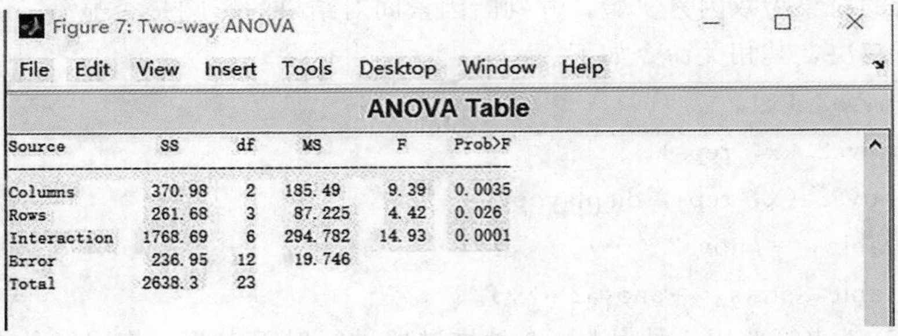

Figure 7: Two-way ANOVA

File Edit View Insert Tools Desktop Window Help

ANOVA Table

Source	SS	df	MS	F	Prob>F
Columns	370.98	2	185.49	9.39	0.0035
Rows	261.68	3	87.225	4.42	0.026
Interaction	1768.69	6	294.782	14.93	0.0001
Error	236.95	12	19.746		
Total	2638.3	23			

图 6－6 双因素方差分析的输出结果

从图 6－6 中可以看出，燃料和推进器对火箭射程的影响显著，二者的交互作用特别显著。

6.8.3 线性回归分析

变量之间通常存在三种关系：一种是变量之间确定的关系，即自变量与因变量存在明确对应的映射关系，称为函数关系；第二种是变量之间不存在任何关系，称为完全不相关关系；第三种是变量之间的关系很难用一种精确的方法表示，但变量之间确实存在某种关系，称为相关关系。回归分析就是处理变量间相关关系的一种数学表达。回归分析需要研究和解决如下问题。

（1）根据理论和对实际问题的分析判断，区分自变量（解释变量或预报变量）和因变量（被解释变量或响应变量）。

（2）从一组实验数据出发，判断二者是否存在相关关系，如果存在就设法找出合适的数学表达（回归模型），以描述变量之间的内在联系。

（3）对建立的回归模型可信度进行统计检验和推断，并从影响因变量的自变量中找出影响显著或影响不显著的变量。

（4）依据回归模型，通过自变量的取值预测或控制因变量的取值，并给出这种预测或控制的精确程度。

若自变量与因变量的变化趋势可用线性模型表达，则可以用线性模型对数据进行回归分析。使用 MATLAB 软件处理时，其命令格式如下。

［b，bint，r，rint，stats］＝regress（y，x，alpha）

其中，b 为回归方程中的回归系数，它是一个向量，x 有几列，就相应有几个回归系数，回归系数顺序与 x 列顺序对应；bint 为回归系数 b 的区间估计，其值越小精度越高；r 和 rint 分别为残差和残差对应的置信区间；stats 为检验回归模型的统计量，它包含 4 个数值，即判定系数 r^2、F 统计量观测值、检验的 P 值、误差方差的估计值 σ^2。alpha 为显著性水平（默认为 0.05）。

残差作图命令为 recplot（r，rint）。交互式方式命令为 rstool（x，y）。

〔**例 6－8**〕对某产品进行腐蚀刻线，得到腐蚀时间（x）与腐蚀深度（y）的关系，见表 6－12，试研究两变量的关系。

表 6－12　腐蚀时间与腐蚀深度的关系

腐蚀时间 x/s	5	5	10	20	30	40	50	60	65	90	120
腐蚀深度 y/μm	4	6	8	13	16	17	19	25	25	29	46

解：输入如下命令。

```
> > x= [5, 5, 10, 20, 30, 40, 50, 60, 65, 90, 120];     %自变量序列数据
> > X= [ones (11, 1) x];
> > Y= [4, 6, 8, 13, 16, 17, 19, 25, 25, 29, 46];      %因变量序列数据
> > [b, bint, r, rint, stats] = regress (Y, X, 0.05)
```

输出如下结果。

```
b =
    4.3668
    0.3232
bint =
    1.9004    6.8332
    0.2800    0.3663
r =
  - 1.9826
    0.0174
    0.4016
    2.1700
    1.9383
  - 0.2933
  - 1.5249
    1.2435
  - 0.3723
  - 4.4514
    2.8538
rint =
  - 6.4627    2.4975
  - 4.7351    4.7698
  - 4.4223    5.2254
  - 2.4798    6.8197
  - 2.8646    6.7412
  - 5.3762    4.7896
  - 6.4649    3.4151
  - 3.7045    6.1914
```

【拓展视频】

```
  - 5.3739    4.6292
  - 7.4546   - 1.4482
  - 0.1346    5.8422
stats =
    0.969 5   286.522 4    0.000 0    4.957 0
```

故回归方程为 $y=4.3668+0.3232x$ 。

6.8.4 多项式回归分析

若自变量与因变量的变化趋势可用多项式模型（$y=a_0+a_1x+a_2x^2+\cdots+a_mx^m$）表达，则可以用多项式模型对数据进行回归分析。使用 MATLAB 软件处理时，其命令格式如下。

（1）[p, S] =polyfit（x, y, m）。其中，x=（x_1，x_2，…，x_n），y=（y_1，y_2，…，y_n），p=（a_0，a_1，a_2，…，a_m）为多项式对应的系数；S 为估算预测误差的矩阵。

（2）Y=polyval（p, x）。用于求 polyfit 所得回归方程在 x 处的预测值。

（3）[Y, delta] =polyconf（p, x, S, alpha）。用于求 polyfit 所得回归方程在 x 处预测值的显著性，其中 alpha 默认为 0.05。

〔**例 6—9**〕观察物体以一定速度从某高度抛出后的下降时间与下降距离的关系，其数据见表 6—13。求下降时间与下降距离的关系。

表 6—13　下降时间与下降距离的关系数据

时间 t/s	0.033	0.066	0.099	0.132	0.198	0.297	0.363	0.429	0.462
距离 s/m	11.85	15.65	20.56	26.65	41.89	72.86	99.04	129.45	146.42

解：输入如下命令。

```
> > t = [0.033, 0.066, 0.099, 0.132, 0.198, 0.297, 0.363, 0.429, 0.462];
> > s = [11.85, 15.65, 20.56, 26.65, 41.89, 72.86, 99.04, 129.45, 146.42];
> > [p, S] = polyfit (t, s, 2)
```

输出如下结果。

```
p =
   498.8294    66.6575    9.1031
S =
     R: [3x3 double]
     df: 6
normr: 0.114 3
```

故回归方程为 $s=498.8294t^2+66.6575t+9.1031$。

6.8.5 非线性回归分析

若自变量与因变量的变化趋势不能用线性回归表达，则应考虑采用非线性回归。使用MATLAB软件处理时，其命令格式如下。

（1）确定回归系数的命令为“[beta，r，J]＝nlinfit（x，y，'modelfun'，beta0）。”其中，beta、r、J分别为回归系数、残差、Jacobian矩阵；x和y分别为$n \times m$矩阵和n维列向量；modelfun为m文件定义的非线性函数；beta0为初始值。

（2）模型预测和误差的命令为“[Y，DELTA]＝nlpredci（'modelfun'，x，beta，r，J）”。

6.8.6 逐步回归分析

逐步回归分析的原理是自动从大量可供选择的变量中选取重要变量，建立回归分析的预测模型。它逐个引入自变量，保留偏回归平方和显著的自变量，而去除偏回归平方和不显著的自变量，以建立最优多元线性回归方程。使用MATLAB软件处理时，其命令格式如下。

stepwise＝（x，y，inmodel，alpha）

其中，x和y分别为$n \times m$矩阵和$n \times 1$矩阵；inmodel为矩阵列数的指标，给出初始模型包含的子集；alpha为显著性水平，默认为0.05。

运行stepwise函数时，产生stepwise plot、stepwise table、history三个图形窗口。在stepwise table窗口显示各项的回归系数和置信区间。stepwise table是一个数据的统计分析表，包括回归系数及其置信区间、模型的统计剩余标准差、相关系数、检验值F、概率P。

〔**例6－10**〕某产品性能（Y）与其内部化学成分X_1、X_2、X_3密切相关，测得数据见表6－14。试采用逐步回归分析方法确定线性模型。

表6－14　内部化学成分与产品性能的关系数据

序号	1	2	3	4	5	6	8	9	1
X_1	72	22	26	31	27	33	41	45	22
X_2	26	29	55	32	51	55	72	66	68
X_3	61	53	47	44	34	12	26	27	35
Y	78.4	74.3	105.4	97.5	94.8	109.1	115.8	123.4	108.3

解：输入如下命令。

```
>> X= [72, 26, 61;
      22, 29, 53;
      26, 55, 47;
      31, 32, 44;
      27, 51, 34;
      33, 55, 34;
      41, 72, 26;
```

```
            45, 66, 27;
            22, 68, 35];
>> Y= [78.4, 74.3, 105.4, 97.5, 94.8, 109.1, 115.8, 123.4, 108.3];
>> stepwise (X, Y, [1, 2, 3], 0.05)
```

逐步回归分析的输出结果如图 6－7 所示。

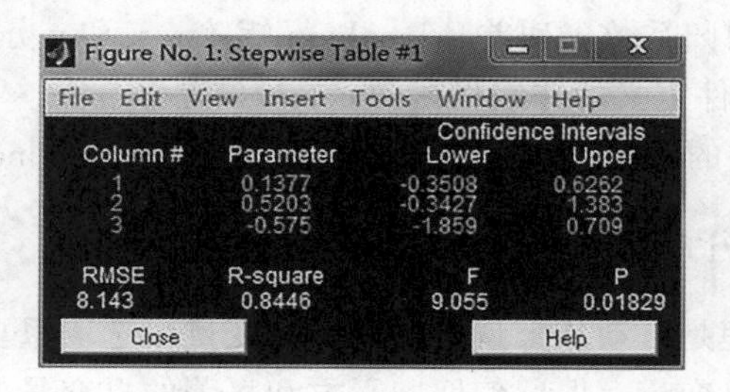

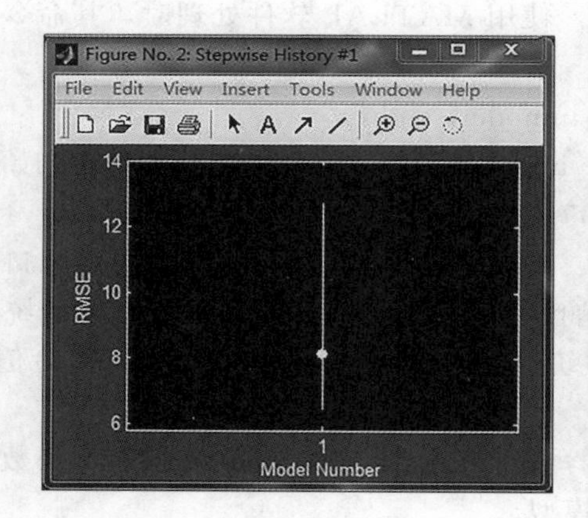

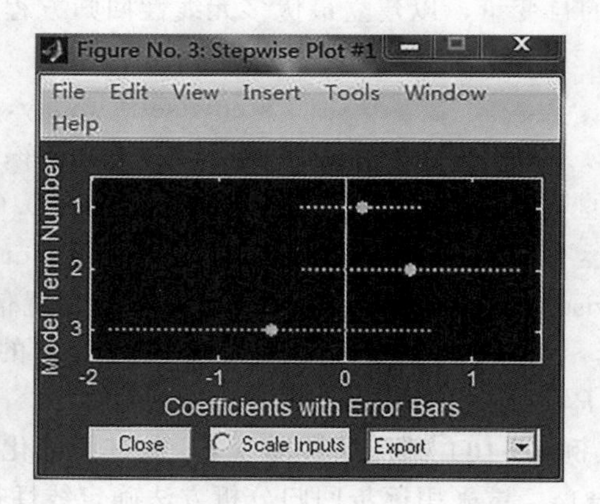

图 6－7　逐步回归分析的输出结果

6.8.7　MATLAB 软件的其他数据分析模型及命令

lsqcurvefit 是 MATLAB 软件中用于非线性最小二乘拟合的函数，其可以根据一组数据点拟合一个数学模型，以便在给定的误差范围最好地拟合对应的参数，命令格式如下。

y _ fit＝lsqcurvefit(fun, x0, xdata, ydata, lb, ub)

其中，fun 为预先定义函数；x0 为初始解向量，是需要求解的参数，使用前需要初始化；xdata 和 ydata 为实验得到的样本数据；lb 和 ub 分别为解向量的上界限和下界限。

6.9　MATLAB 软件的编程功能

使用 MATLAB 软件编写的程序称为 m 文件，其后缀为 . m。m 文件有两种形式，一种称为命令文件（Script File），另一种称为函数文件（Function File）。在菜单栏单击 File→New→M-file 命令或单击“新建”图标可以调出 m 文件编辑器，从而按照编程规则编写

m 文件程序。MATLAB 程序也是通过数据输入、数据处理和数据输出三个步骤实现的，其中输入数据、输出数据反映程序的交互性，是程序必需步骤；数据处理是指要通过一定的运算规则实现程序，需要使用不同的语句执行。一个 m 程序的核心由诸多语句构成，常见的语句有顺序语句、选择语句（if 语句和 switch 语句）、循环语句（for 循环、while 循环、循环语句的嵌套）、流程控制语句等，掌握这些语句的用法可提升数据的处理效率。

（1）顺序语句。

顺序语句是指按照程序中语句的排列顺序依次执行，直到程序的最后一个语句，这是最简单的语句。顺序语句包含表达式语句、赋值语句、输入语句、输出语句、空语句等。

表达式语句的格式如下。

```
表达式，        %显示表达式
表达式；        %不显示表达式
表达式          %显示表达式
```

赋值语句的格式：①变量＝表达式；②表达式。

输入语句 INPUT 输入函数：编程时，如果想随时改变输入参数值，就可采用 input（ ）函数输入，其命令格式为“A＝input（提示信息，选项）”。提示信息可以是字符串，用来提示输入各种数据。如果调用 input（ ）函数时采用了 s 选项，就允许用户输入字符串。

输出语句 DISP 输出函数：MATLAB 软件提供的输出函数主要是 disp（ ）函数，其命令格式为“disp（A）”，其中 A 既可以为字符串又可以为矩阵。

MATLAB 软件还提供了较实用的字符串处理及转换函数，如 int2str（ ）。

（2）选择语句。

选择语句根据规定条件进行逻辑判断，如果条件成立就执行后续程序模块，否则执行备选程序模块。选择语句包含 if－else－end 语句和 if－end 语句等。

①if－else－end 语句。

if－else－end 语句的格式如下。

```
if  逻辑表达式
        程序模块 1；
else
        程序模块 2；
end
```

如果逻辑表达式为真，则执行程序模块 1，然后跳出该结构，执行 end 的后续命令；如果逻辑表达式为假，则执行程序模块 2，然后跳出该结构，执行 end 的后续命令。

②if－end 语句。

if－end 语句的格式如下。

```
if  逻辑表达式
      程序模块；
end
```

如果逻辑表达式为真，则执行 if 与 end 之间的程序模块，否则执行 end 的后续命令。

③当有三个或三个以上选择时，可采用下列格式。

```
if  逻辑表达式 1
```

```
            程序模块 1;
    elseif  逻辑表达式 2
            程序模块 2;
    …
    elseif  逻辑表达式 n
            程序模块 n;
    else
            程序模块 n+1;
    end
```

如果逻辑表达式为真，则执行程序模块 *n*，然后跳出该结构，执行 end 的后续命令；如果 if 和 elseif 后的所有逻辑表达式都为假，则执行程序模块 $n+1$，然后跳出该结构，执行 end 的后续命令。

（3）循环语句。

循环语句是在程序中需要反复执行某个过程而设置的一种语句。它由循环体中的条件判断继续执行某个功能或退出循环。根据判断条件，循环结构可分为先判断后执行的循环结构和先执行后判断的循环结构。

①for 语句。

for 语句的格式如下。

```
for  x= 表达式 1: 表达式 2: 表达式 3
        程序模块
end
```

其中，表达式 1 的值为循环初值，表达式 2 的值为步长，表达式 3 的值为循环的终值。如果省略表达式 2，则默认步长为 1。

for 语句的执行过程如下：a. 将表达式 1 的值赋给 x。b. 对于正的步长，当 x 的值大于表达式 3 的值时结束循环；对于负的步长，当 x 的值小于表达式 3 的值时结束循环，否则执行 for 与 end 之间的程序模块，然后执行下一步。c. x 加一个步长后，返回上一步继续执行。

②while 语句。

while 语句的格式如下。

```
while  表达式
          程序模块
end
```

只要表达式的值为 1（真），就执行 while 与 end 之间的程序模块，直到表达式的值为 0（假）结束循环。对于逻辑表达式，一般只要表达式的值不为 0，就认为该表达式为真。设计 whil 语句时，要注意防止出现死循环，也就是确保循环一定次数后可以结束循环。与 while 语句相比，for 语句更直观、更简单。

（4）流程控制语句。

流程控制语句 switch－case 的格式如下。

```
switch 表达式（标量或字符串）
```

```
case 值 1,
语句体 1
case {值 2.1, 值 2.1, …}
语句体 2
…
otherwise,
语句体 n
end
```

1. 已知实验数据见表 6－15，求其线性拟合曲线。

表 6－15　实验数据

序号	1	2	3	4	5
x_i	164	125	151	122	144
y_i	189	156	162	128	147

2. x 与 y 的实验数据见表 6－16，其具有 $y=x^2$ 的变化趋势。试采用最小二乘法求解 y。

表 6－16　x 与 y 的实验数据

x	1	1.5	2	2.5	3	3.5	4	4.5	5
y	－1.4	2.7	3	5.9	8.4	12.2	16.6	18.8	26.2

3. 实验数据满足 $y=e^{-at}$，$t=0\sim10$，用不同的线型和标记点画出 $a=0.1$、$a=0.2$ 和 $a=0.5$ 三种情况下的曲线。

4. 实验数据如下，求作其回归直线并计算最小误差平方和。

$x=[0.1,0.11,0.12,0.13,0.14,0.15,0.16,0.17,0.18,0.2]$；

$y=[42,43.5,45,45.5,45,47.5,49,53,50,55]$；

5. 使用 MATLAB 命令求方程 $x^3-3x^2+1=0$ 的根。

第7章 材料数据库与科技文献检索

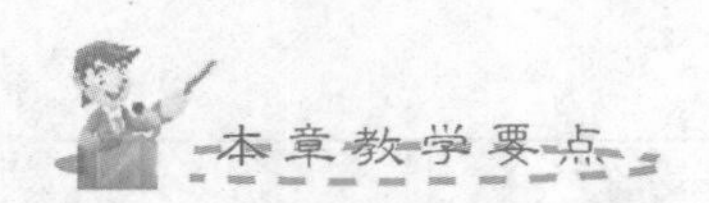

知识要点	掌握程度	相关知识
材料数据库	了解材料数据库的发展； 了解材料数据库的分类； 了解国内外材料数据库	材料数据库的发展、材料数据库的分类、国内外材料数据库
文献及文献检索概述	了解文献及文献检索的概念； 了解人工检索和计算机检索	文献及文献检索的概念，人工检索和计算机检索
科技文献的检索方法	了解科技文献的检索方法； 了解国内外科技文献数检索； 掌握文献检索的方法与技巧	直接检索法、追溯检索法、综合检索法，中国知网、万方数据知识服务平台、Elsevier、WILEY、SPRINGER LINK、SCI－HUB、ResearchGate、谷歌学术

课程导入

材料数据库是储存材料信息和性能数据的资源库，科研人员与工程技术人员可以使用材料数据库方便地检索材料信息。文献检索是根据自身学习和工作需要获取文献的过程，并从文献中获得重要信息。由于文献检索的方式和途径很多，并且网络技术发达，因此文献检索多通过计算机网络完成。21世纪是网络信息时代，材料数据库与科技文献数据库无疑将推动科学技术进一步发展。

7.1 材料数据库

7.1.1 材料数据库的发展

每种物质都具有特定结构和性质，而人类的大脑不可能保存所有材料的数据信息，从而需要储存数据。以往可以用纸质方式记录材料信息，但其在保存方式、信息传播等方面都存在明显不足。随着计算机技术及网络技术的飞速发展，人们开发出数据库。20 世纪 70 年代，很多国家逐步开发离线材料数据库和在线材料数据库，其涵盖各种材料（如黑色金属、有色金属、非金属材料、高分子材料、功能材料、高温材料、复合材料）的成分、相图、晶体结构、性能参数等数据；并构建了材料腐蚀、材料摩擦磨损、材料力学性能、金属弹性性能、金属扩散等数据库。20 世纪 80 年代，我国认识到数据库的重要性，开始构建材料数据库，如原航空航天工业部材料数据中心开发的航空材料数据库、上海材料研究所开发的机械工程材料数据库、北京机电研究所开发的材料热处理数据库、武汉材料保护研究所开发的腐蚀数据库和摩擦数据库、北京大学新材料学院建立的北大新材料大数据服务平台等。

7.1.2　材料数据库的分类

根据数据的种类划分，材料数据库可以分为标准或实验类材料数据库（如晶体结构数据库、材料热力学和相图数据库、材料性能数据库等）、材料工艺数据库（如材料热处理数据库、金属切削数据库等）、专用材料数据库（如汽车材料数据库和航空材料数据库等）、材料特殊性能数据库（如材料疲劳数据库和材料腐蚀数据库等）。此外，材料数据库还可以根据存储数据的形式分为文献型数据库、数值型数据库和数值/文献综合型数据库。

7.1.3　国外材料数据库

剑桥结构数据库系统（cambridge structural database system，CSDS）的网址为 http：//www.ccdc.cam.ac.uk/，其界面如图 7－1 所示。CSDS 是基于 X 射线和中子衍射实验收录小分子及金属有机分子晶体结构的数据库，其不仅包含科技文献发表的分子晶体结构，还包含通过其他途径获得的分子结构。数据库中的每种分子都有化学式、名称、三维结构图、二维结构图、文献来源等信息，如图 7－2 所示。CSDS 还具有功能完整的应用软件，可以帮助科研人员方便地检索、查看、分析和归纳有关化合物的结构信息。

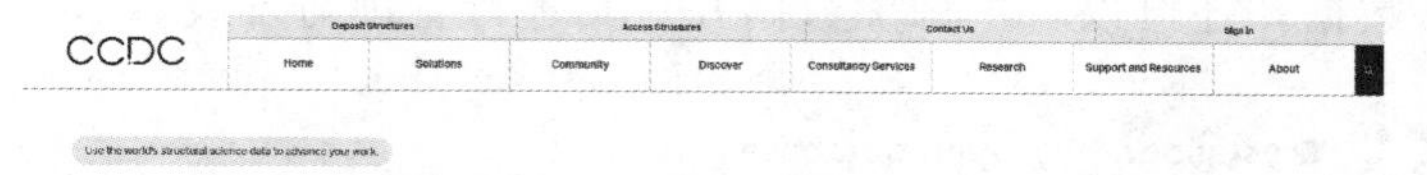

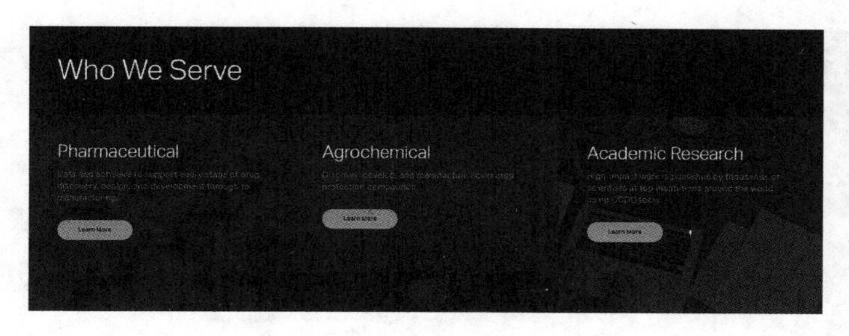

图 7－1　剑桥结构数据库系统的界面

Titanium

Titanium:

An X-ray of titanium knee replacement. Titanium does not react with the human body, so is often used in medical implants, including joint replacement and dentistry.

Facts about Titanium:

- **Titanium:** Silver solid at room temperature
- **Fun fact about Titanium:** Titanium implants can bond to bone, which improves the stability of the implant. This is known as osseointegration.
- **Chemical symbol:** Ti
- **Atomic number:** 22

A crystal structure containing Titanium:

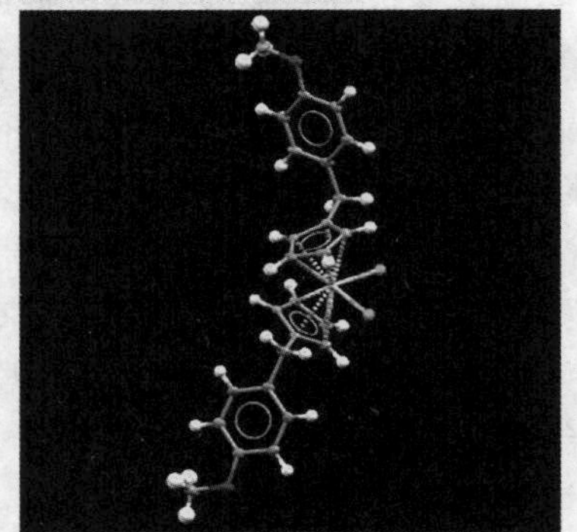

Image showing a molecule of a Titanium-containing compound, known as Titanocene Y.

Facts about this structure:

- **Formula:** C_{26} H_{26} Cl_2 O_2 Ti
- **Structure name:** Dichloro-bis(η^5-(p-methoxybenzyl)cyclopentadienyl)-titanium(iv)
- **Fun fact about the structure:** A number of Titanium-containing compounds, including this structure, have been investigated as potential anti-cancer drugs. Another Titanium compound, titanocene dichloride (CSD refcode: CDCPTI), was the first non-platinum coordination complex to undergo a clincal trial.
- **CSD refcode:** SECJAM (What's this?)
- **Associated publication:** N.J.Sweeney, O.Mendoza, H.Muller-Bunz, C.Pampillon, F.-J.K.Rehmann, K.Strohfeldt, M.Tacke, J.Organomet.Chem., 2005, 690, 4537, DOI: 10.1016/j.jorganchem.2005.06.039

图 7—2　CSDS 中的分子信息

无机晶体结构数据库（inorganic crystal structure database，ICSD）的网址为 https：//icsd. products. fiz-karlsruhe. de/。ICSD 主要搜集和提供无机化合物的晶体结构信息，是最大的无机晶体结构数据库。科研人员可以方便地从该数据库获得无机化合物的名称、化学式、相参数、晶胞参数、原子坐标、空间群、热力学参数、文献来源等信息。该数据库是收费的，只有购买使用权限才能使用。科研人员还可以关注一个开源数据库——晶体学开放数据库（crystallography open database，COD），其收录了除生物聚合物外的其他化合物（如有机化合物、无机化合物、金属有机化合物）和矿物的晶体结构。COD 的网址为 http：//www. crystallography. net/cod/，其界面如图 7—3 所示。该数据库不仅可以检索数据，还可以自主添加数据并对其进行管理与发表。

图 7—3　COD 的界面

获取晶体数据的方法有按出版期刊浏览、检索（如 COD ID 等）和绘制结构检索三种。图 7－4 所示为通过 COD ID（1000027）检索得到的硫酸镁（$MgSO_4$）晶体结构数据，包含文献来源、晶体结构预览、晶体结构参数和历史编辑版本等信息。

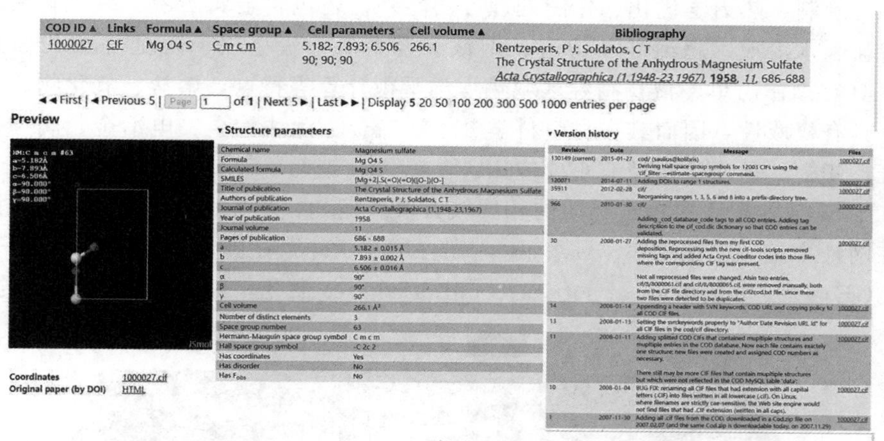

图 7－4 通过 COD ID（1000027）检索得到的硫酸镁（$MgSO_4$）晶体结构数据

国际衍射数据中心（the international center for diffraction data，ICDD）的网址为 http：//www. icdd. com/。ICDD 是非营利性科学组织，致力于搜集、编辑、出版和发布粉末衍射数据库，可以利用该数据库进行数据分析及鉴定结晶材料的物相。其检索过程较简单，可以在网站中的 Products 选项卡下检索。例如，单击 Products → Powder Diffraction File（PDF）→Phase Search 命令，弹出图 7－5 所示的界面，设置参数后检索即可。ICDD 是收费的，只有购买使用权限才能使用。

Powder Diffraction File™ (PDF®) Search

The Powder Diffraction File™ (PDF®) Search allows you to search using chemical name, formula, and elements to suggest which ICDD database product is right for you.

Material Name (e.g. Aluminum Oxide) Only

Empirical Formula (e.g. C10 N4 O2) Only

Chemical Elements (e.g. C Li Na O) Yes: Only Maybe: No:

Show Periodic Table

Displayed Fields: Compound Name, Chemical Formula, Empirical Formula, Phase Modification, Mineral Name, Alternate Name

Items per page: 50 Sorting: Database Product Order: Descending

CLEAR FIELDS SEARCH

图 7－5 ICDD 检索界面

FactSage是化学热力学领域的重要数据库，其来源于两个热化学软件包（FACT-Win/F*A*C*T和ChemSage/SOLGASMIX）的结合。FactSage的网址为http：//www. crct. polymtl. ca/，其界面如图7-6所示。FactSage除具有元多相平衡计算、电位-pH图的计算与绘制、热力学优化、作图处理等功能外，还包含金属溶液、氧化物液相、固相溶液、熔盐、水溶液、超纯硅、炉渣、钢铁、轻金属、贵金属、合金等相关信息。由于FactSage具有操作简单、擅长高温区域热力学平衡计算等特点，熔盐、氧化物、炉渣等方面的信息具有权威性，因而其在材料科学、火法冶金、湿法冶金、电冶金、腐蚀、玻璃工业、燃烧、陶瓷、地质等领域有重要应用。

在FactSage数据库中检索物质的相图较方便。例如，检索Al_2O_3-SiO_2相图的步骤如下：①在网址中输入http：//www. crct. polymtl. ca/；②在弹出的界面（图7-6）单击FASTSAGE→Thermochemical software and databases命令，弹出图7-7所示的界面。

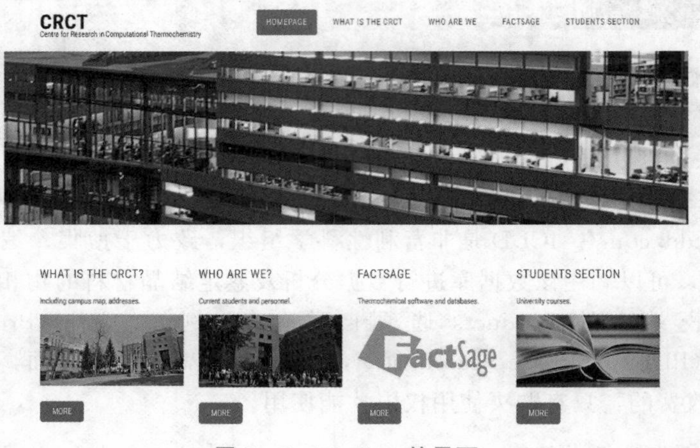

图7-6　FactSage的界面

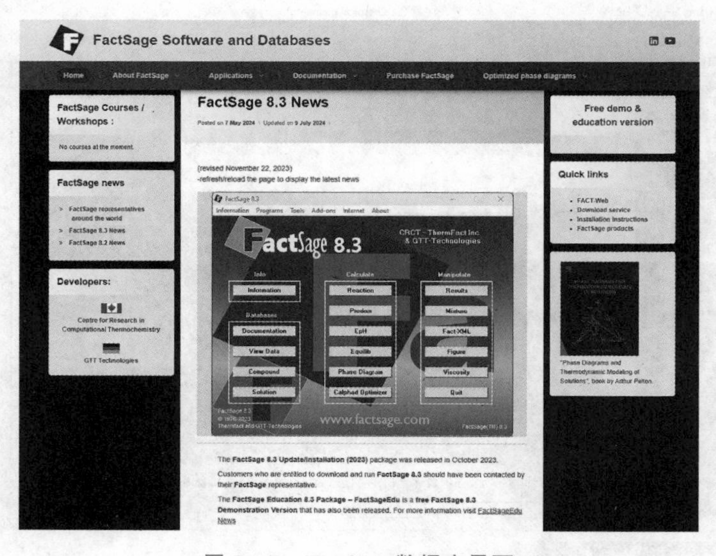

图7-7　FactSage数据库界面

单击 Documentation→Databases/Documentation 命令，弹出图 7—8 所示的界面。

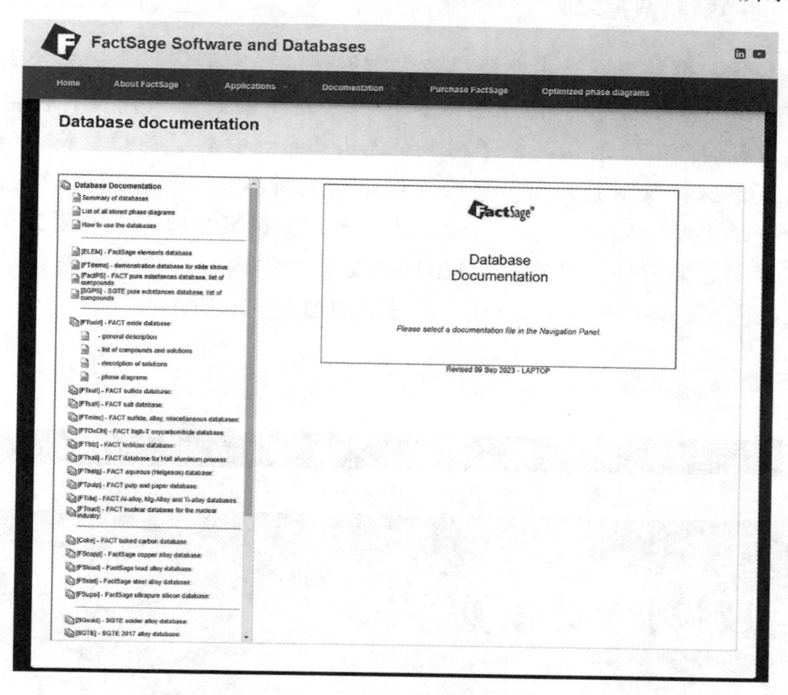

图 7—8 FactSage 数据库浏览界面

在图 7—8 的左侧列表框中单击 FACT oxide database→phase diagrams 选项，在右侧弹出的列表框中单击 Al_2O_3-SiO_2 选项，弹出图 7—9 所示的 $Al_2O_3-SiO_2$ 相图。

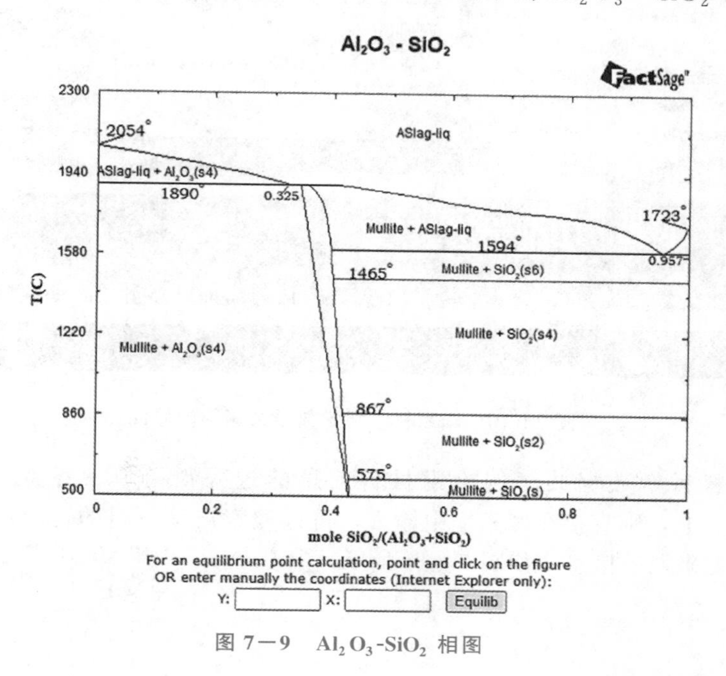

图 7—9 Al_2O_3-SiO_2 相图

7.1.4 国内材料数据库

国家材料科学数据共享网是由北京科技大学创建的，它汇集了全国多家科研单位在材料数据研究方面的成果，主要包含两类数据，一类是实验数据（包含有色金属及特种合金、黑色金属、复合材料、有机高分子材料、无机非金属材料、信息材料、能源材料、生物医学材料、天然材料及制品、建筑材料、道路交通材料），另一类是计算数据（包含第一性原理、分子动力学、计算热力学、计算动力学、微观组织模拟、有限元模拟、性能模型、加工工艺模型、非软件计算），该数据库会更新数据内容。国家材料科学数据共享网的网址为 http：//www. materdata. cn/，其界面如图 7－10 所示。

图 7－10　国家材料科学数据共享网的界面

在国家材料科学数据共享网检索材料信息的过程很简单。若需要检索能源材料 $Gd_{0.1}Ba_{0.1}Ce_{0.8}O_2$，则直接在搜索框中输入，可以检索出该材料的化学成分、性能信息、制备条件、数据来源等信息，如图 7－11 所示。

牌号：Gd0.1Ba0.1Ce0.8O2 - δ

基本信息

材料牌号	Gd0.1Ba0.1Ce0.8O2 - δ	材料名称	Gd0.1Ba0.1Ce0.8O2 - δ

原材料基本信息

名称	性能名称	性能值	性能单位	生产方法	生产厂商	备注

化学成分

成分名称	成分比例
Gd	0.1
Ba	0.1
Ce	0.8
O	2-δ

性能信息

电学性能

性能类别	性能名称	性能值	性能单位	测试设备与型号	检测机构名称
电学性能	电导率	4.5×10-2	S/m		

图 7—11　在国家材料科学数据共享网检索材料信息

此外，国家材料科学数据共享网具有数据产品、材料设计、应用案例、资源发布、网站资讯、元数据、材料社区等栏目，适合材料科研工作者和工程技术人员学习交流。

Atomly 为材料科学界提供了一个革命性的数据驱动基础设施，人们可以快速、经济、高效地筛选、预测和发现新材料。Atomly 是由中国科学院物理研究所、松山湖材料实验室和怀柔材料基因平台创建的（来源于 Atomly 介绍），其网址为 https：//atomly. net/#/，其界面如图 7—12 所示。

图 7—12　Atomly 的界面

上海有机化学研究所化学数据库是服务于化学化工研究和开发的综合性信息系统，可以提供化合物结构与鉴定、天然产物与药物化学、安全与环保、化学文献、化学反应等信息。该数据库是中国科学院上海有机化学研究所承担建设的综合科技信息数据库的重要组成部分，也是中国科学院知识创新工程信息化建设的重大专项，其网址为 http：//organchem. csdb. cn/scdb/default. asp。

7.1.5 其他国内外材料数据库

除前述数据库外，还有很多其他数据库，此处不再赘述。部分材料数据库见表 7—1。

表 7—1　部分材料数据库

数据库	网址
晓材 Matmole 数据库	http：//www. matmole. com/
晶体之星	http：//www. crystalstar. org/
OQMD	http：//www. oqmd. org/
AFLOW	http：//aflowlib. org/
The Materials Project	https：//next—gen. materialsproject. org/
SNUMAT	https：//www. snumat. com/
SUNCAT	https：//www. catalysis—hub. org/

（续表）

数据库	网址
（美国）国家标准与技术局（NIST）物性数据库	http：//webbook. nist. gov/chemistry/name－ser. /
剑桥大学材料资源	http：//www. doitpoms. ac. uk/index. php
KEY to METALS	http：//www. keytometals. com/page. aspx？ID＝HomeKTM&LN＝CN
POLYMERIS（高分子物性数据与估算）	http：//www. scivision. com/Products/polymers/PolymerIS. html
化学相容性（化学品与材料之间）数据库	http：//www. coleparmer. com/chemical－resistance

7.2 文献及文献检索概述

广义地讲，文献包括社会科学文献和科学技术文献。科学技术文献又包括科技论文、专利、标准、图书、报告等，其中最常见的是科技论文，又称原始论文或一次文献。科技论文是科学技术人员在科学实（试）验的基础上，科学地研究、分析和解决自然科学问题、工程技术难题（或问题）而得到的结论。通常，科技论文对研究的问题和现象进行归纳总结，并提出一些创新性的观点、理论和结论，以对某领域的发展起到推动作用。科技论文一般以出版商的期刊为载体，以电子版或纸版杂志的方式出版。按照研究方法的不同，科技论文可分为理论型科技论文、实验型科技论文、描述型科技论文。理论型科技论文利用理论证明、理论分析、数学推理等方法获得研究结果；实验型科技论文侧重运用实验方法和技术、分析数据获得研究结果；描述型科技论文运用描述、比较、说明等方法研究事物和现象。

文献检索是指人们利用一定的规则在文献存放处（如图书馆、档案馆、专利局、技术监督部门、情报信息中心、数据库等）查找和获取文献的过程。随着时代的进步，检索工具逐渐由印刷检索变为计算机检索，再变为软件检索。这三种检索方式共存，各具特点。印刷检索主要是指对印刷制品的文献检索，印刷制品按一定的编排与分类方式（如工程技术、自然科学、人文社科、计算机、哲学、语言、艺术、手册等）存放于图书馆等场所。以现代化图书馆中的书籍检索为例，人们可以在查询机的页面检索框中输入图书的书名、出版社、作者等相关信息，单击“检索”按钮即可查看检索结果。在检索结果中找到想要的图书，单击书名进入详情页面，即可检索到该图书的位置和书号信息，根据这两条信息可以在藏书室找到该图书。如果不知道图书的书名，就只能直接到相关藏书室逐本查阅，直到检索到与目标接近的图书。计算机检索是指利用计算机网络的终端机输入检索指令，从系统的数据库中检索出所需信息，再由终端设备实现显示或打印的过程。软件检索是指利用软件自动查找相似的文本内容，从而快速找到相关文献。常见的检索软件有 PubNote（通过关键词自动搜索，支持文献翻译，可用于专利查询、国家标准查询等，软件操作简单、方便）、Python（可以通过代码实现文献检索，检索范围广，具有文献翻译和数据处理等功能）、EndNote（可直接连接上千个数据库，并提供通用检索方式，极大地提高了科技文献的检索效率，还可以对文献进行有效的分类与管理，是科研人员的必备工具）。

7.3 科技文献的检索方法

科技文献是报道科技领域原创实证研究与理论研究的文献，其不仅为新技术、新工艺、新产品的研发、新问题的解决提供支持，还为后续研究提供理论与技术的基础、推动学科发展。此外，多学科交叉的文献可能迸发出新的研究方法、新的解决方案、新的表征技术、新的理论等。做好文献调研对科研人员与工程技术人员尤为重要。掌握检索科技文献的方法是做好科学研究与技术开发的基础。大多数科技文献被收录在科技文献数据库中，国内科技文献数据库有中国知网（CNKI）、万方数据知识服务平台、维普资讯中文期刊服务平台、超星数字图书馆平台、中国人民大学书报资料中心、百度学术、中国科学文献服务系统等。国外科技文献数据库有 ScienceDirect、WILEY、ACS Publications、American Institute of Physics（AIP）、SPRINGER NATURE、RSC Publishing、Online Liberary Science Publishing Group（SciencePG）、Web of Science、Hindawi、Multidisciplinary Digital Publishing Institute（MDPI）、frontiers、Taylor&Francis 等。

科技文献的检索方法主要有三种，即直接检索法、追溯检索法和综合检索法。

（1）直接检索法。

直接检索法是利用检索工具或系统直接检索文献的方法，这是最常见的一种检索方法，按检索文献的时间顺序又可分为顺查法、倒查法和抽查法。顺查法的原理是按时间由远及近的顺序检索文献。如检索某研究领域、某种材料、某种技术时，采用顺查法可追溯其起源、发展及现状的有关文献，从检索出的文献中逐条筛选所需文献。采用顺查法能够得到较全面的文献信息，反映某领域的全貌，适合检索新课题、新专利、重大项目等；但比较耗时，检索效率低。倒查法与顺查法相反，其原理是按时间由近及远的顺序检索文献，特别适合对某领域的热点追踪、现状检索。倒查方法的检索速度高、效率高，适合研究原始课题、新颖课题、创新课题，但存在遗漏文献的风险。抽查法是选取一定时间段进行检索的方法，根据某领域的发展特点，利用学科的起伏式特点查找文献。当某领域蓬勃发展时，发表的论文量通常很大，对该时期的文献进行抽查式检索可获得较多有价值的文献；但存在遗漏文献的风险，影响查全率。

（2）追溯检索法。

追溯检索法也称引文法或扩展法，是指从已知参考文献入手追溯原文，追溯的过程可能不止一次，直到追溯到满意的结果为止。追溯检索法通常用于论文需要某个观点、指标、数据、理论等支持，但检索工具不完整的场合。追溯检索法会因文献的局限而产生遗漏，进而影响文献的查全率。

（3）综合检索法。

综合检索法的原理是综合运用直接检索法和追溯检索法检索文献，既要直接检索文献，又要在所得检索文献中追溯文献并检索，二者可交替、循环进行，直到检索出所需文献。综合检索法兼具前两种检索方法的优点，且可获得较全面、较准确的文献，在实际科研工作中应用较多。

7.3.1　国内科技文献检索

自世界银行在《1998/99 年世界发展报告：知识与发展》中提出国家知识基础设施（national knowledge infrastructure，NKI）的概念以来，中国核工业集团资本控股有限公司旗下的同方股份有限公司推出中国期刊网。该公司以打通知识生产、传播、扩散和利用等环节信息通道，打造支持国内各行业知识创新、学习和应用的交流合作平台为总目标；并与期刊界、出版界及各类知识内容提供商达成合作，构建了集期刊杂志、硕士论文、博士论文、国内（际）会议论文、报告、报纸、工具书、年鉴、专利、标准、国学、海外文献资源于一体，具有国际领先水平的网络出版平台。1993 年北京万方数据股份有限公司成立，成为国内第一家专业的数据库公司。该公司创建的万方数据知识服务平台整合全球数亿条优质知识资源，服务涉及期刊、学位、会议、科技报告、专利、标准、科技成果、法规、地方志、视频等知识资源类型，覆盖自然科学、工程技术、医药、卫生、农业、哲学、法律、社会科学、科教文艺等领域，实现海量学术文献统一发现及分析，支持多维度组合检索，适合不同用户群研究。此外，万方智搜致力于"感知用户学术背景，智慧你的搜索"，帮助用户精准发现、获取与沉淀知识中的精华。1993 年超星数字图书馆成立，其致力于成为国内专业的数字图书馆解决方案提供商和数字图书资源供应商。其拥有数字图书 80 余万种，内容涉及宗教、哲学、自然科学、社会科学、经典理论、民族学、经济学、计算机等，是科研与技术人员必不可少的工具。

下面以中国知网为例检索相关文献。检索文献前，需要进入中国知网网页。高校可以通过图书管理系统进入中国知网，其界面如图 7－13 所示。

图 7－13　中国知网的界面

在图 7—13 中单击“高级检索”按钮，在弹出的界面可以看到检索文献类型有学术期刊、学位论文、会议、报纸、图书、专利、标准、成果、学术辑刊、法律法规、政府文件、科技报告、政府采购、工具书、特色期刊、视频、文库。该界面提供了高级检索、专业检索、作者发文检索、句子检索 4 种检索方式，可以根据实际情况选择，通常选择高级检索。为了检索所需文献，需要输入相应的检索条件（如主题、篇名、关键词、DOI、中图分类号、被引文献、摘要、全文、作者、发表时间、支持基金等）。检索者需提供这些检索条件，一般提供的检索条件越少，显示的文献信息越多；提供的检索条件越多，显示的文献信息越精确。中国知网提供了“模糊”检索与“精确”检索功能，检索者可以根据记忆或实际情况选择。此外，中国知网提供了 AND、OR、NOT 布尔逻辑关系来提高检索效率。在检索条件下方有 OA 出版、网络首发、增强出版、基金文献、中英文扩展、同义词扩展复选项。检索界面的左侧是“文献分类”列表框，包括基础科学、工程科技、农业科技、医药卫生科技、哲学与人文科学、社会科学、信息科技、经济与管理科学复选项，通过勾选或取消勾选来扩大或减小检索范围。

〔**例 7—1**〕在期刊选项条件下以镁合金为主题词检索文献。

选择期刊，单击“高级检索”选项卡，在“主题”编辑框中输入“镁合金”，如图 7—14 所示，单击“检索”按钮，在其下方显示检索结果，如图 7—15 所示。

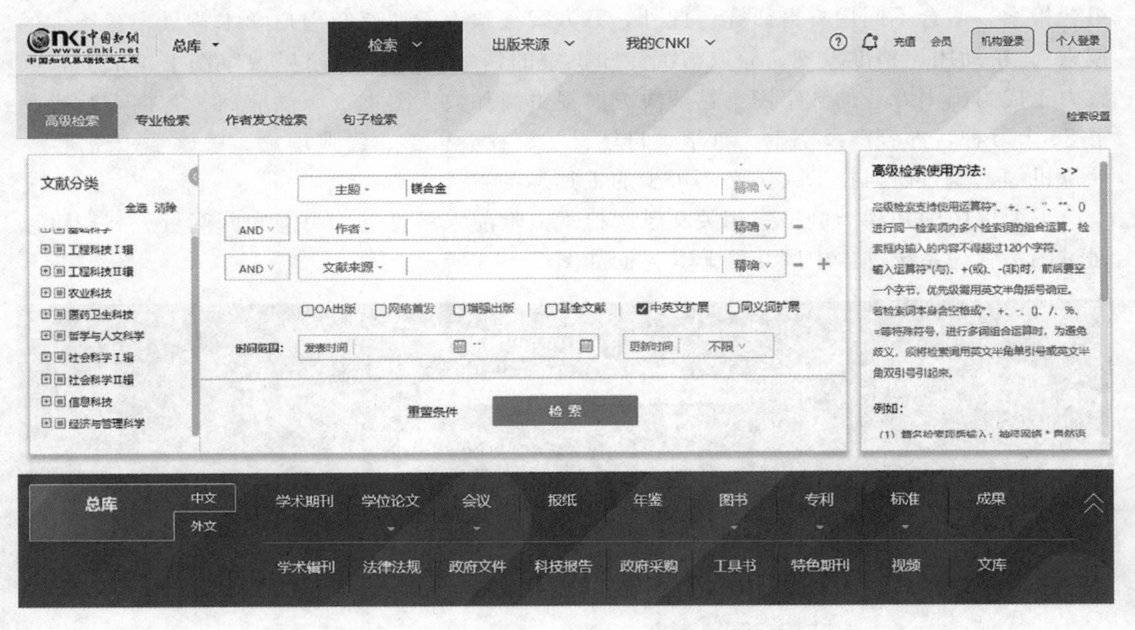

图 7—14　以“镁合金”主题为检索条件的界面

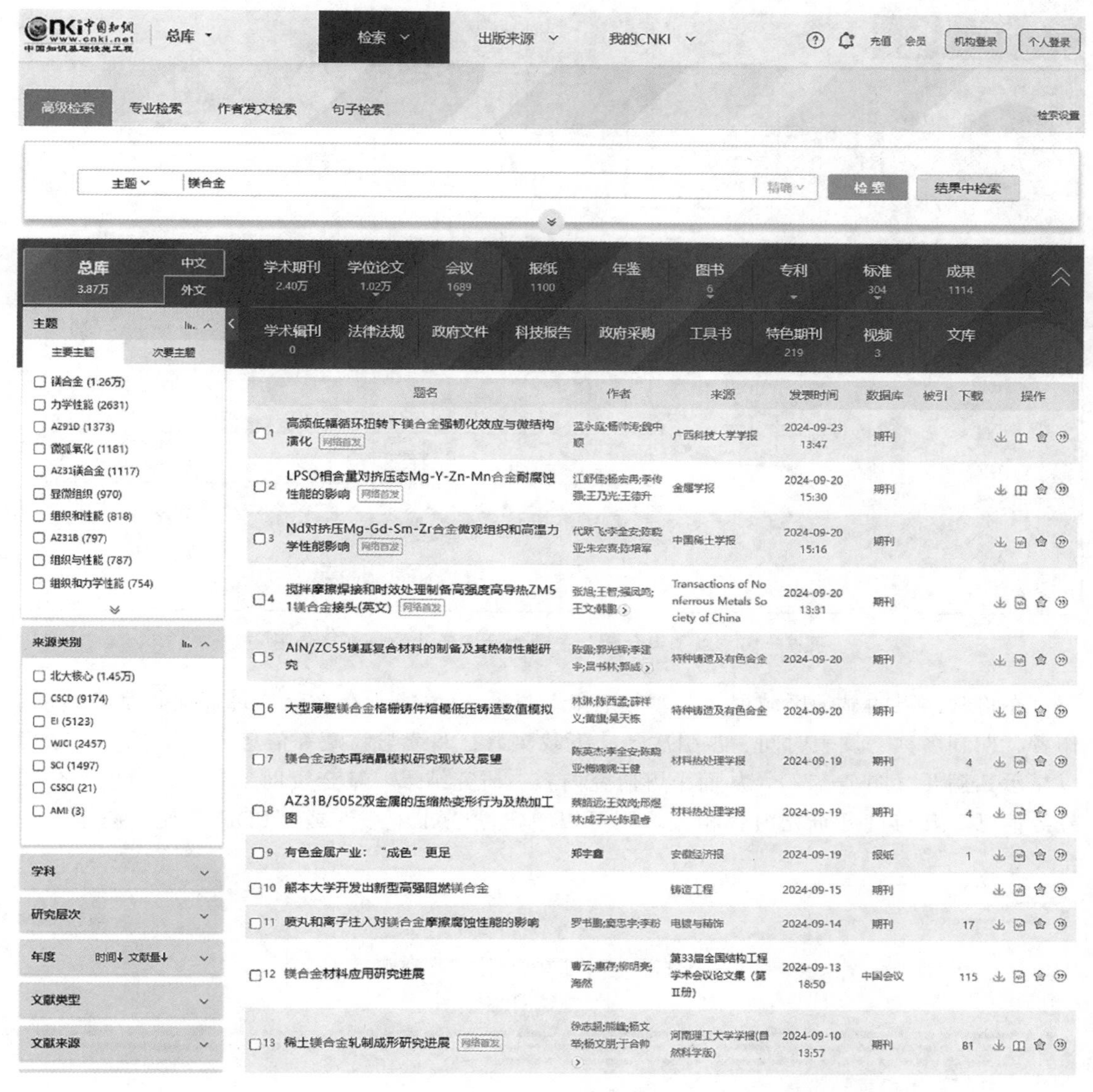

图 7-15 以“镁合金”主题为检索条件的检索结果

从检索结果可以知道，检索出 3.87 万条主题中含有“镁合金”的论文，这些研究论文涉及的领域广、时间跨度大、机构和研究人员多。为了进一步了解与筛选文献，中国知网对这些文献进行了分类。例如主题分类，涉及镁合金的力学性能、显微组织、微观组织、耐蚀性、挤压态、涂层表面、合金材料等，并按发文量由高到低排列；年度分类，每年发文量统计，可以发现该研究领域的热度趋势（图 7-16）；基金分类，统计各类基金对检索对象的支持力度；研究层次分类，可以研究检索对象是哪个层次，如技术研究、应用基础研究、技术开发、行业技术发展与评论、工程研究、基础研究、学科教育教学、应用研究等；作者与机构分类，可以清楚地知道该研究领域的研究人员和研究单位及其研究重点、研究特色、技术与水平，还可以知道研究人员和研究单位在该研究领域的排名与梯队。

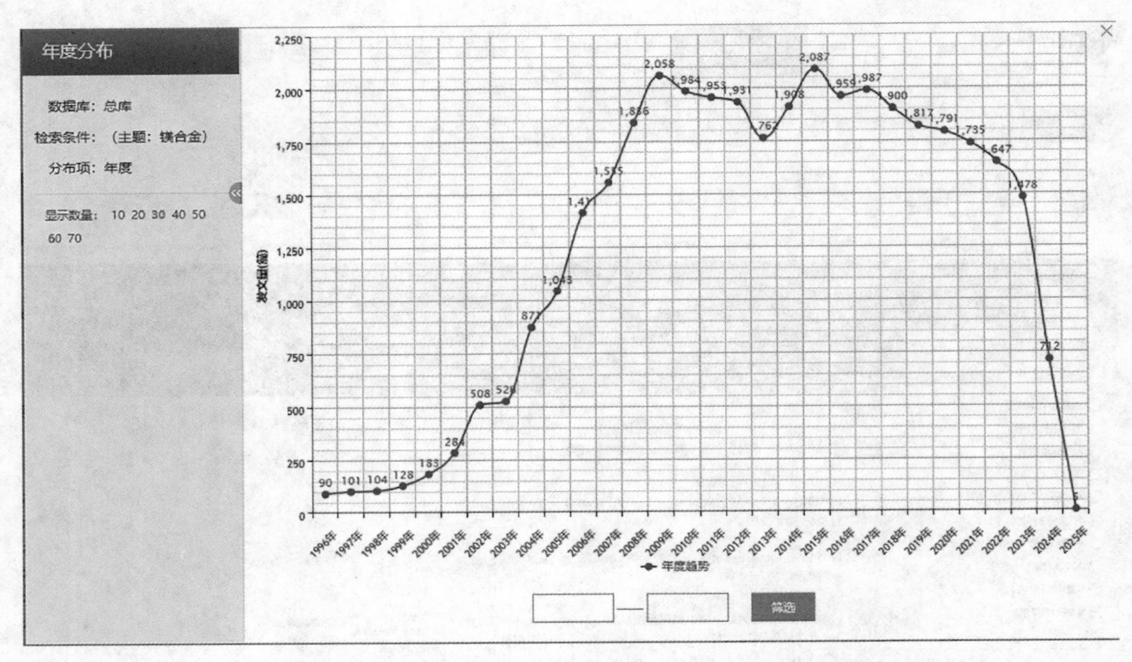

图 7－16　以“镁合金”主题为检索条件的热度趋势图

在检索结果的显示区域展示与“镁合金”主题相关的所有文献，每篇文献都有篇名、作者、期刊名称、发表时间、被引次数、下载次数、阅读与收藏等信息。单击任一文献可以显示其摘要（图 7－17），从而了解研究内容、研究结果、基金资助、专辑、专题和分类号等信息。若与自身研究内容相关，则可以单击“CAJ 下载”或“PDF 下载”按钮下载全文。

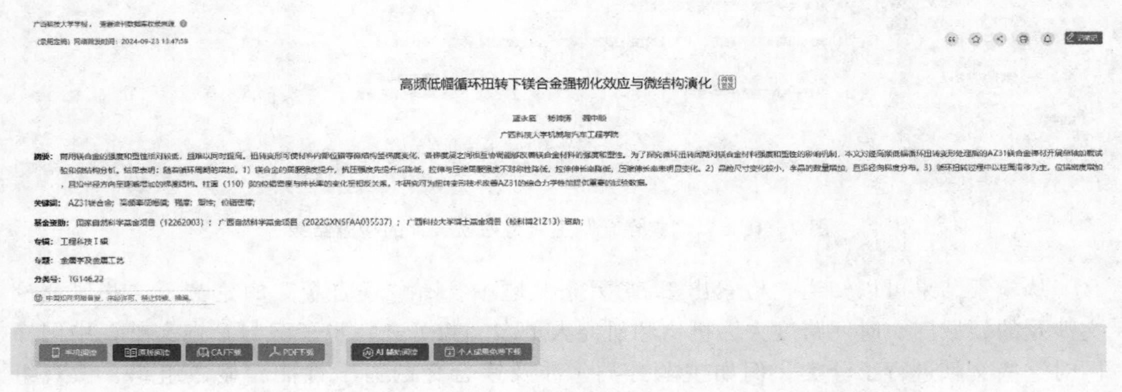

图 7－17　以“镁合金”主题为检索条件的摘要及相关信息

当然，以“镁合金”主题为检索条件检索可得到与镁合金相关的所有文献，涉及镁合金的各领域。在现实情况下，某领域的研究人员可能只关注自身研究领域的文献，而对其他领域关注较少，此时可以在原来“镁合金”检索结果的基础上进一步检索，中国知网提供了“结果中检索”功能。例如，检索镁合金领域与“化学镀镍”相关的文献，在“主题”编辑框中输入“化学镀镍”，单击“结果中检索”按钮，得到图 7－18 所示的检索结果。

图 7－18 结果中检索的检索结果

多次结果中检索后，可以逐渐精确地接近所需文献。除此之外，还可以通过 AND、OR、NOT 逻辑关系精确定位目标文献。下面以“镁合金化学镀镍”主题为例用 AND 关系实现，如图 7－19 所示，单击“检索”按钮，得到与图 7－18 相同的检索结果。要更精确地检索，可以单击⊞按钮增加检索条件。同理，可按这种方法检索其他文献（如学位论文、专利、标准等），此处不再赘述。

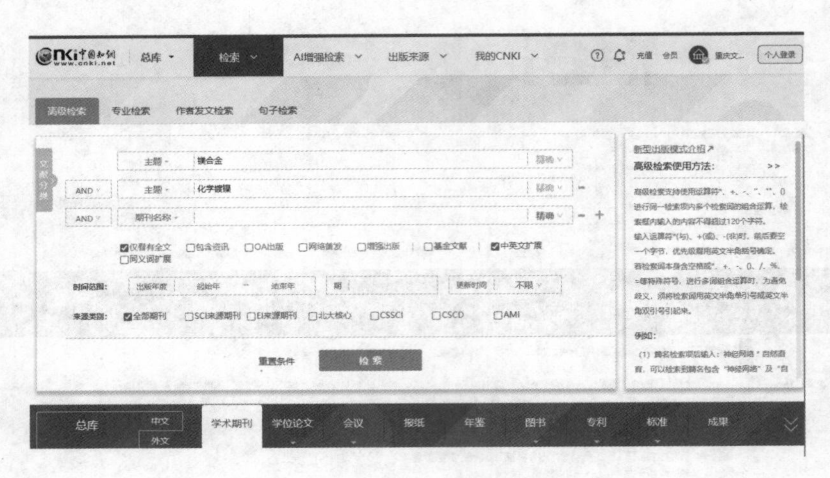

图 7－19　以“并含”关系检索文献

7.3.2　国外科技文献检索

国外期刊出版机构非常多，如爱思唯尔（Elsevier）、威立（WILEY）、施普林格（SPRINGER LINK）、牛津大学出版社、剑桥大学出版社、泰勒 & 弗朗西斯出版社（Taylor & Francis Group）、荷兰博睿（Brill）、ProQuest 公司、美国学术出版社（Academic Press）、电气电子工程师学会（IEEE）、多学科数字出版机构（MDPI）、欣达维（Hindawi）、前沿（Frontiers）等。下面简要介绍几家期刊出版机构。

Elsevier 是荷兰的一家全球著名的学术期刊出版商，每年都会出版大量学术图书和期刊论文，且大部分期刊论文都被 SCI、SSCI、EI 收录，是世界上公认的高品位学术期刊。Elsevier 将其出版的 2500 多种期刊和 11000 本图书全部数字化，通过 ScienceDirect 数据库（https://www.sciencedirect.com/）为广大科研人员与技术人员提供服务。该数据库涉及计算机科学、工程技术、能源科学、环境科学、材料科学、数学、物理、化学、天文学、医学、生命科学、商业、经济管理、社会科学等学科，其检索界面如图 7－20 所示。

图 7－20　ScienceDirect 数据库的检索界面

检索方法是在 Find articles with these terms（用一些术语搜索文章）文本框中输入需要检索的关键词，单击 Search（搜索）按钮，ScienceDirect 文献数据库将展示与关键词有关的所有文献。为了提高文献检索的精准性，可以进行精准检索，如在 In this journal or book title（在此期刊或书籍中查找）、Year（s）（按文献出版的年份检索）、Author（s）（按作者检索）、Author affiliation（按作者隶属单位检索）、Volume（s）、Issue（s）、Page（s）（按文章的卷、期、页码检索）文本框中输入相关条件。此外，还可以按 Title, abstract or author－specified keywords（文章标题、摘要、作者指定的关键字）、References（文章内参考文献）等方式快速检索文献。

WILEY 是重要的学科资源平台，WILEY Online Library（https：//onlinelibrary. wiley. com/）覆盖生命科学、自然科学、健康科学、社会与人文科学等学科，收录了 1600 多种期刊、22000 多本在线图书以及数百种多卷册的参考工具书、丛书系列、手册和辞典、实验室指南等。其具有整洁、易使用的界面，可提供直观的网页导航，提高了内容的可发现性。WILEY Online Library 的检索界面如图 7－21 所示，单击 Advanced Search 按钮可以设定详细检索方法。

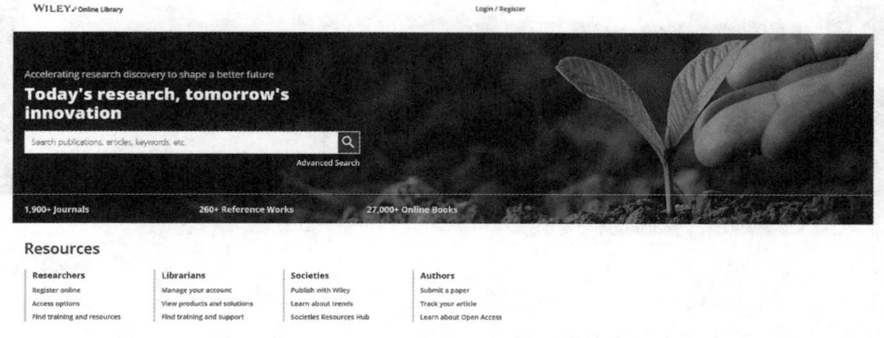

图 7－21　WILEY Online Library 的检索界面

施普林格是著名的科技出版集团，其创建的 SPRINGER LINK 系统提供学术期刊及电子图书的在线服务（图 7－22）。SPRINGER LINK 数据库包括期刊、丛书、图书、参考工具书及回溯文档。期刊与图书涉及建筑和设计、行为科学、生物医学和生命科学、商业和经济、化学和材料科学、计算机科学、地球和环境科学、工程学、人文、社科和法律、数学和统计学、医学、物理和天文学、计算机职业技术与专业计算机应用等学科。

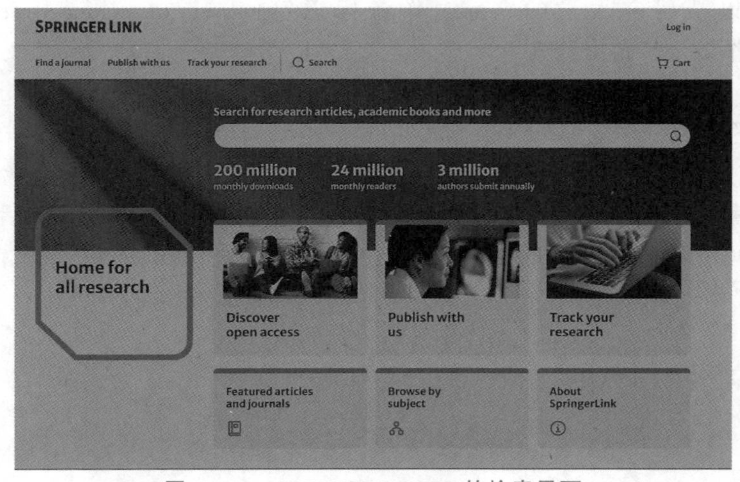

图 7－22　SPRINGER LINK 的检索界面

前述出版机构下属的科技期刊论文大多被三大检索系统［SCI（科学引文索引）、EI（工程索引）、ISTP（科技会议录索引）］收录，可以通过相关检索系统（如 Web of Science、Science Finder 等）检索。除开源类（Open Access）期刊外，其他期刊的科技文献都是需要付费的，研究人员或研究机构只有购买使用权限才能获得文献。下面以 Web of Science 为例，简要介绍外文期刊的检索过程。

进入 Web of Science 网站（https：//www.webofscience.com/wos/woscc/basic－search），其文献检索界面如图 7－23 所示。

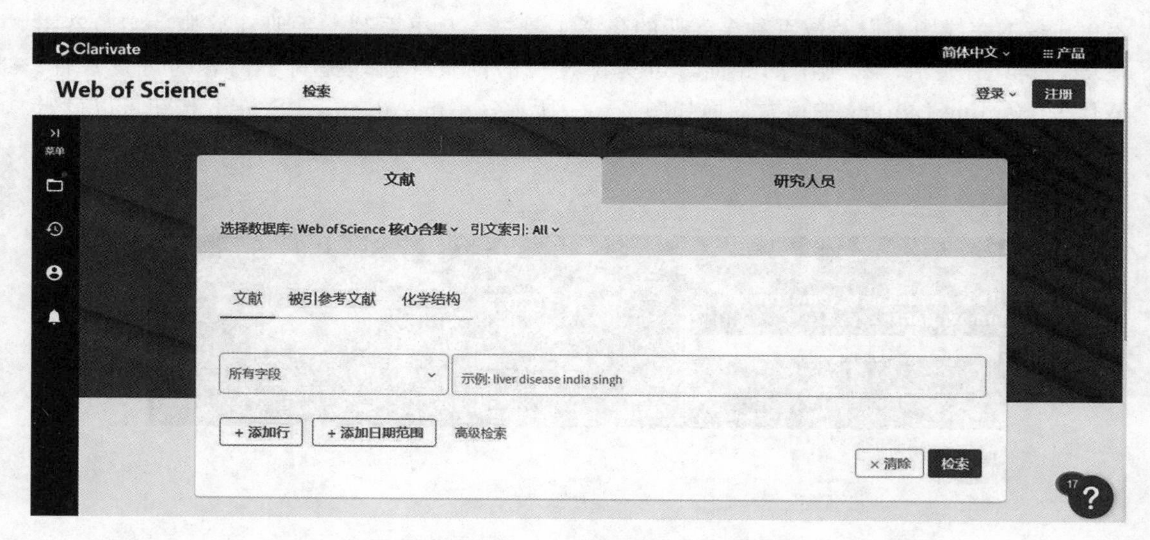

图 7－23　Web of Science 的文献检索界面

Web of Science 为我国科研人员提供简体中文检索界面，可以从文献和研究人员等角度检索。其有多种检索方式，如主题、标题、作者、出版物标题、出版年、所属机构、出版日期、入藏号、DOI、摘要、关键词、PubMed ID、基金资助机构、字段等；被引参考文献包含被引作者、被引 DOI、被引年份、被引期、被引页、被引卷、被引标题、被引页等；化学结构可以从分子的结构式、化合物名称、分子量、反应数据、特征描述等角度检索。此外，可以从研究人员的名字、作者标识符（web of science researcher ID 或 ORCID）及工作单位等角度检索。

其次，在文献选项卡下，以主题为检索条件，检索与镁合金（magnesium alloy）相关的文献，文献的出版日期范围可设置得大些（如 1900—2023 年），如图 7－24 所示，单击“检索”按钮，检索结果如图 7－25 所示。对于词组，需加双引号（“”）固定在一起检索，使检索更精确。若不加双引号，则检索两个单词。如果遇到单复数和后缀等情况，就需要加上星号（*）检索。例如检索 molecules，主题中包含 molecule 的文献也会被检索，检索范围扩大。

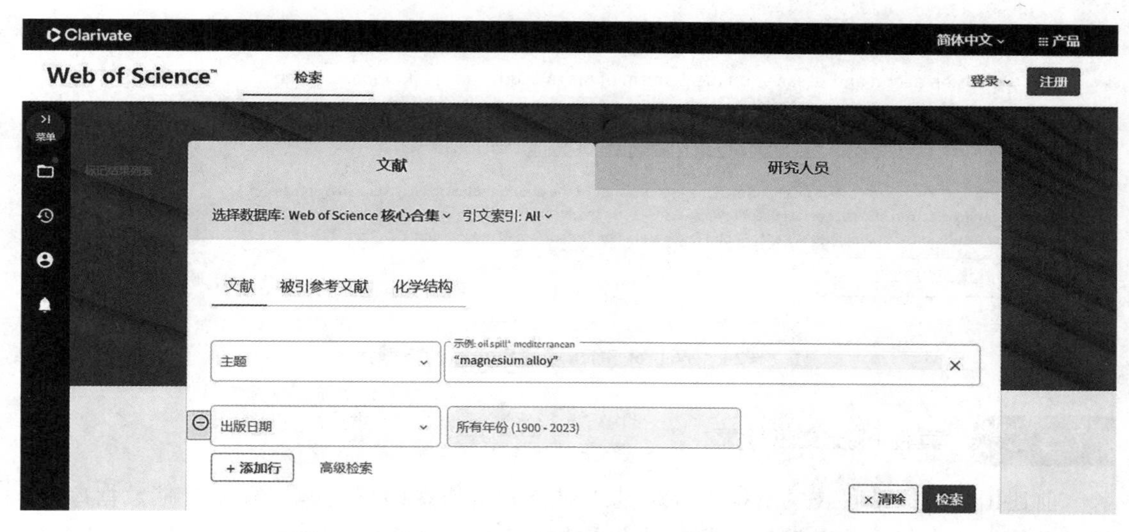

图 7－24　以 magnesium alloy 主题为检索条件的界面

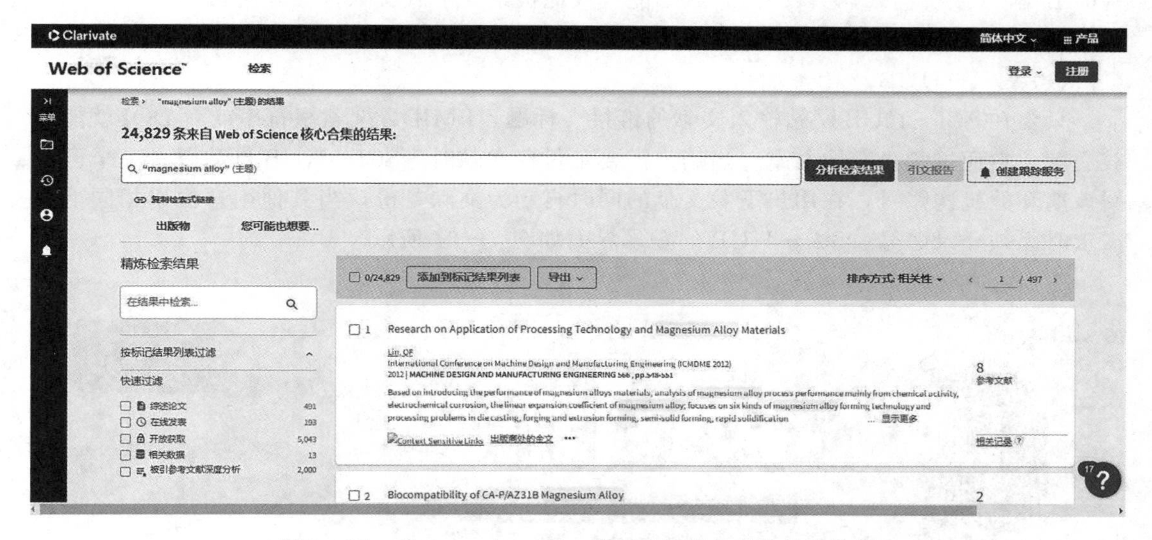

图 7－25　以 magnesium alloy 主题为检索条件的检索结果

从图 7－25 中可以发现，以 magnesium alloy 为主题的文献有 24829 条，在检索结果的上部有对该主题检索结果的“分析检索结果”，可以从中了解 magnesium alloy 在各研究领域的发文情况和研究重点。若研究者长期关注该领域，则可以创建跟踪服务。在检索结果的左侧可以按不同方式分类，如作者、出版年、文献类型、文献所处学科、所处机构、出版期刊和出版商、基金资助、国家与地区等。

为了精炼检索结果，可以勾选“出版年限”“文献类型”“出版期刊”等复选框来缩小检索范围。检索到所需文献后，单击“出版商处的原文”按钮链接文献原文（图 7－26），然后单击“PDF 下载”按钮下载。

☐ 12 Corrosion action and passivation mechanism of magnesium alloy in fluoride solution

Li, JZ; Huang, JG; (...); Liu, CS

Feb 2009 | TRANSACTIONS OF NONFERROUS METALS SOCIETY OF CHINA 19 (1), pp.50-54

Corrosion action and passive mechanism of magnesium alloy in the fluoride solution were studied by means of scanning electron microscopy(SEM), energy dispersive X-ray spectroscopy(EDS), and electrochemistry methods. The results show that an insoluble MgF2 film is generated on the surface of magnesium a ... 显示更多

出版商处的全文 •••

38 被引频次

16 参考文献

相关记录

图 7－26 Web of Science 检索文献的下载途径

7.3.3 其他科技文献检索

前述国内和国外科技文献检索都是基于研究人员所在的机构购买有关文献数据库的，可以方便地检索与下载文献。但是在一些特殊情况下，如研究人员所处的网络不在购买机构的 IP 段（或机构未购买权限），就不能有效地检索与下载文献（开源期刊除外）。

下面介绍几种检索方法，可以为研究人员提供参考。

（1）SCI－HUB。

只要在 SCI－HUB 网站输入文献的链接、标题、PMID、搜索字符串或者 DOI 就能下载文献。它通过爬虫获取文献。当用户需要某付费文献时，SCI－HUB 自动登录一个已订阅该期刊的机构账号，在用户下载文献的同时自动为文献备份，当其他用户提出相同下载需求时无须登录账号。SCI－HUB 的登录界面如图 7－27 所示。

图 7－27 SCI－HUB 的登录界面

SCI－HUB 网站的强大功能在于能够直接免费下载文献，在下载之前需要获得下载文献的相关信息，如文献链接、标题、PMID、DOI 等，可以通过百度学术、谷歌学术、PubMed 和 Web of Science 检索获得这些信息。例如要检索 polymer solar cells 领域的文

献，可以利用“百度学术”（https：//xueshu. baidu. com/）进行初步检索，检索结果如图 7－28 所示。以下载第一个检索结果为例，单击文献标题，显示此文献的相关信息（图 7－29）。将此文献的 DOI 号粘贴到 SCI－HUB 即可下载，如图 7－30 所示。

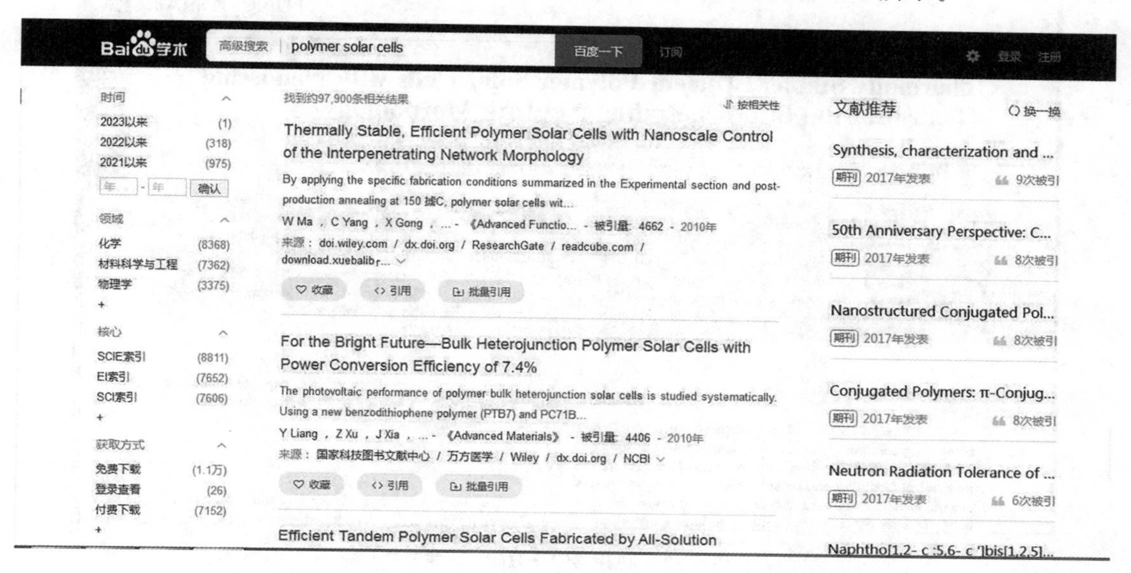

图 7－28　在百度学术检索 polymer solar cells 的结果

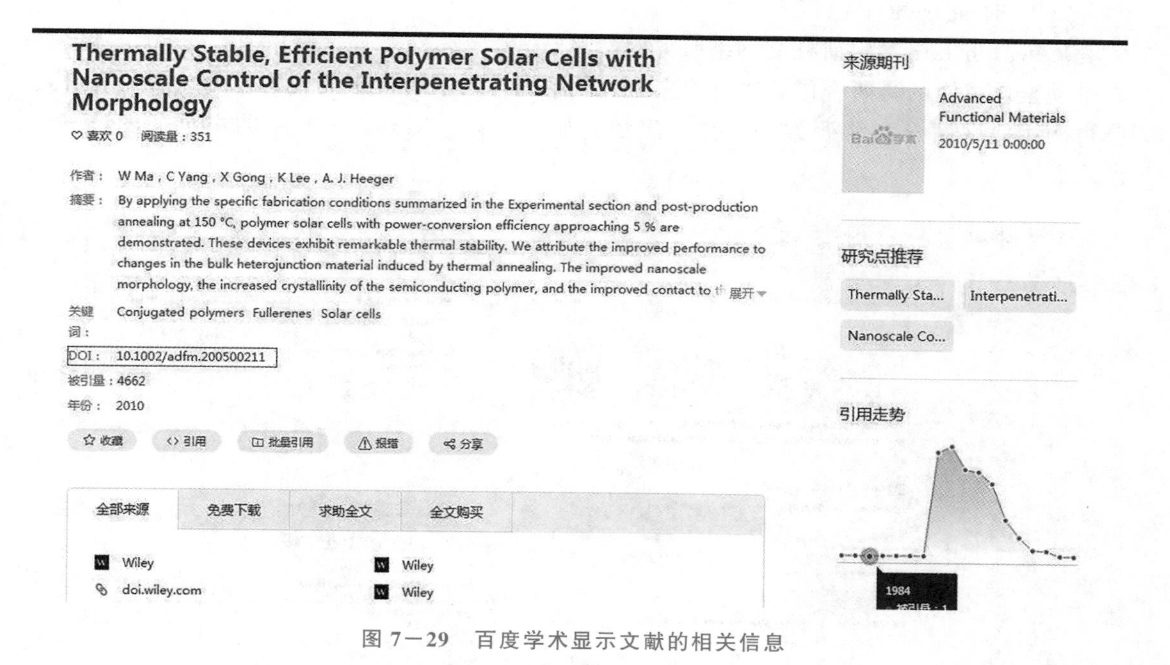

图 7－29　百度学术显示文献的相关信息

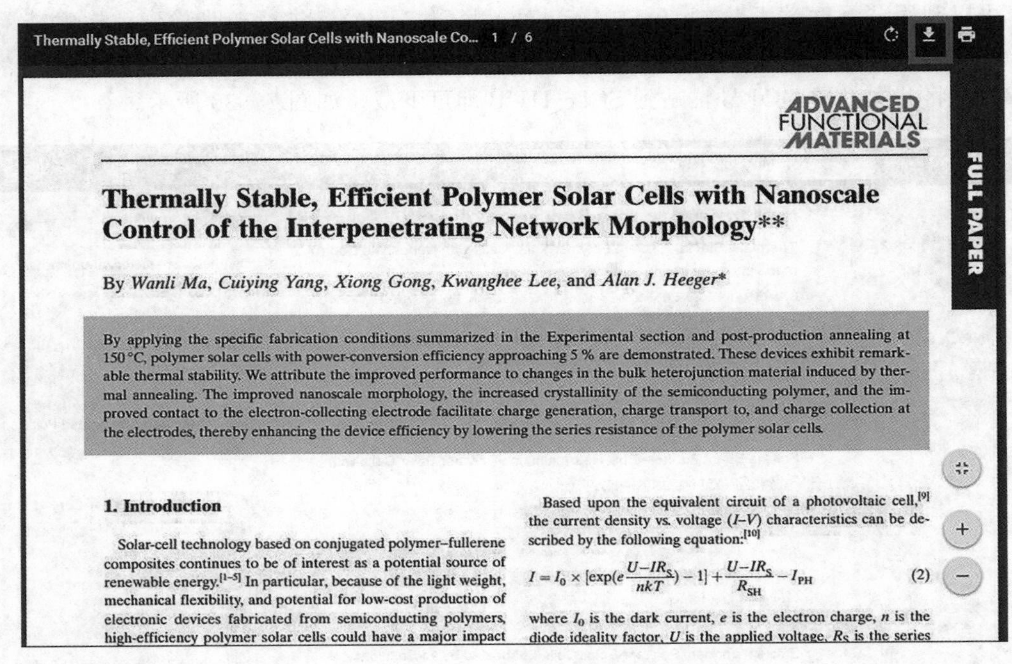
Thermally Stable, Efficient Polymer Solar Cells with Nanoscale Co... 1 / 6

ADVANCED FUNCTIONAL MATERIALS

FULL PAPER

Thermally Stable, Efficient Polymer Solar Cells with Nanoscale Control of the Interpenetrating Network Morphology****

By *Wanli Ma, Cuiying Yang, Xiong Gong, Kwanghee Lee,* and *Alan J. Heeger**

By applying the specific fabrication conditions summarized in the Experimental section and post-production annealing at 150 °C, polymer solar cells with power-conversion efficiency approaching 5 % are demonstrated. These devices exhibit remarkable thermal stability. We attribute the improved performance to changes in the bulk heterojunction material induced by thermal annealing. The improved nanoscale morphology, the increased crystallinity of the semiconducting polymer, and the improved contact to the electron-collecting electrode facilitate charge generation, charge transport to, and charge collection at the electrodes, thereby enhancing the device efficiency by lowering the series resistance of the polymer solar cells.

1. Introduction

Solar-cell technology based on conjugated polymer–fullerene composites continues to be of interest as a potential source of renewable energy.[1–5] In particular, because of the light weight, mechanical flexibility, and potential for low-cost production of electronic devices fabricated from semiconducting polymers, high-efficiency polymer solar cells could have a major impact

Based upon the equivalent circuit of a photovoltaic cell,[9] the current density vs. voltage (I–V) characteristics can be described by the following equation:[10]

$$I = I_0 \times [\exp(e\frac{U-IR_S}{nkT}) - 1] + \frac{U-IR_S}{R_{SH}} - I_{PH} \qquad (2)$$

where I_0 is the dark current, e is the electron charge, n is the diode ideality factor, U is the applied voltage, R_S is the series

图 7－30　利用 SCI－HUB 下载文献

（2）ResearchGate。

ResearchGate 是科研社交网络服务网站（https：//www. researchgate. net/），其宗旨是推动全球范围的科研合作。注册用户可以联系同行，了解科研领域的相关动态。科研人员可利用此网站分享科研方法、交流想法、加强合作。ResearchGate 的主页如图 7－31 所示。

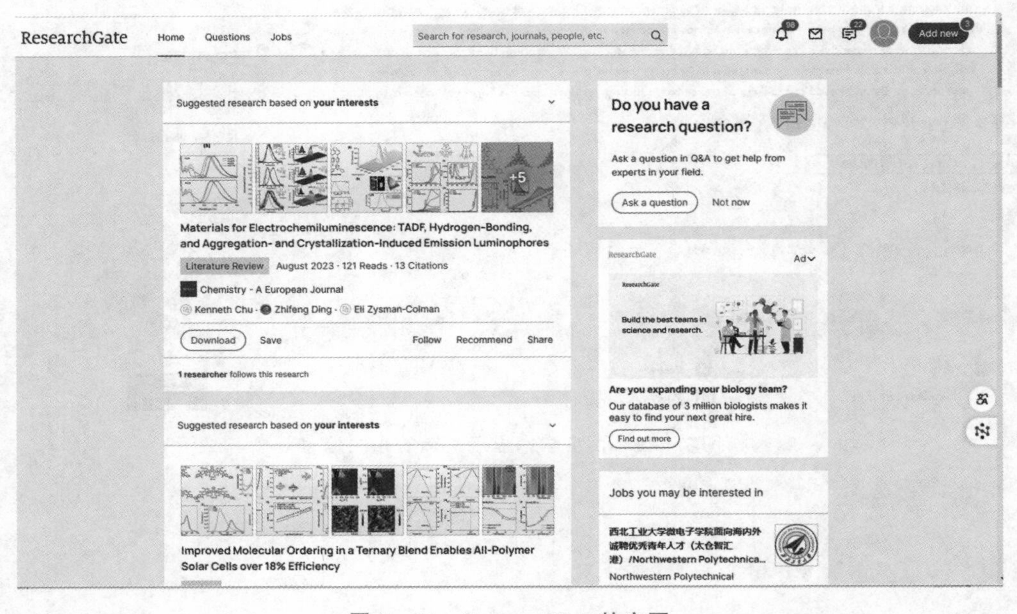

图 7－31　ResearchGate 的主页

在ResearchGate的检索界面可以通过检索关键词、人名等方式检索文献，如输入polymer solar cells后可以得到图7－32所示的检索结果。可以看到，检索结果中包含与检索词相关的研究（Research）、研究人员（People）、项目（Projects）、问答（Questions）、职位（Jobs）、研究机构（Institutions）。在研究中的搜索结果（Search results in Research）中，可以进一步设定检索类型（如Articles、Books、Theses、Conference paper、Data、Literature reviews等）和文献出版时间，以进行精炼搜索，在检索结果中可以选择相关性排序（Sort by relevance）、按最近时间排序（Sort by recency）、按引用计数排序（Sort by citation count）等排序方法。

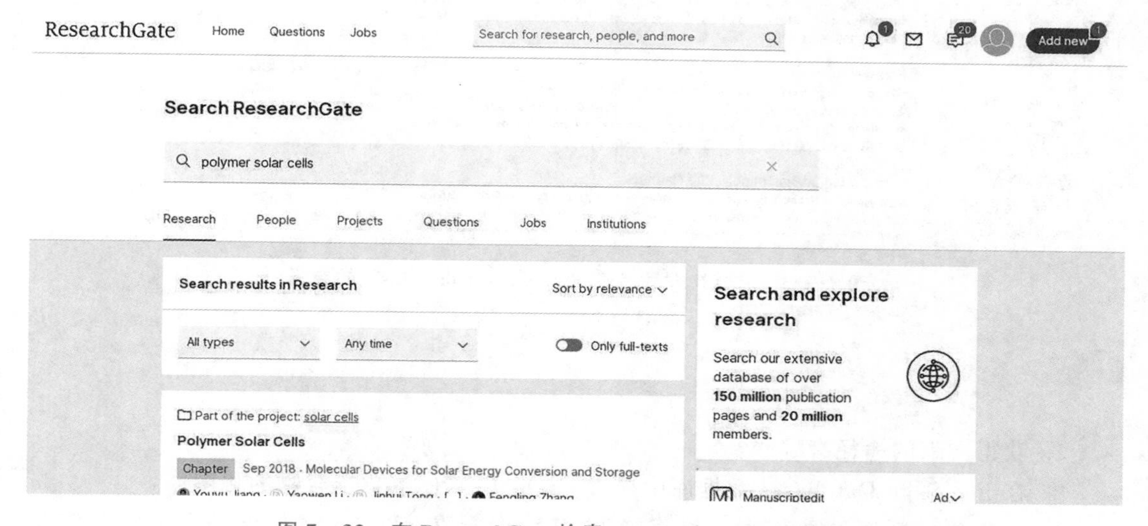

图7－32　在ResearchGate检索polymer solar cells的结果

在检索文献的显示区域可以清楚地看到文献的标题、类型、发布时间、研究人员、摘要、阅读和引用次数等。研究人员还可以推荐、跟踪、分享该文献，若在文献下方有Download按钮，则可以下载该文献；若有Request full－text按钮，则可以请求获得该文献全文。此外，ResearchGate还可以向研究人员推送相似文献和相关文献。

（3）谷歌学术。

可以利用谷歌学术检索与下载文献，但国内无法使用谷歌学术，利用谷歌镜像可以解决这个问题。谷歌镜像很多，可自行搜索（如https：//scholar. nq69. top/）。以polymer solar cells为检索主题进行检索，可得到图7－33所示检索结果。谷歌学术的精炼检索与ResearchGate类似，检索到所需文献后，单击“一键下载”按钮即可下载PDF版文献。

此外，可以从有资源权限的同事、同学、同行、朋友处获取文献，甚至可以与文献作者联系获取，也可以从网络上购买数据库的账号获取。总之，获取文献的途径很多，只要用心就可以获取所需文献。

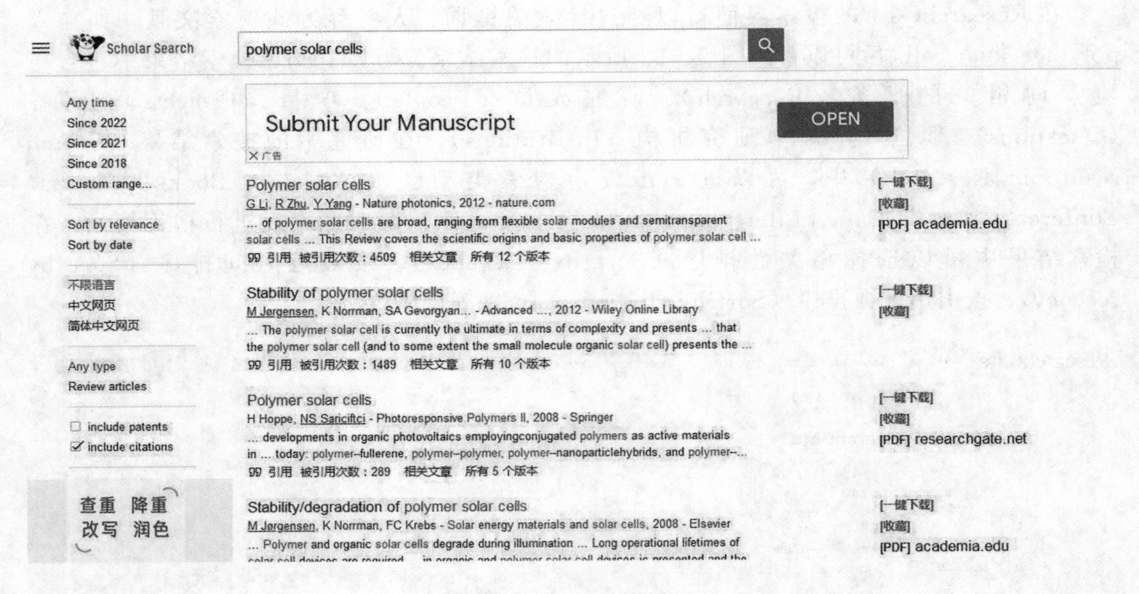

图 7－33　在谷歌学术检索“polymer solar cells”的结果

思考题

1．获得文献的途径有哪些？

2．在 FactSage Databases 数据库中检索 CrO－Cr_2O_3 氧化复合物的相图。

3．在相关材料腐蚀数据库中查询 AZ63B 镁合金在 pH＜5 条件下的交流阻抗实验数据。

4．在生产与加工的过程中，产品的性能需达到国家标准或行业标准。若要对某液压缸内表面进行镀铬处理则检索镀铬的国家标准。

5．综述钛合金微弧氧化的发展现状，并说明有效全面检索该领域文献的方法。

参考文献

[1] 赵选民．试验设计方法[M]. 北京:科学出版社,2006.

[2] 汤爱涛,胡红军,杨明波．计算机在材料工程中的应用[M]. 重庆:重庆大学出版社,2008.

[3] 田亮亮,胡荣,蒲勇．光电测试技术实验教程[M]. 北京:科学出版社,2017.

[4] 王运,胡先文．无机及分析化学[M]. 4 版．北京:科学出版社,2016.

[5] 唐朔飞．计算机组成原理[M]. 3 版．北京:高等教育出版社,2020.

[6] 特南鲍姆,韦瑟罗尔．计算机网络:第 5 版[M]. 严伟,潘爱民,译．北京:清华大学出版社,2012.

[7] 谢希仁．计算机网络[M]. 8 版．北京:电子工业出版社,2021.

[8] 刘金凤,郭小霞,韩玉兰．计算机软件基础[M]. 2 版．哈尔滨:哈尔滨工业大学出版社,2021.

[9] 周庆麟,胡子平．Excel 数据分析思维、技术与实践[M]. 北京:北京大学出版社,2019.

[10] 踪程．Excel 数据分析基础与实践[M]. 北京:电子工业出版社,2023.

[11] 蒲括,邵朋．精通 Excel 数据统计与分析[M]. 北京:人民邮电出版社,2014.

[12] 李润明．Origin 科技绘图与数据分析实战[M]. 北京:人民邮电出版社,2022.

[13] 方安平,叶卫平,等．Origin 8.0 实用指南[M]. 北京:机械工业出版社,2009.

[14] 海滨．Origin 2022 科学绘图与数据分析[M]. 北京:机械工业出版社,2022.

[15] 王秀峰,江红涛,程冰,等．数据分析与科学绘图软件 ORIGIN 详解[M]. 北京:化学工业出版社,2008.

[16] 武松,潘发明,等．SPSS 统计分析大全[M]. 北京:清华大学出版社,2014.

[17] 李昕,张明明．SPSS 28.0 统计分析从入门到精通:升级版[M]. 北京:电子工业出版社,2022.

[18] 张文彤．SPSS 统计分析基础教程[M]. 3 版．北京:高等教育出版社,2017.

[19] 黄中文．SPSS 统计分析与应用[M]. 3 版．北京:电子工业出版社,2016.

[20] 王赫然．MATLAB 程序设计:重新定义科学计算工具学习方法[M]. 北京:清华大学出版社,2020.

[21] 胡晓冬,董辰辉．MATLAB 从入门到精通[M]. 北京:人民邮电出版社,2010.

[22] 汤波．MATLAB 程序设计语言[M]. 北京:清华大学出版社,2022.

[23] 杜树春．MATLAB 数学分析[M]. 北京:清华大学出版社,2022.

[24] 董霖．MATLAB 使用详解[M]. 北京:科学出版社,2008.

[25] 姚瑶,许梦燕．科技文献检索[M]. 北京:化学工业出版社,2022.

[26] 张虎芳．科技文献检索与科教论文写作[M]. 北京:中国石化出版社,2017.

[27] 杨丽,苏航,柴锋,等．材料数据库和数据挖掘技术的应用现状[J]. 中国材料进展,2019,38(7):672－681,650.

[28] 刘瑞挺．充满创新火花的计算机发展史[J]. 计算机教育,2009(5):129－130.

[29] 王谦．计算机技术发展史话 成熟篇:集成电路计算机[J]. 北京宣武红旗业余大学学报,2009(3):59－63.

[30] 王亚军．计算机科学发展史上的里程碑[J]. 计算机时代,2004(7):7－8.

[31] 李有勇,郭森立,王凯旋,等．介观层次上的计算机模拟和应用[J]. 化学进展,2000,12(4):361－375.

[32] 宋晓艳．介观层次优化设计在高新材料开发中的应用[J]. 自然科学进展,2004,14(5):481－487.

附录1　常用数理统计用表

附录A　F分布临界值表

表A—1　F 分布临界值表

显著性水平 α	K_2	K_1									
		1	2	3	4	5	6	8	12	24	∞
0.005	1	16 211	20 000	21 615	22 500	23 056	23 437	23 925	24 426	24 940	25 465
	2	198.5	199.0	199.2	199.2	199.3	199.3	199.4	199.4	199.5	199.5
	3	55.55	49.80	47.47	46.19	45.39	44.84	44.13	43.39	42.62	41.83
	4	31.33	26.28	24.26	23.15	22.46	21.97	21.35	20.70	20.03	19.32
	5	22.78	18.31	16.53	15.56	14.94	14.51	13.96	13.38	12.78	12.14
	6	18.63	14.45	12.92	12.03	11.46	11.07	10.57	10.03	9.47	8.88
	7	16.24	12.40	10.88	10.05	9.52	9.16	8.68	8.19	7.65	7.08
	8	14.69	11.04	9.60	8.81	8.30	7.95	7.50	7.01	6.50	5.95
	9	13.61	10.11	8.72	7.96	7.47	7.13	6.69	6.23	5.73	5.19
	10	12.83	9.43	8.08	7.34	6.87	6.54	6.12	5.66	5.17	4.64
	11	12.23	8.91	7.60	6.88	6.42	6.10	5.68	5.24	4.76	4.23
	12	11.75	8.51	7.23	6.52	6.07	5.76	5.35	4.91	4.43	3.90
	13	11.37	8.19	6.93	6.23	5.79	5.48	5.08	4.64	4.17	3.65
	14	11.06	7.92	6.68	6.00	5.56	5.26	4.86	4.43	3.96	3.44
	15	10.80	7.70	6.48	5.80	5.37	5.07	4.67	4.25	3.79	3.26
	16	10.58	7.51	6.30	5.64	5.21	4.91	4.52	4.10	3.64	3.11
	17	10.38	7.35	6.16	5.50	5.07	4.78	4.39	3.97	3.51	2.98
	18	10.22	7.21	6.03	5.37	4.96	4.66	4.28	3.86	3.40	2.87
	19	10.07	7.09	5.92	5.27	4.85	4.56	4.18	3.76	3.31	2.78
	20	9.94	6.99	5.82	5.17	4.76	4.47	4.09	3.68	3.22	2.69
	21	9.83	6.89	5.73	5.09	4.68	4.39	4.01	3.60	3.15	2.61
	22	9.73	6.81	5.65	5.02	4.61	4.32	3.94	3.54	3.08	2.55
	23	9.63	6.73	5.58	4.95	4.54	4.26	3.88	3.47	3.02	2.48
	24	9.55	6.66	5.52	4.89	4.49	4.20	3.83	3.42	2.97	2.43
	25	9.48	6.60	5.46	4.84	4.43	4.15	3.78	3.37	2.92	2.38
	26	9.41	6.54	5.41	4.79	4.38	4.10	3.73	3.33	2.87	2.33
	27	9.34	6.49	5.36	4.74	4.34	4.06	3.69	3.28	2.83	2.29
	28	9.28	6.44	5.32	4.70	4.30	4.02	3.65	3.25	2.79	2.25
	29	9.23	6.40	5.28	4.66	4.26	3.98	3.61	3.21	2.76	2.21
	30	9.18	6.35	5.24	4.62	4.23	3.95	3.58	3.18	2.73	2.18
	40	8.83	6.07	4.98	4.37	3.99	3.71	3.35	2.95	2.50	1.93
	60	8.49	5.79	4.73	4.14	3.76	3.49	3.13	2.74	2.29	1.69
	120	8.18	5.54	4.50	3.92	3.55	3.28	2.93	2.54	2.09	1.43

（续表）

显著性水平 α	K_2	K_1									
		1	2	3	4	5	6	8	12	24	∞
0.010	1	4 052	4 999	5 403	5 625	5 859	5 859	5 981	6 106	6 234	6 366
	2	98.49	99.01	99.17	99.25	99.30	99.33	99.36	99.42	99.46	99.50
	3	34.12	30.81	29.46	28.71	28.24	27.91	27.49	27.05	26.60	26.12
	4	21.20	18.00	26.69	15.98	15.52	15.21	14.80	14.37	13.93	13.46
	5	16.26	13.27	12.06	11.39	10.97	10.67	10.29	9.89	9.47	9.02
	6	13.74	10.92	9.78	9.15	8.75	8.47	8.10	7.72	7.31	6.88
	7	12.25	9.55	8.45	7.85	7.46	7.19	6.84	6.47	6.07	5.65
	8	11.26	8.65	7.59	7.01	6.63	6.37	6.03	5.67	5.28	4.86
	9	10.56	8.02	6.99	6.42	6.06	5.80	5.47	5.11	4.73	4.31
	10	10.04	7.56	6.55	5.99	5.64	5.39	5.06	4.71	4.33	3.91
	11	9.65	7.20	6.22	5.67	5.32	5.07	4.74	4.40	4.02	3.60
	12	9.33	6.93	5.95	5.41	5.06	4.82	4.50	4.16	3.78	3.36
	13	9.07	6.70	5.74	5.20	4.86	4.62	4.30	3.96	3.59	3.16
	14	8.86	6.51	5.56	5.03	4.69	4.46	4.14	3.80	3.43	3.00
	15	8.68	6.36	5.42	4.89	4.56	4.32	4.00	3.67	3.29	2.87
	16	8.53	6.23	5.29	4.77	4.44	4.20	3.89	3.55	3.18	2.75
	17	8.40	6.11	5.18	4.67	4.34	4.10	3.79	3.45	3.08	2.65
	18	8.28	6.01	5.09	4.58	4.25	4.01	3.71	3.37	3.00	2.57
	19	8.18	5.93	5.01	4.50	4.17	3.94	3.63	3.30	2.92	2.49
	20	8.10	5.85	4.94	4.43	4.10	3.87	3.56	3.23	2.86	2.42
	21	8.02	5.78	4.87	4.37	4.04	3.81	3.51	3.17	2.80	2.36
	22	7.94	5.72	4.82	4.31	3.99	3.76	3.45	3.12	2.75	2.31
	23	7.88	5.66	4.76	4.26	3.94	3.71	3.41	3.07	2.70	2.26
	24	7.82	5.61	4.72	4.22	3.90	3.67	3.36	3.03	2.66	2.21
	25	7.77	5.57	4.68	4.18	3.86	3.63	3.32	2.99	2.62	2.17
	26	7.72	5.53	4.64	4.14	3.82	3.59	3.29	2.96	2.58	2.13
	27	7.68	5.49	4.60	4.11	3.78	3.56	3.26	2.93	2.55	2.10
	28	7.64	5.45	4.57	4.07	3.75	3.53	3.23	2.90	2.52	2.06
	29	7.60	5.42	4.54	4.04	3.73	3.50	3.20	2.87	2.49	2.03
	30	7.56	5.39	4.51	4.02	3.70	3.47	3.17	2.84	2.47	2.01
	40	7.31	5.18	4.31	3.83	3.51	3.29	2.99	2.66	2.29	1.80
	60	7.08	4.98	4.13	3.65	3.34	3.12	2.82	2.50	2.12	1.60
	120	6.85	4.79	3.95	3.48	3.17	2.96	2.66	2.34	1.95	1.38
	∞	6.64	4.60	3.78	3.32	3.02	2.80	2.51	2.18	1.79	1.00

（续表）

显著性水平 α	K_2	K_1									
		1	2	3	4	5	6	8	12	24	∞
0.025	1	647.8	799.5	864.2	899.6	921.8	937.1	956.7	976.7	997.2	1 018
	2	38.51	39.00	39.17	39.25	39.30	39.33	39.37	39.41	39.46	39.50
	3	17.44	16.04	15.44	15.10	14.88	14.73	14.54	14.34	14.12	13.90
	4	12.22	10.65	9.98	9.60	9.36	9.20	8.98	8.75	8.51	8.26
	5	10.01	8.43	7.76	7.39	7.15	6.98	6.76	6.52	6.28	6.02
	6	8.81	7.26	6.60	6.23	5.99	5.82	5.60	5.37	5.12	4.85
	7	8.07	6.54	5.89	5.52	5.29	5.12	4.90	4.67	4.42	4.14
	8	7.57	6.06	5.42	5.05	4.82	4.65	4.43	4.20	3.95	3.67
	9	7.21	5.71	5.08	4.72	4.48	4.32	4.10	3.87	3.61	3.33
	10	6.94	5.46	4.83	4.47	4.24	4.07	3.85	3.62	3.37	3.08
	11	6.72	5.26	4.63	4.28	4.04	3.88	3.66	3.43	3.17	2.88
	12	6.55	5.10	4.47	4.12	3.89	3.73	3.51	3.28	3.02	2.72
	13	6.41	4.97	4.35	4.00	3.77	3.60	3.39	3.15	2.89	2.60
	14	6.30	4.86	4.24	3.89	3.66	3.50	3.29	3.05	2.79	2.49
	15	6.20	4.77	4.15	3.80	3.58	3.41	3.20	2.96	2.70	2.40
	16	6.12	4.69	4.08	3.73	3.50	3.34	3.12	2.89	2.63	2.32
	17	6.04	4.62	4.01	3.66	3.44	3.28	3.06	2.82	2.56	2.25
	18	5.98	4.56	3.95	3.61	3.38	3.22	3.01	2.77	2.50	2.19
	19	5.92	4.51	3.90	3.56	3.33	3.17	2.96	2.72	2.45	2.13
	20	5.87	4.46	3.86	3.51	3.29	3.13	2.91	2.68	2.41	2.09
	21	5.83	4.42	3.82	3.48	3.25	3.09	2.87	2.64	2.37	2.04
	22	5.79	4.38	3.78	3.44	3.22	3.05	2.84	2.60	2.33	2.00
	23	5.75	4.35	3.75	3.41	3.18	3.02	2.81	2.57	2.30	1.97
	24	5.72	4.32	3.72	3.38	3.15	2.99	2.78	2.54	2.27	1.94
	25	5.69	4.29	3.69	3.35	3.13	2.97	2.75	2.51	2.24	1.91
	26	5.66	4.27	3.67	3.33	3.10	2.94	2.73	2.49	2.22	1.88
	27	5.63	4.24	3.65	3.31	3.08	2.92	2.71	2.47	2.19	1.85
	28	5.61	4.22	3.63	3.29	3.06	2.90	2.69	2.45	2.17	1.83
	29	5.59	4.20	3.61	3.27	3.04	2.88	2.67	2.43	2.15	1.81
	30	5.57	4.18	3.59	3.25	3.03	2.87	2.65	2.41	2.14	1.79
	40	5.42	4.05	3.46	3.13	2.90	2.74	2.53	2.29	2.01	1.64
	60	5.29	3.93	3.34	3.01	2.79	2.63	2.41	2.17	1.88	1.48
	120	5.15	3.80	3.23	2.89	2.67	2.52	2.30	2.05	1.76	1.31
	∞	5.02	3.69	3.12	2.79	2.57	2.41	2.19	1.94	1.64	1.00

（续表）

显著性水平 α	K_2	K_1									
		1	2	3	4	5	6	8	12	24	∞
0.050	1	161.4	199.5	215.7	224.6	230.2	234.0	238.9	243.9	249.0	254.3
	2	18.51	19.00	19.16	19.25	19.30	19.33	19.37	19.41	19.45	19.50
	3	10.13	9.55	9.28	9.12	9.01	8.94	8.84	8.74	8.64	8.53
	4	7.71	6.94	6.59	6.39	6.26	6.16	6.04	5.91	5.77	5.63
	5	6.61	5.79	5.41	5.19	5.05	4.95	4.82	4.68	4.53	4.36
	6	5.99	5.14	4.76	4.53	4.39	4.28	4.15	4.00	3.84	3.67
	7	5.59	4.74	4.35	4.12	3.97	3.87	3.73	3.57	3.41	3.23
	8	5.32	4.46	4.07	3.84	3.69	3.58	3.44	3.28	3.12	2.93
	9	5.12	4.26	3.86	3.63	3.48	3.37	3.23	3.07	2.90	2.71
	10	4.96	4.10	3.71	3.48	3.33	3.22	3.07	2.91	2.74	2.54
	11	4.84	3.98	3.59	3.36	3.20	3.09	2.95	2.79	2.61	2.40
	12	4.75	3.88	3.49	3.26	3.11	3.00	2.85	2.69	2.50	2.30
	13	4.67	3.80	3.41	3.18	3.02	2.92	2.77	2.60	2.42	2.21
	14	4.60	3.74	3.34	3.11	2.96	2.85	2.70	2.53	2.35	2.13
	15	4.54	3.68	3.29	3.06	2.90	2.79	2.64	2.48	2.29	2.07
	16	4.49	3.63	3.24	3.01	2.85	2.74	2.59	2.42	2.24	2.01
	17	4.45	3.59	3.20	2.96	2.81	2.70	2.55	2.38	2.19	1.96
	18	4.41	3.55	3.16	2.93	2.77	2.66	2.51	2.34	2.15	1.92
	19	4.38	3.52	3.13	2.90	2.74	2.63	2.48	2.31	2.11	1.88
	20	4.35	3.49	3.10	2.87	2.71	2.60	2.45	2.28	2.08	1.84
	21	4.32	3.47	3.07	2.84	2.68	2.57	2.42	2.25	2.05	1.81
	22	4.30	3.44	3.05	2.82	2.66	2.55	2.40	2.23	2.03	1.78
	23	4.28	3.42	3.03	2.80	2.64	2.53	2.38	2.20	2.00	1.76
	24	4.26	3.40	3.01	2.78	2.62	2.51	2.36	2.18	1.98	1.73
	25	4.24	3.38	2.99	2.76	2.60	2.49	2.34	2.16	1.96	1.71
	26	4.22	3.37	2.98	2.74	2.59	2.47	2.32	2.15	1.95	1.69
	27	4.21	3.35	2.96	2.73	2.57	2.46	2.30	2.13	1.93	1.67
	28	4.20	3.34	2.95	2.71	2.56	2.44	2.29	2.12	1.91	1.65
	29	4.18	3.33	2.93	2.70	2.54	2.43	2.28	2.10	1.90	1.64
	30	4.17	3.32	2.92	2.69	2.53	2.42	2.27	2.09	1.89	1.62
	40	4.08	3.23	2.84	2.61	2.45	2.34	2.18	2.00	1.79	1.51
	60	4.00	3.15	2.76	2.52	2.37	2.25	2.10	1.92	1.70	1.39
	120	3.92	3.07	2.68	2.45	2.29	2.17	2.02	1.83	1.61	1.25
	∞	3.84	2.99	2.60	2.37	2.21	2.09	1.94	1.75	1.52	1.00

（续表）

显著性水平 α	K_2	K_1									
		1	2	3	4	5	6	8	12	24	∞
0.100	1	39.86	49.50	53.59	55.83	57.24	58.20	59.44	60.71	62.00	63.33
	2	8.53	9.00	9.16	9.24	9.29	9.33	9.37	9.41	9.45	9.49
	3	5.54	5.46	5.36	5.32	5.31	5.28	5.25	5.22	5.18	5.13
	4	4.54	4.32	4.19	4.11	4.05	4.01	3.95	3.90	3.83	3.76
	5	4.06	3.78	3.62	3.52	3.45	3.40	3.34	3.27	3.19	3.10
	6	3.78	3.46	3.29	3.18	3.11	3.05	2.98	2.90	2.82	2.72
	7	3.59	3.26	3.29	3.18	3.11	3.05	2.98	2.90	2.82	2.72
	8	3.59	3.26	3.07	2.96	2.88	2.83	2.75	2.67	2.58	2.47
	9	3.36	3.01	2.81	2.69	2.61	2.55	2.47	2.38	2.28	2.16
	10	3.29	2.92	2.73	2.61	2.52	2.46	2.38	2.28	2.18	2.06
	11	3.23	2.86	2.66	2.54	2.45	2.39	2.30	2.21	2.10	2.97
	12	3.18	2.81	2.61	2.48	2.39	2.33	2.24	2.15	2.04	1.90
	13	3.14	2.76	2.56	2.43	2.35	2.28	2.20	2.10	1.98	1.85
	14	3.10	2.73	2.52	2.39	2.31	2.24	2.15	2.05	1.94	1.80
	15	3.07	2.70	2.49	2.36	2.27	2.21	2.12	2.02	1.90	1.76
	16	3.05	2.67	2.46	2.33	2.24	2.18	2.09	1.99	1.87	1.72
	17	3.03	2.64	2.44	2.31	2.22	2.15	2.06	1.96	1.84	1.69
	18	3.01	2.62	2.42	2.29	2.20	2.13	2.04	1.93	1.81	1.66
	19	2.99	2.61	2.40	2.27	2.18	2.11	2.02	1.91	1.79	1.63
	20	2.97	2.59	2.38	2.25	2.16	2.09	2.00	1.89	1.77	1.61
	21	2.96	2.57	2.36	2.23	2.14	2.08	1.98	1.87	1.75	1.59
	22	2.95	2.56	2.35	2.22	2.13	2.06	1.97	1.86	1.73	1.57
	23	2.94	2.55	2.34	2.21	2.11	2.05	1.95	1.84	1.72	1.55
	24	2.93	2.54	2.33	2.19	2.10	2.04	1.94	1.83	1.70	1.53
	25	2.92	2.53	2.32	2.18	2.09	2.02	1.93	1.82	1.69	1.52
	26	2.91	2.52	2.31	2.17	2.08	2.01	1.92	1.81	1.68	1.50
	27	2.90	2.51	2.30	2.17	2.07	2.00	1.91	1.80	1.67	1.49
	28	2.89	2.50	2.29	2.16	2.06	2.00	1.90	1.79	1.66	1.48
	29	2.89	2.50	2.28	2.15	2.06	1.99	1.89	1.78	1.65	1.47
	30	2.88	2.49	2.28	2.14	2.05	1.98	1.88	1.77	1.64	1.46
	40	2.84	2.44	2.23	2.09	2.00	1.93	1.83	1.71	1.57	1.38
	60	2.79	2.39	2.18	2.04	1.95	1.87	1.77	1.66	1.51	1.29
	120	2.75	2.35	2.13	1.99	1.90	1.82	1.72	1.60	1.45	1.19
	∞	2.71	2.30	2.08	1.94	1.85	1.17	1.67	1.55	1.38	1.00

附录B　常用正交表

表 B—1　$L_4(2^3)$

试验号	列号		
	1	2	3
1	1	1	1
2	1	2	2
3	2	1	2
4	2	2	1

表 B—2　$L_8(2^7)$

试验号	列号					
	1	2	3	4	5	6
1	1	1	1	1	1	1
2	1	1	1	2	2	2
3	1	2	2	1	1	2
4	1	2	2	2	2	1
5	2	1	2	1	2	1
6	2	1	2	2	1	2

表 B—3　$L_{12}(2^{11})$

试验号	列号										
	1	2	3	4	5	6	7	8	9	10	11
1	1	1	1	1	1	1	1	1	1	1	1
2	1	1	1	1	1	2	2	2	2	2	2
3	1	1	2	2	2	1	1	1	2	2	2
4	1	2	1	2	2	1	2	2	1	1	2
5	1	2	2	2	1	2	2	1	2	1	1
6	1	2	2	2	1	2	2	1	2	1	1
7	2	1	2	2	1	1	2	2	1	2	1
8	2	1	2	1	2	2	2	1	1	1	2
9	2	1	1	2	2	2	1	2	2	1	1
10	2	2	2	1	1	1	1	2	2	1	2

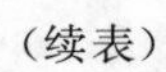
（续表）

试验号	列号										
	1	2	3	4	5	6	7	8	9	10	11
11	2	2	1	2	1	2	1	1	1	2	2
12	2	2	1	1	2	1	2	1	2	2	1

表 B－4　$L_{16}(2^{15})$

试验号	列号														
	1	2	3	4	5	6	7	8	9	10	11	12	13	14	15
1	1	1	1	1	1	1	1	1	1	1	1	1	1	1	1
2	1	1	1	1	1	1	1	2	2	2	2	2	2	2	2
3	1	1	1	2	2	2	2	1	1	1	1	2	2	2	2
4	1	1	1	2	2	2	2	2	2	2	2	1	1	1	1
5	1	2	2	1	1	2	2	1	1	2	2	1	1	2	2
6	1	2	2	1	1	2	2	2	2	1	1	2	2	1	1
7	1	2	2	2	2	1	1	1	1	2	2	2	2	1	1
8	1	2	2	2	2	1	1	2	2	1	1	1	1	2	2
9	2	1	2	1	2	1	2	1	2	1	2	1	2	1	2
10	2	1	2	1	2	2	1	2	1	2	1	2	1	2	1
11	2	1	2	2	1	2	1	1	2	1	2	2	1	2	1
12	2	1	2	2	1	2	1	2	1	2	1	1	2	1	2
13	2	2	1	1	2	2	1	1	2	2	1	1	2	2	1
14	2	2	1	1	2	2	1	2	1	1	2	2	1	1	2
15	2	2	1	2	1	1	2	1	2	2	1	2	1	1	2
16	2	2	1	2	1	1	2	2	1	1	2	1	2	2	1
组															

表 B－5　$L_{20}(2^{19})$

试验号	列号																		
	1	2	3	4	5	6	7	8	9	10	11	12	13	14	15	16	17	18	19
1	1	1	1	1	1	1	1	1	1	1	1	1	1	1	1	1	1	1	1
2	2	2	1	1	2	2	2	2	1	2	1	2	1	1	1	1	2	2	1
3	2	1	1	2	2	2	2	1	2	1	2	1	1	1	1	2	2	1	2
4	1	1	2	2	2	2	1	2	1	2	1	1	1	1	2	2	1	2	2

（续表）

试验号	列号																		
	1	**2**	**3**	**4**	**5**	**6**	**7**	**8**	**9**	**10**	**11**	**12**	**13**	**14**	**15**	**16**	**17**	**18**	**19**
5	1	2	2	2	2	1	2	1	2	1	1	1	1	2	2	1	2	2	1
6	2	2	2	2	1	2	1	2	1	1	1	1	2	2	1	2	2	1	1
7	2	2	2	1	2	1	2	1	1	1	1	2	2	1	2	2	1	1	2
8	2	2	1	2	1	2	1	1	1	1	2	2	1	2	2	1	1	2	2
9	2	1	2	1	2	1	1	1	1	2	2	1	2	2	1	1	2	2	2
10	1	2	1	2	1	1	1	1	2	2	1	2	2	1	1	2	2	2	2
11	2	1	2	1	1	1	1	2	2	1	2	2	1	1	2	2	2	2	1
12	1	2	1	1	1	1	2	2	1	2	2	1	1	2	2	2	2	1	2
13	2	1	1	1	1	2	2	1	2	2	1	1	2	2	2	2	1	2	1
14	1	1	1	1	2	2	1	2	2	1	1	2	2	2	2	1	2	1	2
15	1	1	1	2	2	1	2	2	1	1	2	2	2	2	1	2	1	2	1
16	1	1	1	2	2	1	2	2	1	1	2	2	2	2	1	2	1	2	1
17	1	1	2	2	1	2	2	1	1	2	2	2	2	1	2	1	2	1	1
18	2	2	1	2	2	1	1	2	2	2	2	1	2	1	2	1	1	1	1
19	2	1	2	2	1	1	2	2	2	2	1	2	1	2	1	1	1	1	2
20	1	2	2	1	1	2	2	2	2	1	2	1	2	1	1	1	1	2	2

表 B－6 $L_9(3^4)$

试验号	列号			
	1	**2**	**3**	**4**
1	1	1	1	1
2	1	2	2	2
3	1	3	3	3
4	2	1	2	3
5	2	2	3	1
6	2	3	1	2
7	3	1	3	2
8	3	2	1	3
9	3	3	2	1
组				

表 B—7 $L_{27}(3^{13})$

试验号	列号												
	1	**2**	**3**	**4**	**5**	**6**	**7**	**8**	**9**	**10**	**11**	**12**	**13**
1	1	1	1	1	1	1	1	1	1	1	1	1	1
2	1	1	1	1	2	2	2	2	2	2	2	2	2
3	1	1	1	1	3	3	3	3	3	3	3	3	3
4	1	2	2	2	1	1	1	2	2	2	3	3	3
5	1	2	2	2	2	2	2	3	3	3	1	1	1
6	1	2	2	2	3	3	3	1	1	1	2	2	2
7	1	3	3	3	1	1	1	3	3	3	2	2	2
8	1	3	3	3	2	2	2	1	1	1	3	3	3
9	1	3	3	3	3	3	3	2	2	2	1	1	1
10	2	1	2	3	1	2	3	1	2	3	1	2	3
11	2	1	2	3	2	3	1	2	3	1	2	3	1
12	2	1	2	3	3	1	2	3	1	2	3	1	2
13	2	2	3	1	1	2	3	2	3	1	3	1	2
14	2	2	3	1	3	1	2	1	2	3	2	3	1
15	2	2	3	1	3	1	2	1	2	3	2	3	1
16	2	3	1	2	1	2	3	3	1	2	2	3	1
17	2	3	1	2	2	3	1	1	2	3	3	1	2
18	2	3	1	2	3	1	2	2	3	1	1	2	3
19	3	1	3	2	1	3	2	1	3	2	1	3	2
20	3	1	3	2	2	1	3	2	1	3	2	1	3
21	3	1	3	2	3	2	1	3	2	1	2	1	3
22	3	2	1	3	1	3	2	2	1	3	3	2	1
23	3	2	1	3	2	1	3	3	2	1	1	3	2
24	3	2	1	3	3	2	1	1	3	2	2	1	3
25	3	3	2	1	1	3	2	3	2	1	2	1	3
26	3	3	2	1	2	1	3	1	3	2	3	2	1
27	3	3	2	1	3	2	1	2	1	3	1	3	2
组													

表 B－8 $L_8(4\times2^4)$

试验号	列号				
	1	**2**	**3**	**4**	**5**
1	1	1	1	1	1
2	1	2	2	2	2
3	2	1	1	2	2
4	2	2	2	1	1
5	3	1	2	1	2
6	3	2	1	2	1
7	4	1	2	2	1
8	4	2	1	1	2

表 B－9 $L_{16}(4\times2^{12})$

试验号	列号												
	1	**2**	**3**	**4**	**5**	**6**	**7**	**8**	**9**	**10**	**11**	**12**	**13**
1	1	1	1	1	1	1	1	1	1	1	1	1	1
2	1	1	1	1	1	2	2	2	2	2	2	2	2
3	1	2	2	2	2	1	1	1	1	2	2	2	2
4	1	2	2	2	2	2	2	2	2	1	1	1	1
5	2	1	1	2	2	1	1	2	2	1	1	2	2
6	2	1	1	2	2	2	2	1	1	2	2	1	1
7	2	2	2	1	1	1	1	2	2	2	2	1	1
8	2	2	2	1	1	2	2	1	1	1	1	2	2
9	3	1	2	1	2	1	2	1	2	1	2	1	2
10	3	1	2	1	2	2	1	2	1	2	1	2	1
11	3	2	1	2	1	1	2	1	2	2	1	2	1
12	3	2	1	2	1	2	1	2	1	1	2	1	2
13	4	1	2	2	1	2	1	1	2	2	1	1	2
14	4	1	2	2	1	2	1	1	2	2	1	1	2
15	4	2	1	1	2	1	2	2	1	2	1	1	2
16	4	2	1	1	2	2	1	1	2	1	2	2	1

表 B－10　$L_{16}(4^2 \times 2^9)$

试验号	列号										
	1	**2**	**3**	**4**	**5**	**6**	**7**	**8**	**9**	**10**	**11**
1	1	1	1	1	1	1	1	1	1	1	1
2	1	2	1	1	1	2	2	2	2	2	2
3	1	3	2	2	2	1	1	1	2	2	2
4	1	4	2	2	2	2	2	2	1	1	1
5	2	1	1	2	2	1	2	2	1	2	2
6	2	2	1	2	2	2	1	1	2	1	1
7	2	3	2	1	1	1	2	2	2	1	1
8	2	4	2	1	1	2	1	1	1	2	2
9	3	1	2	1	2	2	1	2	2	1	2
10	3	2	2	1	2	1	2	1	1	2	1
11	3	3	1	2	1	2	1	2	1	2	1
12	3	4	1	2	1	1	2	1	2	1	2
13	4	1	2	2	1	2	2	1	2	2	1
14	4	2	2	2	1	1	1	2	1	1	2
15	4	3	1	1	2	2	2	1	1	1	2
16	4	4	1	1	3	1	1	2	2	2	1

表 B－11　$L_{16}(4^5)$

试验号	列号				
	1	**2**	**3**	**4**	**5**
1	1	1	1	1	1
2	1	2	2	2	2
3	1	3	3	3	3
4	1	4	4	4	4
5	2	1	2	3	4
6	2	2	1	4	3
7	2	3	4	1	2
8	2	4	3	2	1
9	3	1	3	4	2
10	3	2	4	3	1
11	3	3	1	2	4

（续表）

试验号	列号				
	1	2	3	4	5
12	3	4	2	1	3
13	4	1	4	2	3
14	4	2	3	1	4
15	4	3	2	4	1
16	4	4	1	3	2

表 B－12　$L_{16}(4^2 \times 2^9)$

试验号	列号										
	1	2	3	4	5	6	7	8	9	10	11
1	1	1	1	1	1	1	1	1	1	1	1
2	1	2	1	1	1	2	2	2	2	2	2
3	1	3	2	2	2	1	1	1	2	2	2
4	1	4	2	2	2	2	2	2	1	1	1
5	2	1	1	2	2	1	2	2	1	2	2
6	2	2	1	2	2	2	1	1	2	1	1
7	2	3	2	1	1	1	2	2	2	1	1
8	2	4	2	1	1	2	1	1	1	2	2
9	3	1	2	1	2	2	1	2	2	1	2
10	3	2	2	1	2	1	2	1	1	2	1
11	3	3	1	2	1	2	1	2	1	2	1
12	3	4	1	2	1	1	2	1	2	1	2
13	4	1	2	2	1	2	2	1	2	2	1
14	4	2	2	2	1	1	1	2	1	1	2
15	4	3	1	1	2	2	2	1	1	1	2
16	4	4	1	1	2	1	1	2	2	2	1

表 B－13　$L_{18}(2 \times 3^7)$

试验号	列号							
	1	2	3	4	5	6	7	8
1	1	1	1	1	1	1	1	1
2	1	1	2	2	2	2	2	2

（续表）

试验号	列号							
	1	**2**	**3**	**4**	**5**	**6**	**7**	**8**
3	1	1	3	3	3	3	3	3
4	1	2	1	1	2	2	3	3
5	1	2	2	2	3	3	1	1
6	1	2	3	3	1	1	2	2
7	1	3	1	2	1	3	2	3
8	1	3	2	3	2	1	3	1
9	1	3	3	1	3	2	1	2
10	2	1	1	3	3	2	2	1
11	2	1	2	1	1	3	3	2
12	2	1	3	2	2	1	1	3
13	2	2	1	2	3	1	3	2
14	2	2	2	3	1	2	1	3
15	2	2	3	1	2	3	2	1
16	2	3	1	3	2	3	1	2
17	2	3	2	1	3	1	2	3
18	2	3	3	2	1	2	3	1

表 B－14　$L_{16}(4^4 \times 2^3)$

试验号	列号						
	1	**2**	**3**	**4**	**5**	**6**	**7**
1	1	1	1	1	1	1	1
2	1	2	2	2	1	2	2
3	1	3	3	3	2	1	2
4	1	4	4	4	2	2	1
5	2	1	2	3	2	2	1
6	2	2	1	4	2	1	2
7	2	3	4	1	1	2	2
8	2	4	3	2	1	1	1
9	3	1	3	4	1	2	2
10	3	2	4	3	1	1	1
11	3	3	1	2	2	2	1

（续表）

试验号	列号						
	1	2	3	4	5	6	7
12	3	4	2	1	2	1	2
13	4	1	4	2	2	1	2
14	4	2	3	1	2	2	1
15	4	3	2	4	1	1	1
16	4	4	1	3	1	2	2

表 B－15　$L_{16}(4^3 \times 2^6)$

试验号	列号								
	1	2	3	4	5	6	7	8	9
1	1	1	1	1	1	1	1	1	1
2	1	2	2	1	1	2	2	2	2
3	1	3	3	2	2	1	1	2	2
4	1	4	4	2	2	2	2	1	1
5	2	1	2	2	2	1	2	1	2
6	2	2	1	2	2	2	1	2	1
7	2	3	4	1	1	1	2	2	1
8	2	4	3	1	1	2	1	1	2
9	3	1	3	1	2	2	2	2	1
10	3	2	4	1	2	1	1	1	2
11	3	3	1	2	1	2	2	1	2
12	3	4	2	2	1	1	1	2	1
13	4	1	4	2	1	2	1	2	2
14	4	2	3	2	1	1	2	1	1
15	4	3	2	1	2	2	1	1	1
16	4	4	1	1	2	1	2	2	2

表 B－16　$L_{25}(5^6)$

试验号	列号					
	1	2	3	4	5	6
1	1	1	1	1	1	1
2	1	2	2	2	2	2

（续表）

试验号	列号					
	1	**2**	**3**	**4**	**5**	**6**
3	1	3	3	3	3	3
4	1	4	4	4	4	4
5	1	5	5	5	5	5
6	2	1	2	3	4	5
7	2	2	3	4	5	1
8	2	3	4	5	1	2
9	2	4	5	1	2	3
10	2	5	1	2	3	4
11	3	1	3	5	2	4
12	3	2	4	1	3	5
13	3	3	5	2	4	1
14	3	4	1	3	5	2
15	3	5	2	4	1	3
16	4	1	4	2	5	3
17	4	2	5	3	1	4
18	4	3	1	4	2	5
19	4	4	3	5	3	1
20	4	5	2	1	4	2
21	5	1	5	4	3	2
22	5	2	1	5	4	3
23	5	3	2	1	5	4
24	5	4	3	2	1	5
25	5	5	4	3	2	1

表 B－17　$L_8(2^7)$ 的交互作用列表

	列号						
	1	**2**	**3**	**4**	**5**	**6**	**7**
列号	(1)	3	2	5	4	7	6
		(2)	1	6	7	4	5
			(3)	7	6	5	4
				(4)	1	2	3
					(5)	3	2
						(6)	1

表 B－18 $L_{16}(2^{15})$ 二列间交互作用列表

列号	1	2	3	4	5	6	7	8	9	10	11	12	13	14	15
	(1)	3	2	5	4	7	6	9	8	11	10	13	12	15	14
		(2)	1	6	7	4	5	10	11	8	9	14	15	12	13
			(3)	7	6	5	4	11	10	9	8	15	14	13	12
				(4)	1	2	3	12	13	14	15	8	9	10	11
					(5)	3	2	13	12	15	14	9	8	11	10
						(6)	1	14	15	13	12	11	10	8	9
							(7)	15	14	13	12	11	10	9	8
								(8)	1	2	3	4	5	6	7
									(9)	3	2	5	4	7	6
										(10)	1	6	7	4	5
											(11)	7	6	5	4
												(12)	1	2	3
													(13)	3	2
														(14)	1

表 B－19 $L_{27}(3^{13})$ 二列间的交互作用列表

列号	1	2	3	4	5	6	7	8	9	10	11	12	13
(1)		3	2	2	6	5	5	9	8	8	12	11	11
		4	4	3	7	7	6	10	10	9	13	13	12
(2)			1	1	8	9	10	5	6	7	5	6	7
			4	3	11	12	13	11	12	13	8	9	10
(3)				1	9	10	8	7	5	6	6	7	5
				2	13	11	12	12	13	11	10	8	9
(4)					10	8	9	6	7	5	7	5	6
					12	13	11	13	11	12	9	10	8
(5)						1	1	2	3	4	2	4	3
						7	6	11	13	12	8	10	9
(6)							1	4	2	3	3	2	4
							5	13	12	11	10	9	8

（续表）

列号	列号												
	1	**2**	**3**	**4**	**5**	**6**	**7**	**8**	**9**	**10**	**11**	**12**	**13**
(7)								3	4	2	4	3	2
								12	11	13	9	8	10
(8)									1	1	2	3	4
									10	9	5	7	6
(9)										1	4	2	3
										8	7	6	5
(10)											3	4	2
											6	5	7
(11)												1	1
												13	12
(12)													1
													11

附录C　常用均匀实验设计表

表C－1　$U_5(5^4)$

试验号	列号			
	1	**2**	**3**	**4**
1	1	2	3	4
2	2	4	1	3
3	3	1	4	2
4	4	3	2	1
5	5	5	5	5

表C－2　$U_5(5^4)$ 的使用表

因素数	列号			D
2	1	2		0.310 0
3	1	2	4	0.457 0

表 C—3 $U_6^*(6^4)$

试验号	列号			
	1	2	3	4
1	1	2	3	6
2	2	4	6	5
3	3	6	2	4
4	4	1	5	3
5	5	3	1	2
6	6	5	4	1

表 C—4 $U_6^*(6^4)$ 的使用表

因素数	列号				D
2	1	3			0.187 5
3	1	2	3		0.265 6
4	1	2	3	4	0.299 0

表 C—5 $U_7(7^4)$

试验号	列号			
	1	2	3	4
1	1	2	3	6
2	2	4	6	5
3	3	6	2	4
4	4	1	5	3
5	5	3	1	2
6	6	5	4	1
7	7	7	7	7

表 C—6 $U_7(7^4)$ 的使用表

因素数	列号				D
2	1	3			0.239 8
3	1	2	3		0.372 1
4	1	2	3	4	0.476 0

表 C－7　$U_7^*(7^4)$

试验号	列号			
	1	2	3	4
1	1	3	5	7
2	2	6	2	6
3	3	1	7	5
4	4	4	4	4
5	5	7	1	3
6	6	2	6	2
7	7	5	3	1

表 C－8　$U_7^*(7^4)$ 的使用表

因素数	列号			D
2	1	3	0.158 2	
3	2	3	4	0.213 2

表 C－9　$U_8^*(8^5)$

试验号	列号				
	1	2	3	4	5
1	1	2	4	7	8
2	2	4	8	5	7
3	3	6	3	3	6
4	4	8	7	1	5
5	5	1	2	8	4
6	6	3	6	6	3
7	7	5	1	4	2
8	8	7	5	2	1

表 C－10　$U_8^*(8^5)$ 的使用表

因素数	列号				D
2	1	3			0.144 5
3	1	3	4		0.200 0
4	1	2	3	5	0.270 9

表 C—11 $U_9(9^5)$

试验号	列号				
	1	2	3	4	5
1	1	2	4	7	8
2	2	4	8	5	7
3	3	6	3	3	6
4	4	8	7	1	5
5	5	1	2	8	4
6	6	3	6	6	3
7	7	5	1	4	2
8	8	7	5	2	1
9	9	9	9	9	9

表 C—12 $U_9(9^5)$ 的使用表

因素数	列号				D
2	1	3			0.194 4
3	1	3	4		0.310 2
4	1	2	3	5	0.406 6

表 C—13 $U_9^*(9^4)$

试验号	列号			
	1	2	3	4
1	1	3	7	9
2	2	6	4	8
3	3	9	1	7
4	4	2	8	6
5	5	5	5	5
6	6	8	2	4
7	7	1	9	3
8	8	4	6	2
9	9	7	3	1

表 C−14 $U_9^*(9^4)$ 的使用表

因素数	列号			D
2	1	2		0.1574
3	2	3	4	0.1980

表 C−15 $U_{10}^*(10^8)$

试验号	列号							
	1	**2**	**3**	**4**	**5**	**6**	**7**	**8**
1	1	2	3	4	5	7	9	10
2	2	4	6	8	10	3	7	9
3	3	6	9	1	4	10	5	8
4	4	8	1	5	9	6	3	7
5	5	10	4	9	3	2	1	6
6	6	1	7	2	8	9	10	5
7	7	3	10	6	2	5	8	4
8	8	5	2	10	7	1	6	3
9	9	7	5	3	1	8	4	2
10	10	9	8	7	6	4	2	1

表 C−16 $U_{10}^*(10^8)$ 的使用表

因素数	列号						D
2	1	6					0.1125
3	1	5	6				0.1681
4	1	3	4	5			0.2236
5	1	3	4	5	7		0.2414
6	1	2	3	5	6	8	0.2994

表 C−17 $U_{11}(11^6)$

试验号	列号					
	1	**2**	**3**	**4**	**5**	**6**
1	1	2	3	5	7	10
2	2	4	6	10	3	9
3	3	6	9	4	10	8
4	4	8	1	9	6	7
5	5	10	4	3	2	6

（续表）

试验号	列号					
	1	2	3	4	5	6
6	6	1	7	8	9	5
7	7	3	10	2	5	4
8	8	5	2	7	1	3
9	9	7	5	1	8	2
10	10	9	8	6	4	1
11	11	11	11	11	11	11

表 C－18　$U_{11}(11^6)$ 的使用表

因素数	列号						D
2	1	5					0.163 2
3	1	4	5				0.264 9
4	1	3	4	5			0.352 8
5	1	2	3	4	5		0.428 6
6	1	2	3	4	5	6	0.494 2

表 C－19　$U_{11}^*(11^4)$

试验号	列号			
	1	2	3	4
1	1	5	7	11
2	2	10	2	10
3	3	3	9	9
4	4	8	4	8
5	5	1	11	7
6	6	6	6	6
7	7	11	1	5
8	8	4	8	4
9	9	9	3	3
10	10	2	10	2
11	11	7	5	1

表 C-20　$U_{11}^{*}(11^{4})$ 的使用表

因素数	列号			D
2	1	2		0.113 6
3	2	3	4	0.230 7

表 C-21　$U_{12}^{*}(12^{10})$

试验号	列号									
	1	**2**	**3**	**4**	**5**	**6**	**7**	**8**	**9**	**10**
1	1	2	3	4	5	6	8	9	10	12
2	2	4	6	8	10	12	3	5	7	11
3	3	6	9	12	2	5	11	1	4	10
4	4	8	12	3	7	11	6	10	1	9
5	5	1	2	7	12	4	1	6	11	8
6	6	12	5	11	4	10	9	2	8	7
7	7	1	8	2	9	3	4	11	5	6
8	8	3	11	6	1	9	12	7	2	5
9	9	5	1	10	6	2	7	3	12	4
10	10	7	4	1	11	8	2	12	9	3
11	11	9	7	5	3	1	10	8	6	2
12	12	11	10	9	8	7	5	4	3	1

表 C-22　$U_{12}^{*}(12^{10})$ 的使用表

因素数	列号							D
2	1	5						0.116 3
3	1	6	9					0.183 8
4	1	6	7	9				0.223 3
5	1	3	4	8	10			0.227 2
6	1	2	6	7	8	9		0.267 0
7	1	2	6	7	8	9	10	0.276 8

表 C-23　$U_{13}(13^{8})$

试验号	列号							
	1	**2**	**3**	**4**	**5**	**6**	**7**	**8**
1	1	2	5	6	8	9	10	12
2	2	4	10	12	3	5	7	11

（续表）

试验号	列号							
	1	2	3	4	5	6	7	8
3	3	6	2	5	11	1	4	10
4	4	8	7	11	6	10	1	9
5	5	10	12	4	1	6	11	8
6	6	12	4	10	9	2	8	7
7	7	1	9	3	4	11	5	6
8	8	3	1	9	12	7	2	5
9	9	5	6	2	7	3	12	4
10	10	7	11	8	2	12	9	3
11	11	9	3	1	10	8	6	2
12	12	11	8	7	5	4	3	1
13	13	13	13	13	13	13	13	13

表 C－24　$U_{13}(13^8)$ 的使用表

因素数	列号							D
2	1	3						0.140 5
3	1	4	7					0.230 8
4	1	4	5	7				0.310 7
5	1	4	5	6	7			0.381 4
6	1	2	4	5	6	7		0.443 9
7	1	2	4	5	6	7	8	0.499 2

附录 2　AI 伴学内容及提示词

序号	AI 伴学内容	AI 提示词
1	AI 伴学工具	生成式人工智能工具，如 DeepSeek、Kimi、豆包、通义千问、文心一言、ChatGPT 等
2	第 1 章　绪论	举例计算机技术在不同领域中的重要应用
3		解读人工智能在科学技术发展中的重要地位
4		计算机硬件与软件的发展趋势
5		量子计算机的原理与技术难点
6		网络技术及安全的发展趋势
7		计算机技术高效推动材料科学与材料工程发展的方式
8		我国在人工智能领域如何布局才能保障国家安全
9		《终结者》《人工智能》等科幻影视对人类社会的启示（2000 字）
10	第 2 章　实验设计与数据处理基础	各种实验设计方法及其应用条件、优缺点
11		有效保证实验数据可靠性和准确性的方法
12		最小二乘法的原理及应用
13		方差分析的概念、原理及应用
14		理解误差、偏差及其数学表达
15		减小系统误差、偶然误差、过失误差的方法
16		相关关系与函数关系的差异与联系
17		正交试验、均匀试验的步骤是怎么安排的
18		数据分析的流程
19		有效保证数据处理结果的准确性和完整性
20		数据分析与 AI 结合
21		提出一种与 AI 结合的实验设计和数据处理方案
22	第 3 章　Origin 软件与数据处理	举例说明 Origin 软件在图形、图像、数据处理、统计分析等方面的优缺点
23		利用 Origin 软件进行数据拟合分析或回归处理
24		利用 Origin 软件进行预测与控制
25		利用 Origin 软件的工具菜单实现拟合函数编程
26		利用 Origin 软件绘制（设置页面、字体、线型、符号、配色、构图、布局、组合等）图表
27		提出一种 Origin 软件与 AI 结合的数据处理方法

（续表）

序号	AI 伴学内容	AI 提示词
28	第 4 章 Excel 软件与数据处理	举例说明 Excel 软件在图形、数据计算、统计分析等方面的优缺点
29		利用 Excel 软件记性数据拟合分析或回归处理
30		利用 Excel 软件进行预测与控制
31		举例说明 Excel 软件在材料科学与材料工程领域的应用
32		利用 Excel 软件绘制（设置字体、线型、符号、配色、构图、布局、组合等）图表
33		提出一种 Excel 软件与 AI 结合的数据处理方法
34	第 5 章 SPSS 软件与数据处理	举例说明 SPSS 软件在数据管理、统计分析、图表分析等方面的优缺点
35		利用 SPSS 软件进行数据拟合分析或回归处理
36		利用 SPSS 软件进行预测与控制
37		举例说明 SPSS 软件在金融、医疗、市场营销等领域的应用
38		利用 AI 提升 SPSS 软件智能化分析工具，更合理地选择最优算法，以提高分析的准确性和用户操作的便捷性
39	第 6 章 MATLAB 与数据处理	举例说明 MATLAB 软件在图形绘制、数值计算、矩阵运算、统计分析等方面的优缺点
40		利用 MATLAB 软件进行数据拟合分析或回归处理
41		MATLAB 软件三维图形绘制的命令格式
42		举例说明 MATLAB 软件在材料科学与材料工程领域的应用
43		将 AI 技术应用于 MATLAB 编程功能，以提高软件分析数据的效率和广度
44	第 7 章 材料数据库与科技文献检索	数据库的发展、分类、检索方法
45		专家系统的工作原理及开发过程，举例说明开发一种专家预测系统的案方法
46		文献检索的原理、方法、策略、技巧，以及文献检索结果的分析与理解
47		利用 AI 技术高效检索、筛选、解读文献
48		将 AI 技术高效地应用于科学研究、技术研发、工艺优化等领域